普通高等教育“十五”国家级规划教材
普通高等教育土木工程学科精品规划教材(学科基础课适用)

测 量 学

SURVEYING

(第 4 版)

主　编　熊春宝
副主编　伊晓东

天津大学出版社
TIANJIN UNIVERSITY PRESS

内 容 简 介

本书共分 11 章,系统介绍了水准测量、角度测量、距离测量与直线定向、坐标测量、测量误差的基本理论、小区域控制测量、地形图的基础知识及测绘、地形图的应用、建筑工程测量、线路工程测量。本书在讲解测量学的基本概念、原理、方法的基础上,重点引入了代表当今测绘学科发展水平的全站仪、三维激光扫描仪、全球定位系统(GPS)、电子地图与地理信息系统(GIS)、遥感等高新测量仪器,并介绍了其技术及方法。

本书内容精练、要点突出、适用专业面广,既可作为高等学校非测量专业的测量学教材,也可供广大工程技术人员参考使用。

图书在版编目(CIP)数据

测量学 / 熊春宝主编. —4 版. —天津 : 天津大学出版社, 2020.2(2024.2 重印)
普通高等教育"十五"国家级规划教材 普通高等教育土木工程学科精品规划教材. 学科基础课适用
ISBN 978-7-5618-6602-3

Ⅰ. ①测… Ⅱ. ①熊… Ⅲ. ①测量学-高等学校-教材 Ⅳ. ①P2

中国版本图书馆 CIP 数据核字(2020)第 005524 号

CELIANGXUE

出版发行 天津大学出版社
地　　址 天津市卫津路 92 号天津大学内(邮编:300072)
电　　话 发行部:022-27403647
网　　址 www.tjupress.com.cn
印　　刷 天津泰宇印务有限公司
经　　销 全国各地新华书店
开　　本 185mm×260mm
印　　张 14
字　　数 350 千
版　　次 2020 年 2 月第 4 版
印　　次 2024 年 2 月第 3 次
定　　价 49.00 元

4 版前言

本书是普通高等教育“十五”国家级规划教材和普通高等教育“十一五”国家级规划教材(电子版),由天津大学、大连理工大学、东北大学、青岛理工大学和大连海洋大学等院校联合编写。本书适用于如下专业:土木工程、给排水科学与工程、城市地下空间工程、道路桥梁与渡河工程、水利水电工程、港口航道与海岸工程、海洋技术与工程、交通工程、环境工程、工程管理、建筑学、城乡规划、采矿工程等。本教材共分11章,在介绍了测量学的基本知识和基础理论、测量仪器的构造和使用、测量方法与技术的基础上,还介绍了上述各专业所需的专业测量知识。另外,在有关章节中还介绍了电子水准仪、电子经纬仪、全站仪、三维激光扫描仪、电子求积仪、全球定位系统(GPS)与北斗系统(BDS)、电子地图与地理信息系统(GIS)、摄影测量与遥感、数字化测图等新仪器和新技术。

本书由熊春宝任主编,伊晓东任副主编。各章参编人员为熊春宝(第1、3、5、6章,第8.3、8.5、9.5、10.1、10.6、10.7节,附录1、2、3)、伊晓东(第2、4、11章)、邓融(第7章)、金日守(第8章8.1、8.2、8.4节)、巩晓东(第9章9.1~9.4节)、郭宗河(第10章10.2~10.5,10.8节)。

本书各章后面均附有相关的辅助课外阅读内容(由熊春宝编撰),因篇幅所限,这些内容可通过各章后附的二维码扫描,在手机上阅读。

本书所附光盘内容为普通高等教育“十一五”国家级规划教材《测量学》(电子版),光盘中内容均由熊春宝提供或编制,可通过扫描封底二维码获取。

天津大学郭传镇教授审阅了全书并提出宝贵的修改意见,在此表示衷心的感谢。

由于编者水平有限,书中可能存在不少疏漏和错误,谨请专家、读者批评指正。

编　者

2020年1月

目　录

第1章 绪论

1.1 测量学概述

1.1.1 测量学的定义

测量学是研究地球的形状和大小以及确定地面、水下及空间点位的科学。它的主要内容包括两部分,即测定和测设。测定是指用测量仪器对被测点进行测量、数据处理,从而得到被测点的位置坐标,或根据测得的数据绘制地形图;测设是指把图纸上设计好的工程建筑物、构筑物的位置通过测量在实地标定出来。

自20世纪90年代起,世界各国将大学里的测量学(Surveying或Geodesy)专业、测量学机构和测量学杂志都纷纷改名为Geomatics。Geomatics是一个新造出来的英文名词,以前的英文词典中找不到此词,因此也没有与之对应的汉译名词。1993年Geomatics才第一次出现在美国出版的Webster词典(第3版)中,其定义为:Geomatics是地球的数学,是所有现代地理科学的技术支撑。接着,1996年国际标准化组织(ISO)对Geomatics定义为:Geomatics是研究采集、量测、分析、存储、管理、显示和应用空间数据的现代空间信息科学技术。Geomatics由Geo和matics两部分构成,根据上述两个定义,Geo可以理解为地球或地学,更准确地应理解为Geo-spatial(地球空间)的缩写,matics可以理解为Informatics(信息学)或Mathematics(数学)的缩写。从Geomatics的兴起可以看出,借助现代科学技术且适应现代社会需求,测量学已发展成为另外一门新的科学:地球空间信息学。

1.1.2 测量学的任务与作用

测量是国家经济建设和国防建设的一项重要的基础性、先行性工作,通过测量,对地球的形状、大小、地壳形变及地震预报等进行科学研究,建立国家基本控制网,提供各种地形图,为各项工程建设提供基本定位控制、地形测图和施工放样,为空间科技和国防建设提供精确的点位坐标和图纸资料。

在经济建设中,资源勘察、城乡建设、交通运输、江河治理、土地整治、环境保护、行政界线勘定都需要测量,例如,港口、水电站、铁路、公路、桥梁、隧道的建造,给水排水、燃气管道等市政工程的建造,工业厂房和民用建筑的建造等。在它们的规划设计阶段,需要测绘各种比例尺的地形图,以供工程的平面和竖向设计之用;在它们的施工阶段,必须通过测量将设计好的构筑物的平面位置和高程在实地标定出来,作为施工的依据;在它们竣工以后,需测绘竣工图,以供日后进行扩建、改建和维修之用;在它们的运营管理阶段,还需要进行长期的变形观测,以保证工程的安全。

在国防建设中，国界勘定、军用地图测制、航天测控等都离不开测量。例如，远程导弹、人造卫星或航天飞船的发射，必须通过测量保证它们精确入轨，在飞行过程中根据测量随时校准轨道位置，最后准确地命中目标或就位。在科学研究方面，对地壳升降、海陆变迁、地震监测、灾害预警、宇宙探测等的研究，高能物理研究中的巨型粒子加速器和质子对撞机的精密安装等，也都依赖于测量技术。另外，目前地理信息系统正广泛应用于各行各业，测量成果作为地理信息系统的基础，提供了最基本的空间位置信息，同时，测量也是将来不断更新基础地理信息必不可少的手段。

1.1.3 测量学的分类

测量学包括普通测量学、大地测量学、摄影测量学、工程测量学和海洋测量学等分支学科。

普通测量学是在不顾及地球曲率的情况下，研究地球表面较小区域内测绘工作的理论、技术和方法的学科，是测量学的基础。

大地测量学是研究整个地球的形状、大小和地球重力场，在考虑地球曲率的情况下，大范围建立测量控制网的学科。根据测量的方式不同，大地测量学又分为常规大地测量学和卫星大地测量学。

摄影测量学是通过摄影、扫描等图像记录方式，获取目标模拟的和数字的影像信息，并对这些影像信息进行处理、判释和研究，从而确定被摄目标的形状、大小、位置、性质等理论、技术和方法的学科。根据摄影的方式不同，摄影测量学又分为地面摄影测量学、航空摄影测量学和遥感学。

工程测量学是研究各种工程建设在勘测、设计、施工和运营管理阶段所进行的测量工作的学科。根据测量的工程对象不同，工程测量学又可分为土木工程测量、水利工程测量、矿山工程测量、线路工程测量、地下工程测量和精密工程测量等。

海洋测量学是研究测量地球表面各种水体（包括海洋、江河、湖泊等）的水下地貌的学科。

本教材主要介绍普通测量学及部分工程测量学的内容。

1.1.4 测量学的发展简史与趋势

测量学是伴随人类对自然的认识、利用和改造过程发展起来的。中国是一个文明古国，测量技术在中国的应用可追溯到4000多年以前。《史记·夏本纪》记载了大禹治水“左准绳，右规矩，载四时，以开九州，通九道，陂九泽，度九山”的情况，这说明公元前21世纪中国已经开始使用测量工具。《周髀算经》《九章算术》《管子·地图篇》《孙子兵法》等历史文献均记载有测量技术、计算方法和军事地形图应用的内容。

长沙马王堆汉墓出土的公元前2世纪的地形图、驻军图和城邑图，是迄今发现的世界上最古老、翔实的地图。魏晋的刘徽在《海岛算经》中阐述了测算海岛之间距离和高度的方法，西晋的裴秀编制的《禹贡地域图》十八篇反映了当时十六州郡国县邑、山川原泽及境界，提出了分率、准望、道里、高下、方斜、迂直的“制图六体”，归纳出地图制图的标准和原则。

公元724年，唐代高僧一行主持了世界上最早的子午线测量，在河南平原地区沿南北方向约200 km长的同一子午线上选择四个测点，分别测量了春分、夏至、秋分、冬至四个时段正午的日影长度和北极星的高度角，且用步弓丈量了四个测点间的实地距离，从而推算出北极星每差一度相应的地面距离。

北宋沈括发展了裴秀的制图理论，编绘了“一寸折一百里”（相当于比例尺1:90万）的《天下州县图》，发明了用分级筑堰静水水位法测量汴渠高差，用平望尺、干尺和罗盘测量地形的测量技术，并最早发现了磁偏角。

元代郭守敬在全国进行了天文测量，还通过多年的修渠治水，总结了水准测量的经验，且创造性地提出了海拔高程的概念。明代郑和七次下西洋，首次绘制了航海图。清朝康熙年间，开展了大规模的经纬度测量和地形测量，编制了著名的《皇舆全览图》。

测量学成为一门真正意义上的科学始于17世纪工业革命。17世纪初发明了望远镜，人类借助于望远镜能够精确地观测到远处的目标，时至今日望远镜仍是各种常规测量仪器必不可少的部件。随后，又出现了三角测量方法、最小二乘法、高斯横圆柱投影等许多测量学理论。

20世纪初，随着飞机和照相机的出现，发展了航空摄影测量。通过航空摄影测量可以快速完成大范围的地形测量，改变了测量手段，减轻了劳动强度，提高了工作效率，使测量学发生了一次革命。

20世纪50年代起，得益于微电子学、激光、计算机、摄影等技术的迅猛发展，电磁波测距仪、电子经纬仪、全站仪、数字摄影测量系统等的问世使测量学又实现了一次重大革命，地形测量从白纸测图变革为数字测图，测量工作实现了内外业一体化、数字化和自动化。

1957年人造卫星的发射成功，使航天技术有了新的发展，1966年出现了卫星大地测量，1972年开始利用卫星对地球进行遥感。始建于1973年并于1993年全部建成的美国全球定位系统（GPS）可使测量用户在全球任何地点、任何时刻（不分白天和黑夜，无须测点之间的通视）实时地获取静态或动态测点的三维坐标。目前，遥感的分辨率能达到亚米级，GPS的相对测量精度能达到毫米级，这些现代测量技术从根本上彻底改变了三维空间数据的获取方法。

当今，全球定位系统（Global Positioning System，简称GPS）、地理信息系统（Geographical Information System，简称GIS）、遥感（Remote Sensing，简称RS）代表着测量学的最新发展方向，上述三者（简称“3S”技术）的集成将更新测量学的原有含义，使测量学以全新的面貌向更加广阔的应用领域发展。

1.2 测量的基准面与坐标系统

通过测量确定地面点的位置，实际上是要确定地面点与一个已知的基准面或坐标系统之间的相对位置关系，因此测量之前必须建立基准面或坐标系统。

1.2.1 基准面

1. 大地水准面

地球的自然表面是极不规则的，高差起伏很大，其中最高的为喜马拉雅山的珠穆朗玛峰，高出海平面8 844 m（此值由中国国家测绘局于2005年测量后公布）；最深的为马里亚纳海沟，其深度为11 022 m，二者的相对高差接近20 km。然而，与地球半径6 371 km相比，上述二者的相对高差可以忽略不计，而且整个地球表面约有71%的面积被海水面包裹，因此我们寻求海水面作为测量的基准面。在测量学中，自由静止的水面称为水准面。由于潮汐风浪，海水面的位置总是变化的，因此水准面有无穷个，所以把通过平均静止的海水面并向大陆、岛屿延伸而形成的闭合曲面称为大地水准面,而大地水准面包裹的地球形体称为大地体,大地体与地球的总形体拟合度最佳,因此我们把大地水准面作为测量工作的基准面。另外,在地球重力场中,大地水准面处处与重力方向正交,重力的方向线又称为铅垂线,因此我们把铅垂线作为测量工作的基准线。

2. 地球椭球面

尽管大地水准面的形状和大小与地球总形体最相似,但是由于地球内部质量分布的不均匀性,使得重力方向产生不规则变化,因此处处与重力方向正交的大地水准面也不规则,其表面也有微小的高低起伏,使得在其上无法进行测量数据的精确计算处理。为此,还必须另选一个与大地水准面非常接近且能用数学模型表达的规则曲面作为计算工作的基准面,这个面是用一个椭圆绕其短轴旋转而成的,称为旋转椭球面。

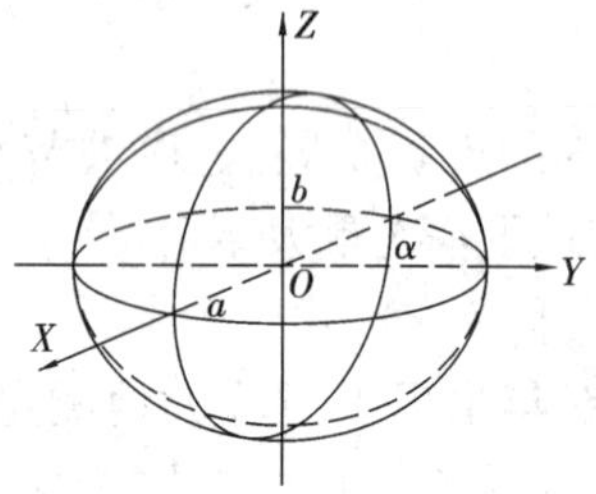

图 1-1

测量学中把拟合地球总形体的旋转椭球面称为地球椭球面,把拟合某一个区域的旋转椭球面称为参考椭球面。椭球的形状与大小用其长半轴 a 和扁率 $\alpha=(a-b)/a$(式中 b 为其短半轴)来描述(如图 1-1 所示)。

自 1949 年中华人民共和国成立以来,先后启用过 1954 和 1980 这两个参考椭球面。2008 年 6 月 18 日,国家测绘局发布公告:"根据《中华人民共和国测绘法》,经国务院批准,我国自 2008 年 7 月 1 日起,启用 2000 国家大地坐标系。2000 国家大地坐标系是全球地心坐标系在我国的具体体现,其原点为包括海洋和大气的整个地球的质量中心。2000 国家大地坐标系与现行国家大地坐标系转换衔接的过渡期为 8 至 10 年。"公告中所述的 2000 国家大地坐标系(其英文表述为 China Geodetic Coordinate System 2000,简称 CGCS2000)所依据的基准面即为 2000 地球椭球面。表 1-1 中分别列出了上述三个椭球的基本参数。

表 1-1

椭球名称	长半轴(km)	扁率	所建立的坐标系统名称
1954 参考椭球	6 378.245	1/298.3	1954 北京大地坐标系
1980 参考椭球	6 378.140	1/298.257	1980 西安大地坐标系
2000 地球椭球	6 378.137	1/298.257 222 101	2000 国家大地坐标系

由于地球椭球的扁率很小,因此当测区范围不大时,可以近似地把椭球视为圆球,其半径为 6 371 km。

1.2.2 坐标系统

按所依据的基准面不同,坐标系统可分为参心坐标系和地心坐标系两种。以参考椭球面(椭球中心不位于地球质心)为基准面而建立的坐标系称为参心坐标系,表 1-1 中"1954 北京"和"1980 西安"均为参心坐标系,1954 北京大地坐标系的大地原点位于前苏联的普尔科沃天文台,1980 西安大地坐标系的大地原点位于我国陕西省泾阳县永乐镇。以地球椭球面(椭球中心位于地球质心)为基准面而建立的坐标系称为地心坐标系,表 1-1 中 2000 国家大地坐标系和 GPS 所采用的 WGS-84 坐标系均为地心坐标系（详见表 5-2）。

按点位坐标的表达形式不同，坐标系统又可分为三维直角坐标系和大地坐标系两种。三维直角坐标系是用三维直角坐标(X, Y, Z)表示点的位置，其坐标原点 O 与地球质心重合，Z 轴指向地球北极，X 轴指向格林尼治首子午面与地球赤道的交点，Y 轴垂直于 XOZ 平面构成的右手系。为了便于测量、计算和使用，测量学中通常采用的坐标系统是大地坐标系。大地坐标系是用高程（点至基准面的垂直距离）和球面坐标（经纬度）或平面直角坐标（球面坐标通过投影转换而得）来表示点的位置。因此，下面分别介绍高程系统和平面直角（或球面）坐标系统。

1. 高程系统

1）正高

地面点到高程基准面的垂直距离称为高程。最常用的高程系统是以大地水准面为高程基准面起算的。地面点到大地水准面的铅垂距离，称为该点的绝对高程或海拔，或称为该点的正高，用 H 表示（如图 1-2 所示）。在小范围的局部地区，如果引测绝对高程有困难，也可以选定一个任意的水准面作为高程基准面，这时地面点至此水准面的铅垂距离，称为该点的相对高程或假定高程，用 H' 表示。两点的高程之差称为这两点之间的高差，用 h_{ab} 表示，即

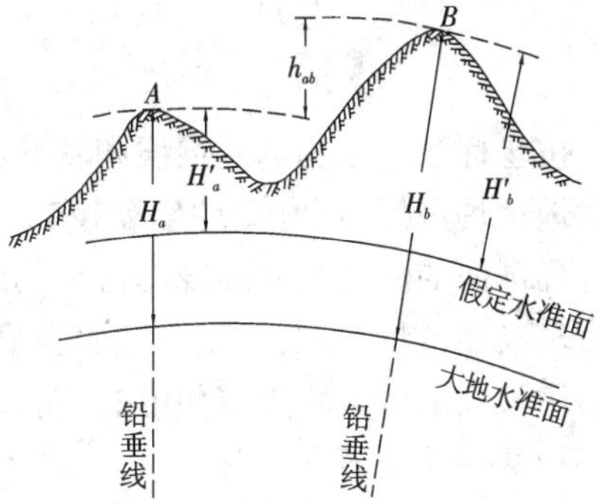

图 1-2

$$h_{ab} = H_b - H_a = H'_b - H'_a \tag{1-1}$$

显然，A、B 两点之间的高差与高程基准面无关。另外，只要 A、B 两点的高差已知，则可由 A 点的高程推求得 B 点的高程。

2）正常高

严格地讲，大地水准面是一重力等位面，点到大地水准面的铅垂距离是铅垂线上与重力加速度的平均值有关的一个积分值，而铅垂线上重力加速度的平均值难以精确求得，因此只能改用正常重力值代替（不顾及地球内部质量密度分布的不规则，而仅与该点的纬度有关，可以精确求得），由此所得到的铅垂距离称为该点的正常高，由正常高确定的基准面称为似大地水准面（与大地水准面在山区相差几米，在平原相差几厘米，在海洋重合）。为此，我国的高程系统实际上采用的是正常高系统，其起算面为似大地水准面。

目前，我国采用“1985 年国家高程基准”，它是根据设在青岛海边的验潮站 1952 年至 1979 年水位的观测资料确定的黄海平均海水面（其高程为零）作起算面的高程系统，并在青岛观象山建立了水准原点，用来标示此高程系统，水准原点的高程为 72. 260 m，全国各地的高程都以它为基准进行连测推算。

3）大地高

地面点沿法线至地球椭球面（或参考椭球面）的距离，称为该点的大地高。采用 GPS 所测得的地面点的高程，即为该点的大地高。

2. 平面直角（或球面）坐标系统

1）地理坐标

地理坐标是地面点在球面坐标系统中的坐标值，通常用经度和纬度表示，如图 1-3 所示。

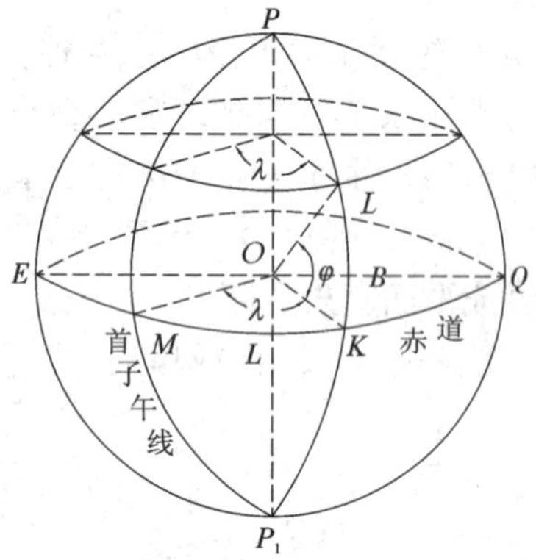

图 1-3

过地面点和地球南北极的平面称为过该点的子午面，子午面与地球表面的交线称为子午线，或称真子午线；过地心 O 且垂直于地球自转轴的平面称为赤道面，赤道面与地球表面的交线称为赤道。过地球表面某点 L 的子午面 $PLKP_1$ 与过伦敦格林尼治天文台的首子午面 PMP_1 形成的二面角 λ，称为该点的经度。从首子午面起算，分别向东西两个方向度量，向东称为东经，向西称为西经，各度量 0°～180°。过地球表面某点 L 的法线或铅垂线 OL 与赤道面 $EMKQ$ 的夹角 φ，称为该点的纬度。从赤道起算，分别向南北两个方向度量，向北称为北纬，向南称为南纬，各度量 0°～90°。

按坐标系统依据的基准线和基准面的不同以及解算方法的不同，地理坐标又可进一步分为大地地理坐标（简称大地坐标）和天文地理坐标（简称天文坐标）。以参考椭球面为基准面，且以椭球面的法线为基准线而得到的地理坐标称为大地坐标，分别用 L、B 表示；以大地水准面为基准面，以铅垂线为基准线而得到的地理坐标称为天文坐标，分别用 λ、φ 表示。天文坐标是用天文测量方法直接测定的，而大地坐标是通过大地测量推算出来的。

2）高斯平面直角坐标

地理坐标是一种球面坐标，只能确定点位在球面上的位置，不便直接用于测图，因此必须将球面坐标转换成平面直角坐标。在我国是采用高斯投影的方法进行转换的。下面介绍高斯平面直角坐标系的建立方法。

（1）分带。为了控制从球面投影到平面引起的较大长度变形，高斯投影采取分带投影的方法，使每带内最大变形能够控制在测量精度允许的范围内。它采取 6°分带，即从格林尼治首子午线起每隔经差 6°划分为一个投影带，由西向东将椭球面等分为 60 个带，并依次编号 N，显然，6°带中央子午线的经度 L_0 与其带号 N 的关系为

$$L_0 = 6N - 3 \tag{1-2}$$

（2）投影。设想将一个平面卷成一个空心椭圆柱，把它横套在地球椭球面上，使椭圆柱的中心轴线位于椭球赤道面内且通过球心，将椭球面上需投影的那个 6°带的中央子午线与椭圆柱面重合，采用等角投影的方式将这个 6°带投影到椭圆柱面上，然后沿着椭圆柱面过南北极的两条母线将椭圆柱面切开并展成平面，便得到此 6°带在平面上的投像（如图 1-4 所示）。显然，距离中央子午线越远，投影变形越大。为了控制变形，满足精密测量和大比例尺测图的需要，有时还可采取 3°分带法或 1.5°分带法进行投影。3°分带从东经 1.5°开始，自西向东每隔 3°划分为 1 个投影带，带号 N' 依次编为 1～120。因此，3°带中央子午线的经度 L_0' 与其带号 N' 的关系为

$$L_0' = 3N' \tag{1-3}$$

（3）建立坐标系。经投影所得的影像平面中，中央子午线和赤道的投影是直线，且相互垂直，因此以中央子午线投影为 X 轴，赤道投影为 Y 轴，两轴交点为坐标原点，即得高斯平面直角坐标系。考虑到我国领土全部位于赤道以北，各地面点的纵坐标均为正，为避免横坐标出现负值，将每带的坐标原点向西平移 500 km，这样无论横坐标的自然值原本是正还是负，加 500 km 后，则都能保证为正（如图 1-5 所示）。此外，为了判明点位所在的是哪一个投影带，规定横

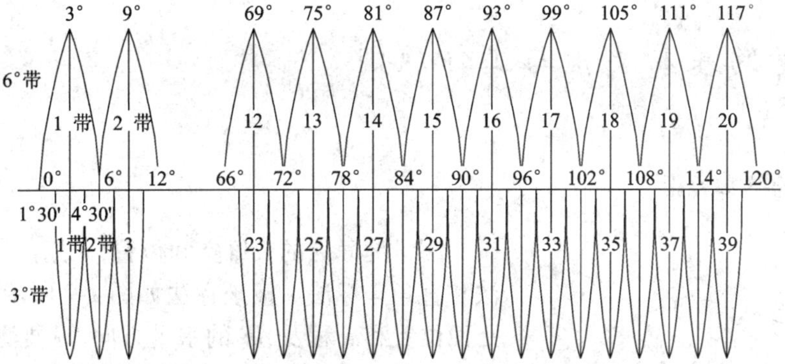

图 1-4

坐标值之前加上投影带号,因此我国高斯直角坐标系的横坐标是由带号、500 km 以及自然坐标值三部分组成的,这样的横坐标值称为国家统一坐标系的横坐标通用值。在我国的领土范围内,经过分带,6°带号在 13～23,而3°带号在 25～45,没有重叠带号,因此根据横坐标通用值就可判定投影带是 6°带还是 3°带。例如,某点位于第 20 带,其横坐标自然值为 －269 583.10 m,加上 500 km 应为 230 416.90 m,再加带号,则该点的横坐标通用值 Y = 20 230 416.90 m,该投影带为 6°带。

3)独立平面直角坐标

当测区范围较小时,可直接把测区的球面视为平面,将地面点沿铅垂线投影到水平面上,在水平面上建立独立的平面直角坐标系。

测量所用的独立平面直角坐标系与数学上的基本相似,但纵坐标轴为 X 轴,正向朝北,横坐标轴为 Y 轴,正向朝东,象限编号按顺时针方向,这些与数学上的顺序恰好相反(如图 1-6 所示)。测量上对直线方向的表示是以纵轴(X 轴)的北端起始,顺时针方向度量至此直线。这又恰好与数学上以 X 轴为准、逆时针方向度量直线角度的方法相反。这样做的目的都是为了可以直接采用数学上已有的三角公式进行坐标计算。

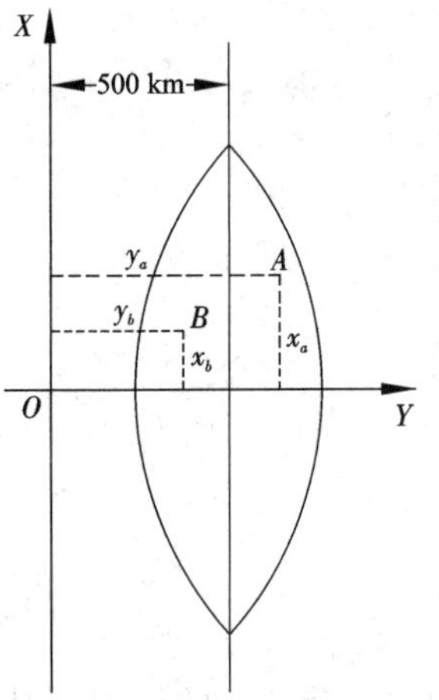

图 1-5

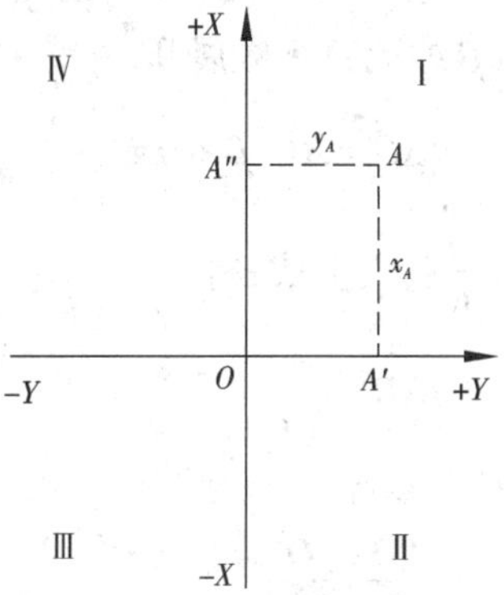

图 1-6

1.3 测量的基本要素与工作原则

1.3.1 测量的基本要素

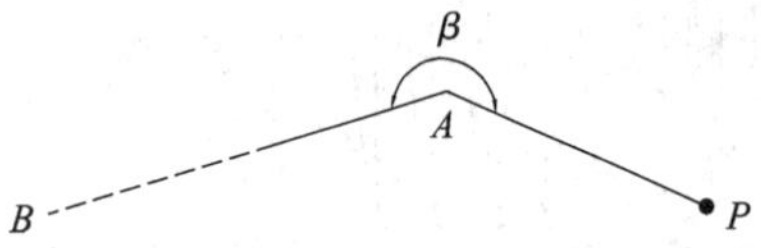

图 1-7

测量地面点的三维空间位置,采用的方法有极坐标法和直角坐标法。极坐标法如图 1-7 所示,已知 A 点的平面位置和高程及 AB 的水平方向,只要测出水平角 β,水平距离 AP 以及 A、P 两点间的高差,就确定了点 P 的空间位置,传统常规的测量均采用极坐标法;而直角坐标法指的是使用全站仪或全球定位系统(GPS)等新一代的测量仪器或测量系统,直接测出地面点位的三维直角坐标的方法。由此可见,角度(即水平角)、距离(即水平距离)、高差(或高程)和坐标(即三维直角坐标)是测量的基本要素,角度测量、距离测量、高程测量和坐标测量是测量的基本工作。

1.3.2 地球曲率对测量基本要素的影响

测量的基准面是大地水准面,而大地水准面是一个曲面,为了计算方便,当测区很小时,是否能用水平面代替大地水准面呢?下面探讨一下用水平面代替水准面时,地球曲率对上述测量基本要素中的水平距离测量和高程测量的影响。

1. 对距离的影响

如图 1-8 所示,将大地水准面近似为球面,设在 A 点球面 P 与水平面 P' 相切,A、B 两点在球面上的弧长为 D,在水平面上的直线长度为 D',则

$$D = R \cdot \beta, D' = R \cdot \tan\beta$$

用水平长度 D' 代替弧长 D 所产生的距离误差为

$$\Delta D = D' - D = R \cdot \tan\beta - R \cdot \beta = R(\tan\beta - \beta)$$

将 $\tan\beta$ 按无穷级数展开,并略去高次项,得

$$\Delta D = R\left[\left(\beta + \frac{1}{3}\beta^3 + \cdots\right) - \beta\right] = \frac{1}{3}R \cdot \beta^3$$

将 $\beta = \dfrac{D}{R}$ 代入上式,得

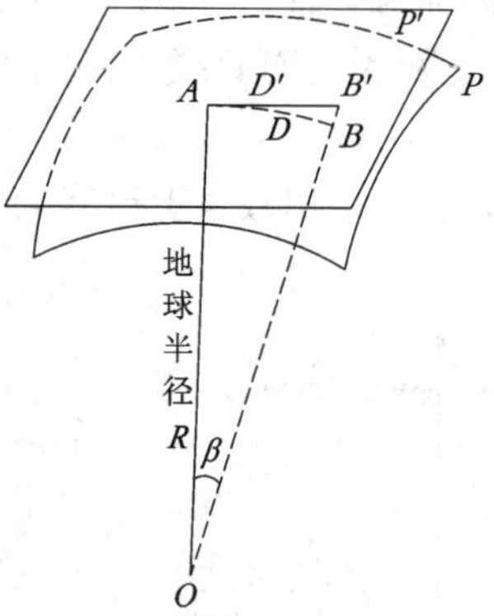

图 1-8

$$\Delta D = \frac{D^3}{3R^2} \tag{1-4}$$

其相对误差为

$$\frac{\Delta D}{D} = \frac{D^2}{3R^2} \tag{1-5}$$

已知地球半径 $R = 6\ 371$ km,当距离 D 等于不同值时代入上式,则可得出表 1-2 的结果。从表 1-2 中可见,当距离等于 10 km 时,地球曲率影响距离测量而产生的相对误差为 1∶1 250 000,而目前最精密的距离测量容许误差为其长度的 1∶1 000 000,因此在半径为 10 km 的范围内用

水平面代替大地水准面,可以不考虑地球曲率对水平距离测量的影响。

表 1-2

距离 D(km)	距离误差 ΔD(cm)	相对误差$\frac{\Delta D}{D}$
10	0.8	1:1 250 000
25	12.8	1:195 000
50	102.6	1:48 700
100	821.2	1:12 000

2. 对高程的影响

如图 1-8 所示,A、B 两点在同一水准面 P 上,其高差应为零,即 $\Delta h=0$。但是,当 B 点投影到过 A 点的水平面上得到投影点 B'时,则 $BB'=\Delta h$ 就是用水平面代替水准面所产生的高程测量误差。由图可知

$$\Delta h = OB' - OB = R \cdot \sec\beta - R = R(\sec\beta - 1)$$

将 $\sec\beta$ 展开成无穷级数,得

$$\sec\beta = 1 + \frac{1}{2}\beta^2 + \frac{5}{24}\beta^4 + \cdots$$

略去高次项,并以 $\beta=\frac{D}{R}$代入,得

$$\Delta h = R\left(1 + \frac{1}{2}\beta^2 - 1\right) = \frac{D^2}{2R} \tag{1-6}$$

同样用不同的距离 D 值代入式(1-6),得到表 1-3 列出的相应高程误差值。

表 1-3

D(km)	0.1	0.5	1	2	3	4	5	10
Δh(cm)	0.08	2	8	31	71	125	196	785

由式(1-6)可见,高程误差与距离的平方成正比,当距离 $D=1$ km 时,表 1-3 中所列高程误差达到 8 cm,这是高程测量所不允许的。因此,进行高程测量时,即使距离很短也不能用水平面代替大地水准面。

1.3.3　测量的工作原则

在实际测量工作中,为了避免测量错误,防止测量误差的积累,要遵循的基本原则是:布局要"从整体到局部",程序是"先控制后碎部",精度按"由高级到低级",工作做到"步步有检核",这样才能确保测量成果精确可靠。

例如测绘地形图,首先不能直接测地形,应在测区内先均匀选取少量测点,用精密仪器较精确地测定它们的位置,作为测区的骨架,这些骨架点称为控制点,测定控制点位置的工作称为控制测量。控制测量是带全局性的精度较高的测量工作,在范围较大的测区,控制测量要由高级到低级,按不同精度的等级逐步进行,而且每步都有严格的检核措施。其次,以控制点为

依据，对各控制点周围的地形进行详细测量。被测区域的地形可分为地物和地貌两大类：地面上的固定性物体，如道路、河流、建筑物等称为地物；地面上的高低起伏形态，如平原、丘陵、凹地等称为地貌。地物轮廓拐角点和地貌坡度及方向变化点统称为碎部点。地形测量时，实际上是要测量这些碎部点的位置，这一步工作称为碎部测量。在控制测量和碎部测量的基础上，最后绘制出整个测区完整的地形图。这样，不仅控制点的精度高，而且所有碎部点之间不存在测量误差的相互传递，因此整个测区的精度均匀统一。

习 题

1. 名词解释：测量学、测定、测设、大地水准面、地球椭球面、绝对高程、相对高程、6°带、高斯平面直角坐标、参心坐标系、地心坐标系、正高、大地高。

2. 测量学主要包括哪两部分内容？二者的区别是什么？

3. 简述 Geomatics 的来历及其含义。

4. 测量学的平面直角坐标系与数学上的平面直角坐标系有何不同？

5. 简述我国采用的高斯平面直角坐标系的建立方法。

6. 设我国某处 P 点的横坐标 $Y = 19\ 729\ 513.12$ m，问该坐标值是按几度带投影计算而得的？P 点位于第几带？P 点位于中央子午线东侧还是西侧，距中央子午线有多远？该点在投影带中真实的自然横坐标值是多少？

7. 目前我国统一采用的高程系统和大地坐标系统各叫什么？我国的高程原点在哪里？

8. 地面点的三维空间位置通常是怎样测得的？测量的基本要素有哪些？

9. 测量的工作原则是什么？为什么要遵循这些原则？

10. 测量工作中，地球曲率对距离测量和高程测量的影响如何？

1.1 2000 国家大地坐标系

1.2 大地原点

1.3 水准原点

第2章　水准测量

2.1　水准测量的原理

工程上常用的高程测量方法有几何水准测量、三角高程测量、GPS测高及在特定对象和条件下采用的物理高程测量（如静力水准测量和气压高程测量），其中几何水准测量是目前高程测量中精度最高、应用最普遍的测量方法。

如图2-1所示，设在地面A、B两点上竖立标尺（水准尺），在A、B两点之间安置水准仪，利用水准仪提供的一条水平视线，分别截取A、B两点标尺上的读数a、b，显然

$$H_A + a = H_B + b \tag{2-1}$$

则A、B两点的高差h_{ab}可写为

$$h_{ab} = H_B - H_A = a - b \tag{2-2}$$

式中，若$a > b$，h_{ab}为正，表示B点高于A点；反之$a < b$，h_{ab}为负，B点低于A点。

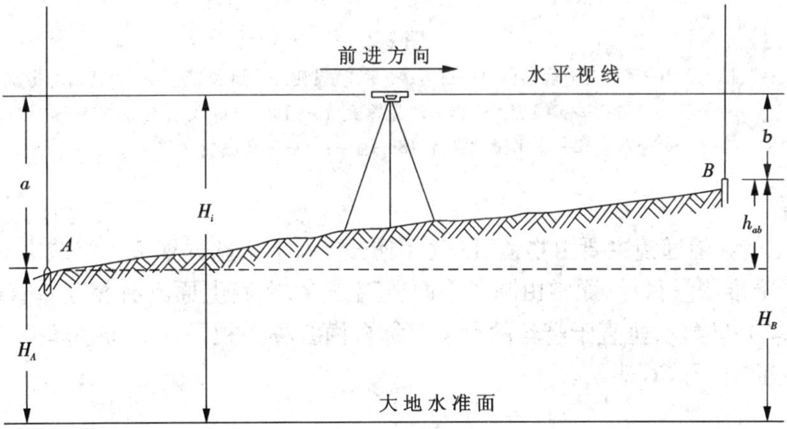

图2-1

如果已知A点高程，规定A点水准尺读数a为后视读数，B点水准尺读数b为前视读数，待定点B的高程H_B可由H_A、h_{ab}求得，即

$$H_B = H_A + h_{ab} = H_A + (a - b) \tag{2-3}$$

按式（2-3）计算B点高程的方法，称为高差法。若令式（2-3）中的$H_A + a = H_i$，H_i为水平视线到大地水准面的铅垂距离，简称视线高，这样，B点高程还可以写为

$$H_B = H_i - b \tag{2-4}$$

按式（2-4）利用视线高求高程的方法，称为仪高法。在同一测站上，如果利用一个后视点观测

几个点的高程,则用仪高法比较方便。

2.2 水准测量的仪器和工具

水准测量中使用的仪器为水准仪,使用的工具有水准尺和尺垫。按精度分,水准仪通常有DS_{05}、DS_1、DS_3等几种,其中"D"和"S"分别为"大地"和"水准仪"首字汉语拼音的首字母,而下标是仪器的精度指标,即每千米测量的偶然中误差(以mm为单位)。

2.2.1 DS_3型微倾式水准仪的构造

DS_3型微倾式水准仪曾经是工程上普遍使用的水准测量仪器,它的作用是提供一条水平视线,图2-2为DS_3型微倾式水准仪的外形图,它主要由望远镜、水准器和基座三部分组成。

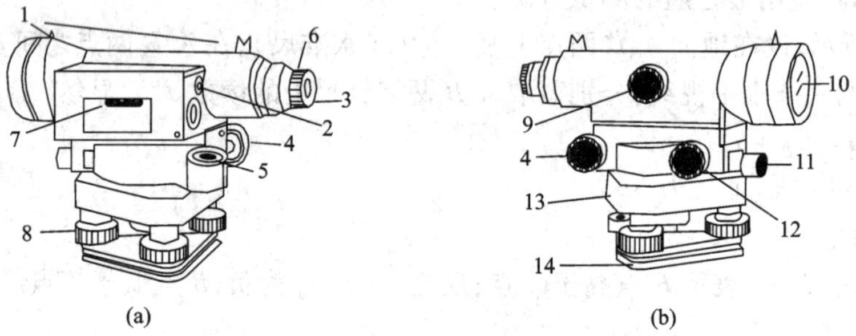

图2-2

1—瞄准装置;2—符合气泡观察窗;3—目镜;4—微倾螺旋;5—圆水准盒;6—目镜对光螺旋;
7—长水准管;8—脚螺旋;9—物镜对光螺旋;10—物镜;11—水平制动螺旋;
12—水平微动螺旋;13—轴座;14—三角底板

1. 望远镜

如图2-3所示,望远镜主要由物镜、目镜、调焦透镜、十字丝分划板等组成。其中十字丝分划板主要用于瞄准测量目标,通常由圆形平面玻璃制成,在其上面刻有相互垂直的细线,称为横丝(又称中丝)和竖丝,垂直于竖丝的上下对称短横线称为视距丝。十字丝交点与物镜光心的连线称为视准轴,用CC表示。

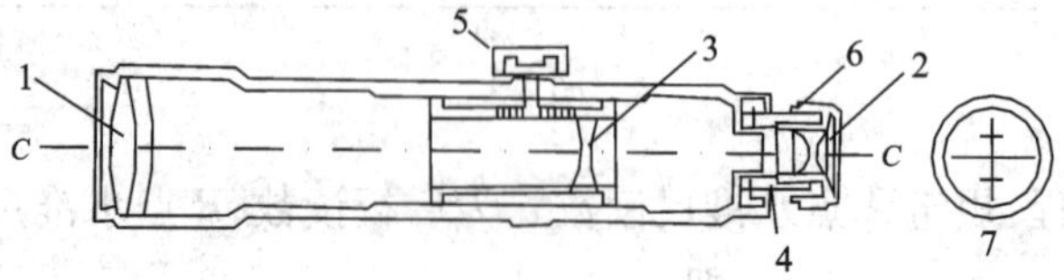

图2-3

1—物镜;2—目镜;3—调焦透镜;4—十字丝分划板;5—物镜调焦螺旋;
6—目镜调焦螺旋;7—十字丝分划板放大图

如图2-4所示,远处目标AB通过物镜和调焦透镜后所成的倒立实像ab恰好落在十字丝分划板上,然后连同十字丝分划板一起再通过目镜成为一个放大的虚像$a'b'$。

衡量望远镜光学性能的主要指标是放大倍率 K,其大小按下式计算:

$$K=\beta/\alpha \tag{2-5}$$

其中 α、β 分别代表目标 AB 在望远镜中的视场角和像场角。DS_3 型水准仪放大倍率一般为 28 倍。

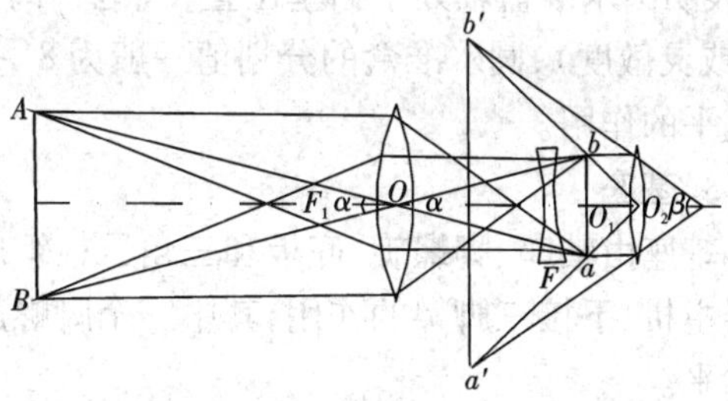

图 2-4

2. 水准器

水准器是用于判定视线是否水平的装置,分为长水准管和圆水准盒两种。

1)长水准管

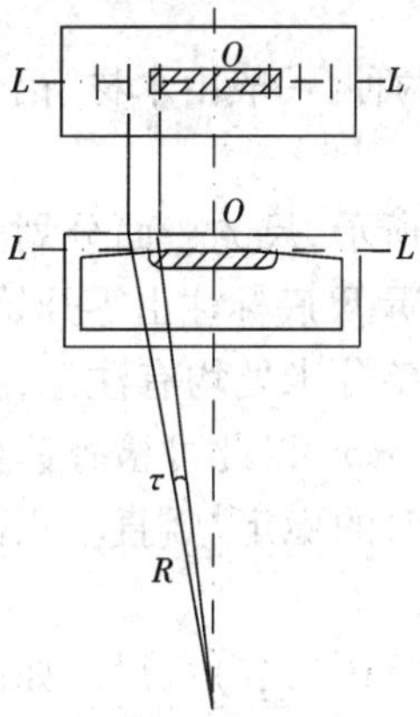

图 2-5

如图 2-5 所示,长水准管是用一纵向内壁呈圆弧形的玻璃制成的,内装酒精和乙醚的混合液,经加热、熔封、冷却后,在水准管中形成一个气泡,显然气泡所处的位置应是管壁的最高处。水准管上还刻有间隔为 2 mm 的分划线,分划线的对称中心称水准管零点,过零点所作圆弧的切线称水准管轴,用 LL 表示。可以看出,当气泡两端相对水准管零点对称分布时,即气泡居中时,长水准管轴就处于水平,若望远镜的视准轴与水准管轴平行,此时视线也就处于水平。

我们把水准管上 2 mm 弧长所对应的圆心角称为水准管分划值(又称水准管的灵敏度)τ,即

$$\tau=2\ \text{mm}/R\cdot\rho'' \tag{2-6}$$

式中,$\rho''=180\times3\ 600''/\pi=206\ 265''$,$R$ 为圆弧的半径。显然,τ 越小,气泡居中的精度就越高,视线就越平。因此,分划值是反映水准仪精度高低的重要指标。DS_3 型水准仪的水准管分划值约为 20″。

为方便观察气泡居中,在水准管上方加装了一组棱镜(又叫符合棱镜),它把气泡两端影像反映到一个观察窗中,当气泡居中时,从观察窗中可以看到由于气泡两端各自的影像吻合而形成的一条完整的抛物线,如图 2-6 所示。

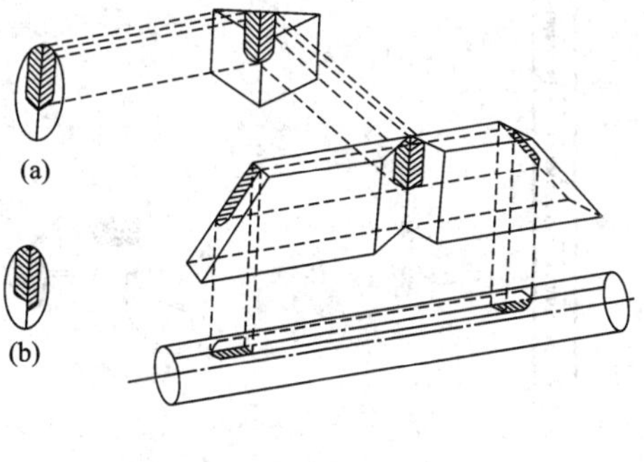

图 2-6

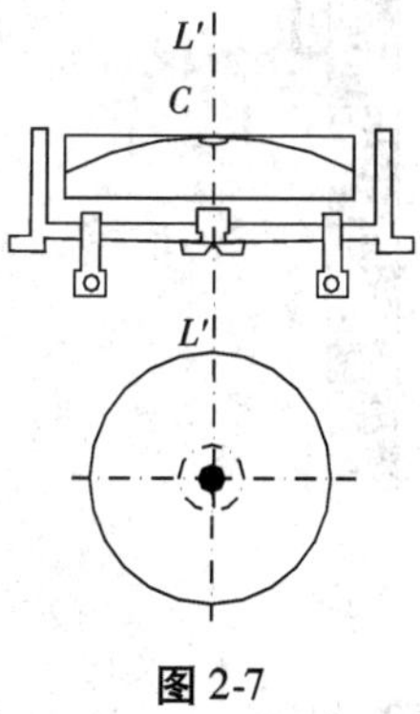

图 2-7

2)圆水准盒

如图 2-7 所示,圆水准盒所用材料与长水准管相同,不过其上内壁为球面,球面中央刻有一圆圈,圆圈中心为圆水准盒零点,过零点的法线称为圆水准盒轴,用 $L'L'$ 表示。当气泡居中

时，表明圆水准盒轴处于铅垂位置，气泡偏离中心 2 mm 弧长所对的圆心角，称为水准盒分划值（或灵敏度），圆水准盒的分划值一般为 8′～10′。由于其灵敏度低，在水准仪整平中只起粗略整平的作用。

3. 基座

基座由轴座、脚螺旋、底板和三角压板组成，如图 2-2 中对应的 13、8、14 部分，它起着上连仪器主机、下接三脚架的作用，其中三个脚螺旋用来调节圆水准盒气泡居中，使水准仪达到粗略水平。

2.2.2 水准尺和尺垫

1. 水准尺

水准尺是水准测量所用的标尺。常用的水准尺分为双面尺和塔尺两种，一般由木材、铝合金或玻璃钢制成。

双面尺长度通常为 2 m 或 3 m，尺的两面均为 cm 分划。如图 2-8 所示，尺的一面分划为黑白相间，称为黑面尺；尺的另一面分划为红白相间，称为红面尺。黑面尺尺底标注由零开始，红面尺尺底标注由 4 687 mm 或 4 787 mm 开始，并顺序往上，每整米和整分米处均有注记，在同一视线高度，读取红黑面的读数，其差值应为常数 4 687 mm 或 4 787 mm，以此可检查读数的正确性。尺的侧面带有扶手（有的还带有圆水准器），用以保证立尺时的稳定、竖直。双面尺多用于三、四等水准测量。

塔尺尺长可以伸缩，便于携带。按尺的长度分 5 m（三节）塔尺和 3 m（二节）塔尺。如图 2-9 所示为 5 m 塔尺 cm 整分划面和 5 mm 整分划面。由于塔尺各段接头处的磨损易影响尺长的精度，故多用于普通水准测量。

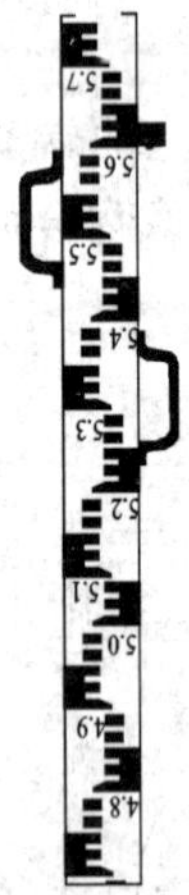

图 2-8

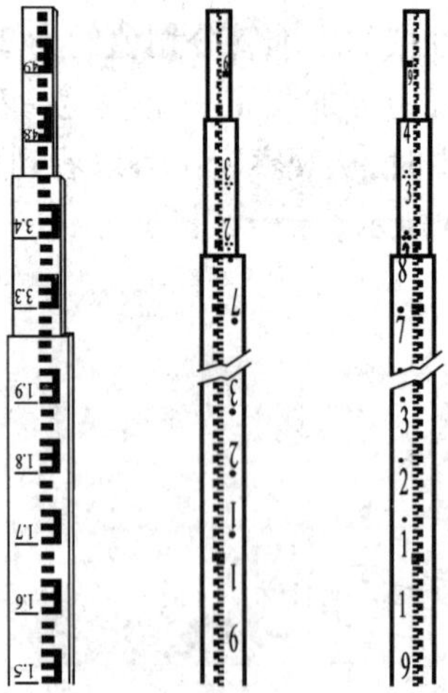

图 2-9

图 2-10

2. 尺垫

尺垫通常由铸铁制成，呈三角形状，如图 2-10 所示。其上表面中央有一凸出圆头，测量时水准尺立放在此位置，下表面脚端有三个支脚，以使尺垫固定于地面上。

2.2.3　DS_3型微倾式水准仪的操作方法

微倾式水准仪在测量时的基本操作步骤为安置仪器、粗略整平、瞄准水准尺、精确整平和读数。

1. 安置仪器

打开三脚架，使其高度和张角适中，架头大致水平，然后将水准仪从箱中取出，用连接螺旋将水准仪固定连接在三脚架顶面上。

2. 粗略整平

通过转动基座上的三个脚螺旋，使圆水准盒气泡居中，这时仪器的竖轴大致竖直，视准轴粗略水平。如图2-11(a)所示，气泡未居中，双手任选两个脚螺旋，同时按相反的方向(即一个顺时针旋转，另一个则逆时针旋转)转动两个脚螺旋，使气泡运动到两个脚螺旋中心的连线垂直于气泡中心与圆水准盒零点的连线，然后再转动第三个脚螺旋，如图2-11(b)所示，使气泡居中。注意：气泡移动的方向始终与左手拇指运动的方向一致；另外，顺时针旋转时，脚螺旋所处的仪器位置升高。

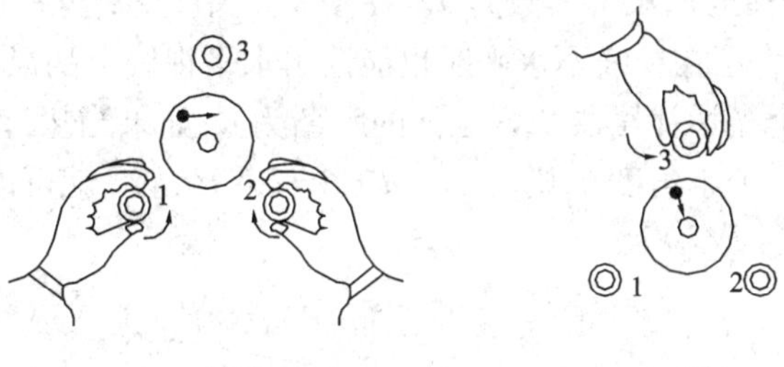

图2-11

3. 瞄准水准尺

首先将望远镜对向较明亮处，转动目镜调焦螺旋，将十字丝调至清晰，然后拧松制动螺旋，用望远镜上部的准星与缺口对准水准尺，再拧紧制动螺旋。接着转动望远镜物镜调焦螺旋，使水准尺成像清晰，最后转动水平微动螺旋，使十字丝竖丝与水准尺中心线对齐。

在瞄准目标时，如果眼睛在目镜端上下移动，发现十字丝和影像有相对的移动，这种现象称为视差。视差产生的原因是目标影像没有恰好与十字丝分划板重合，如图2-12(a)和(b)所示，它的存在将影响读数的精确性。消除视差的方法是眼睛放松，再仔细转动目镜调焦螺旋和物镜调焦螺旋，使十字丝和物像都非常清晰，如图2-12(c)所示。

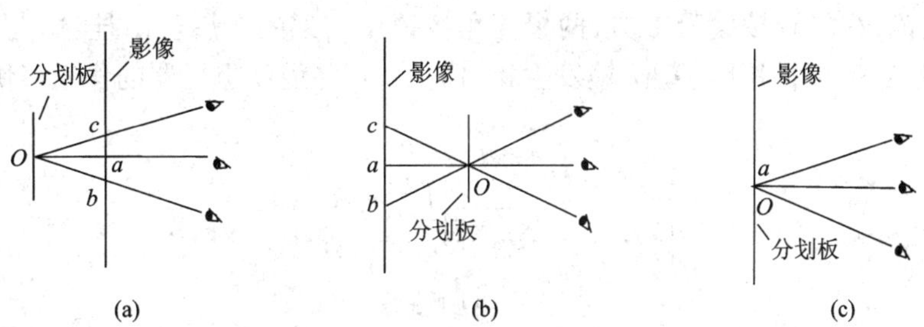

图2-12

4. 精确整平

转动微倾螺旋,使符合水准气泡观察窗中的两半抛物线对齐,即水准管气泡精确居中。

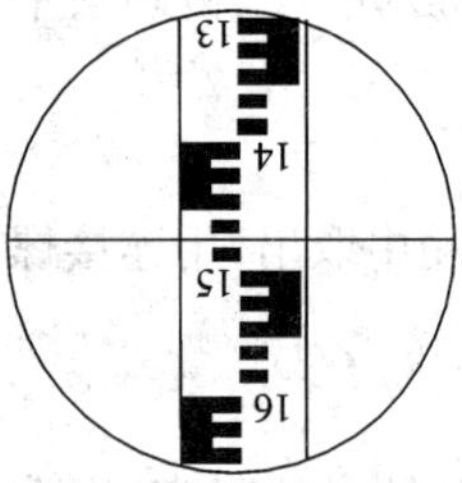

图 2-13

5. 读数

如图 2-13 所示,共读四位数字:米、分米、厘米、毫米,其中毫米位为估读。若望远镜的成像为倒像,则应从上往下读,反之从下往上读。无论何种成像方式,读数都应从小往大读,图 2-13 中尺的读数为 1.474 m。

2.2.4 自动安平水准仪

按前所述,使用微倾式水准仪时,在旋转脚螺旋使圆水准盒气泡居中(仪器粗平)后,还要旋转微倾螺旋使符合气泡居中(仪器精平)。对于自动安平水准仪,当旋转脚螺旋使圆水准盒气泡居中(仪器粗平)后,即可读数。

1. 自动安平原理

如图 2-14 所示,视线水平时,十字丝中心为 c_0,尺上读数为 a_0;当望远镜有微小倾角 α 时,视线不水平,十字丝中心移至 c,尺上读数为 a。在图 2-14 中,设 c_0 至 c 的距离为 l,望远镜的组合焦距为 f,则 $l=f\cdot\alpha$。为了在视线不水平时也能读出水平视线上的尺读数 a_0,在十字丝分划板与调焦透镜间安置一个光学补偿器 S,S 至 c 的距离为 d,如果当望远镜有微小倾角 α 时,S 能使水平视线恰好偏转一个小角度 β,则 $f\cdot\alpha=d\cdot\beta=l$,那么从 c 就可以看到水平视线的尺读数 a_0。

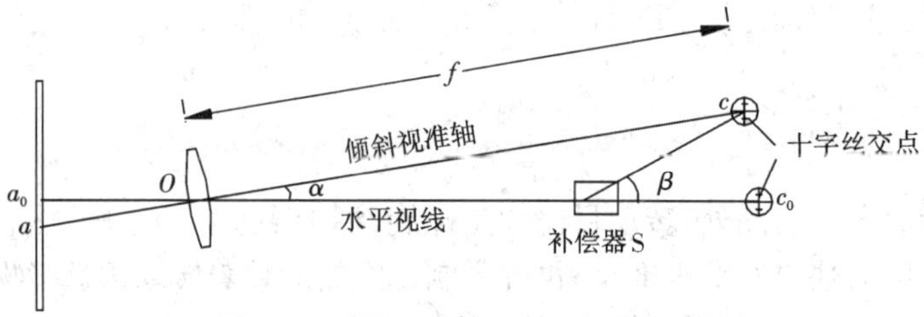

图 2-14

2. 自动安平补偿器

常用补偿器包括悬挂一组棱镜和悬挂十字丝分划板两种。

1)悬挂棱镜

补偿器安装在调焦透镜和十字丝分划板之间,如图 2-15 所示,其构造是在望远镜筒内固定一个屋脊棱镜,在屋脊棱镜架下方,两个直角棱镜用交叉的金属丝吊挂着。当望远镜倾斜时,该直角棱镜在重力作用下与望远镜发生相对的偏转,并借助阻尼器的作用很快静止下来。

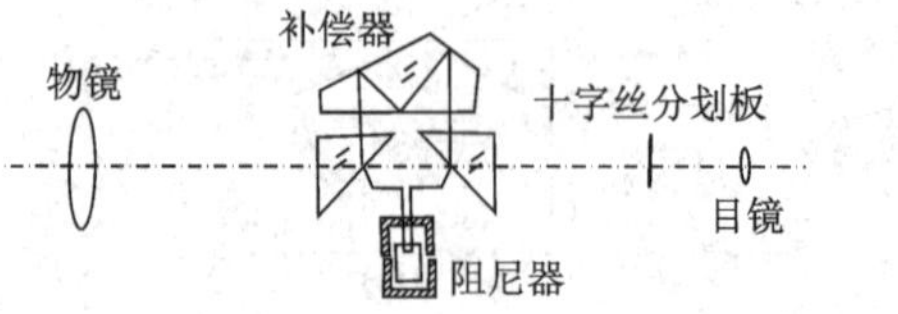

图 2-15

图2-16是其补偿过程原理图，当视准轴倾斜 α 角时，重力作用下的悬挂直角棱镜也随之反向倾斜 α 角，倾斜后棱镜位置如图2-16虚线所示。此时原水平光线（虚线表示）通过偏转后的直角棱镜的反射，到达十字丝的中心 C_0，仍可读出正确的水平视线尺读数，从而达到补偿的目的。

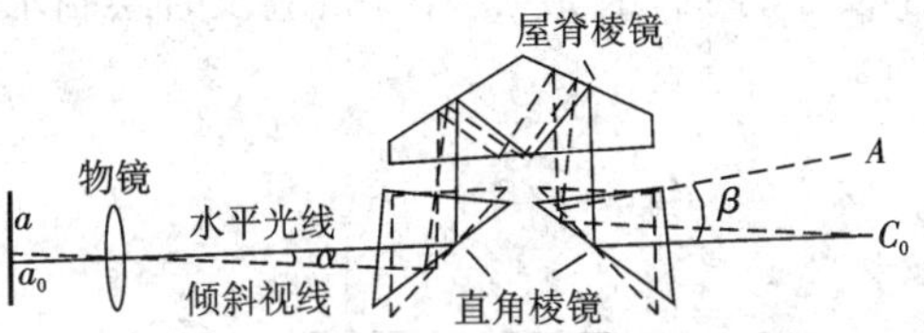

图2-16

2）悬挂十字丝分划板

把十字丝分划板用四根吊丝悬挂起来，当望远镜倾斜时，悬挂的十字丝分划板在重力作用下摆动，如图2-17所示，选择好吊丝的长度 l 和悬挂位置，使 l 与物镜焦距 f 相等，并保证通过十字丝交点的铅垂线始终通过物镜的光心，即视准轴 CC 处于铅垂位置，经两次45°反射后，视准轴 CC 上的光线总是处于水平位置，从而通过这种补偿方式获得水平视线的尺读数。

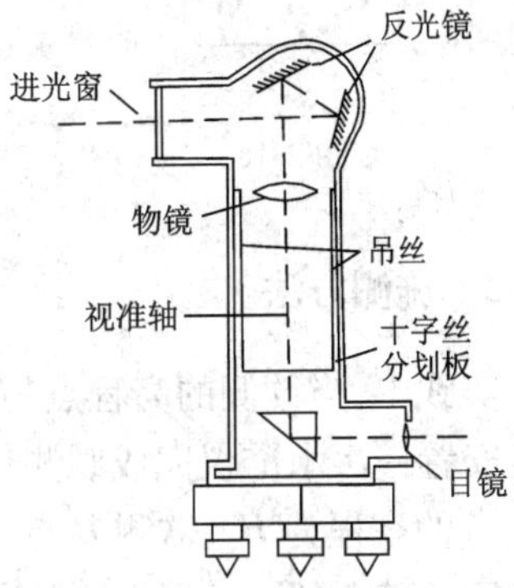

图2-17

3. 自动安平水准仪的使用

实际操作时，首先利用脚螺旋使圆水准盒气泡居中，然后用望远镜瞄准水准尺，利用十字丝中丝读数。

在读数之前，可以采用下述方法检查自动安平补偿器工作是否正常有效：在望远镜视窗里有一个警示窗，当警示窗呈绿色，且警示窗中的亮线与三角缺口重合时，表示补偿有效，视线水平；若警示窗呈红色，则表示超出了补偿范围，或仪器竖轴倾斜超过限定值（如±5′），这时需检查和重新使圆水准盒气泡居中。另外，在目镜下方有一补偿器按钮，轻轻按动按钮，如果视场标尺影像随之产生上下摆动，约一秒钟后迅速静止，则说明补偿器工作正常。

2.3　普通水准测量

2.3.1　水准点

在各种工程建设中，都需要将已知高程的点作为起算控制点，这些高程点应有统一的高程系统，它们的高程都采用水准测量的方法测定，我们把这些高程点称为水准点（Bench Mark），用 BM 表示。水准点按其精度和作用的不同，分为国家等级水准点和普通水准点，前者需要埋设规定形式的永久性标志，以满足国家建设的长期需要；而后者根据需要，可以做成永久性标志，如用于建筑物的沉降监测基准点，也可设定临时性的标志，如作为测区控制或施工的高程点。

国家等级水准点用钢筋混凝土或条石制成，埋深要大于冻土层，其顶部嵌入不锈钢或铜制成的半球状标志，如图 2-18 所示。在城市、矿区也可将金属标志埋设在稳定的建筑物墙角（图 2-19）。普通水准点如果作为永久性标志点，可用钢筋混凝土按图 2-20（a）制成；而临时性的水准点可以选用地面上坚硬凸出地物、砸入地面的顶端磨圆的钢筋或顶面有凸出铁钉的木桩等，如图 2-20（b）所示。为了便于寻找，水准点埋设后，应及时绘制水准点附近的草图（称为点之记），并进行统一编号。

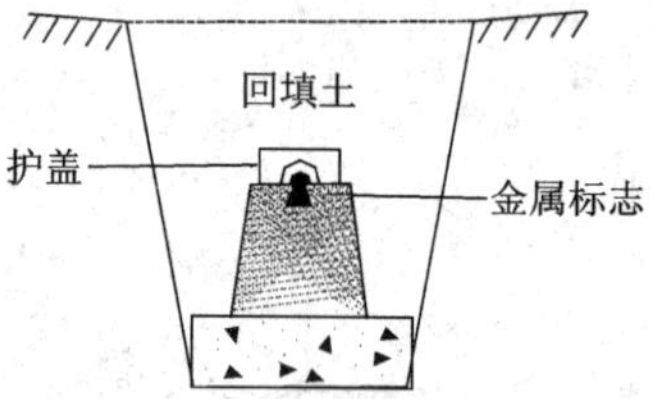

图 2-18

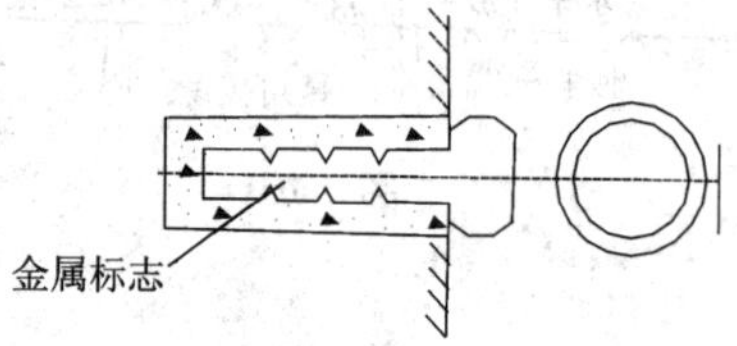

图 2-19

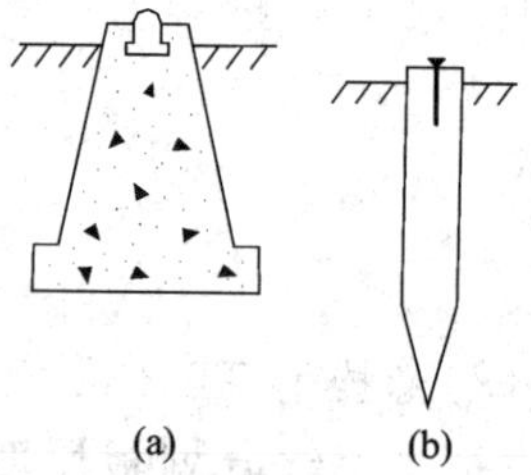

图 2-20

2.3.2 施测方法

实践中，当欲测的高程点与已知的水准点之间相距较远、高差较大或遇障碍物视线受阻而不能安置一次水准仪完成观测任务时，则采用分段、连续设站的方法施测。如图 2-21 所示，已知 A 点的高程为 H_A，欲测 B 点高程 H_B。首先在 A、B 之间，与 A 点适当的距离（如 80 m 以内）处选定一转点（Turning Point），用 TP_1 表示，置水准仪于 A、TP_1 等距离处Ⅰ（称为第Ⅰ站），一尺立于 A 上，另一尺立于转点 TP_1 的尺垫上。当仪器视线水平后，先读后视 a_1，再读前视 b_1，即可求得第Ⅰ站高差 $h_1=a_1-b_1$ 及转点 TP_1 的高程 $H_1=H_A+h_1$。其实测数据的记录见表 2-1。同理，将仪器搬至第Ⅱ站（水准仪与 TP_1 和 TP_2 等距离），TP_1 的尺转过面后仍立在原地，A 点的尺移至转点 TP_2 上，读数 a_2、b_2，得高差 $h_2=a_2-b_2$ 及转点 TP_2 的高程 $H_2=H_1+h_2$。以此类推，直到终点 B 为止，得各测站高差及 B 点的高程。归纳上述观测过程以式(2-7)表示：

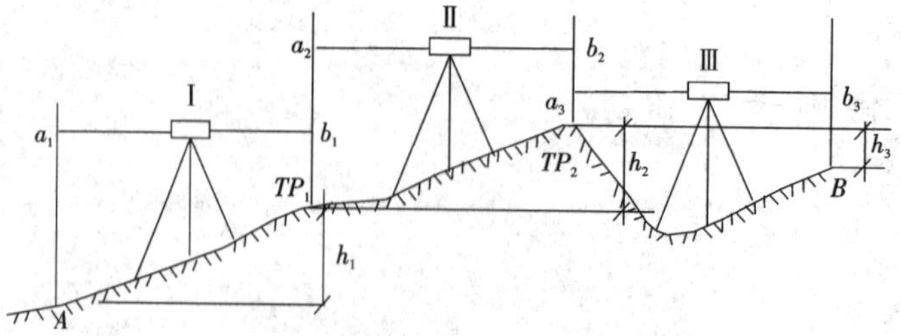

图 2-21

$$\left.\begin{aligned} & h_i=a_i-b_i \quad (i=1,2,3,\cdots,n) \\ & h_{ab}=\sum h=\sum a-\sum b \\ & H_B=H_A+h_{ab} \end{aligned}\right\} \tag{2-7}$$

终点 B 的高程,也可通过沿线各转点的高程依次传递求出,即

TP_1 点的高程: $H_1 = H_A + h_1$

TP_2 点的高程: $H_2 = H_1 + h_2$

$\vdots$

B 点的高程: $H_B = H_{n-1} + h_n$

表 2-1

测站	测点	后视(mm)	前视(mm)	高差(m)		高程(m)	备注
				+	-		
Ⅰ	A	1 847		0.564		4.628	BM 点
	TP_1		1 283				
Ⅱ	TP_1	1 486		0.381			
	TP_2		1 105				
Ⅲ	TP_2	0 922			0.670		
	B		1 592			4.903	
计算检核		$\sum a = 4\ 255$	$\sum b = 3\ 980$	$\sum h = +0.275$			$\sum h = \sum a - \sum b$

2.3.3 水准测量的检核与成果计算

水准测量的检核有如下三种。

1. 计算检核

由式(2-7)知,$\sum h = \sum a - \sum b$,即各测站后视读数之和与前视读数之和的差,应与各测站高差之和相等,此式即为计算过程的检核。

2. 测站检核

上述的计算检核只能检查计算过程是否正确,并不能发现观测或记录是否有错。为此,可作如下的测站检核。

1)双仪高法

在同一测站处采用两次不同的仪器高度进行观测(前视点和后视点的位置不变),从两次所测高差(理论上应该相等)即可发现这两次测量中的任何观测、记录的错误,若两次所测高差不超过容许值(例如 5 mm),则认为符合要求,否则重测。

2)双面尺法

分别采用水准尺的黑面和红面测得两次高差,两次高差(理论上应该相等)的容许值与上述双仪高法的要求一致,同样也可以检核出观测、记录的错误。双面尺法比双仪高法简便,使用更普遍。

3. 路线检核

在水准测量过程中,将水准仪从上一站搬迁至下一站时,如果不小心将转点的高度位置碰动了,对此采用上述的测站检核也无能为力,因此还必须进行路线检核。水准测量的路线检核按如下三种路线进行。

1) 附合水准路线

图 2-22(a)中,从一已知高程的水准点 BM_A 出发,沿未知高程点 1、2、3 进行水准测量,最后测到另一已知高程的水准点 BM_B 上,这样的水准路线称为附合水准路线。附合水准路线各段的高差总和应与 A、B 两点的已知高程之差相等,如果不等,其差值 f_h 称为高差闭合差,即

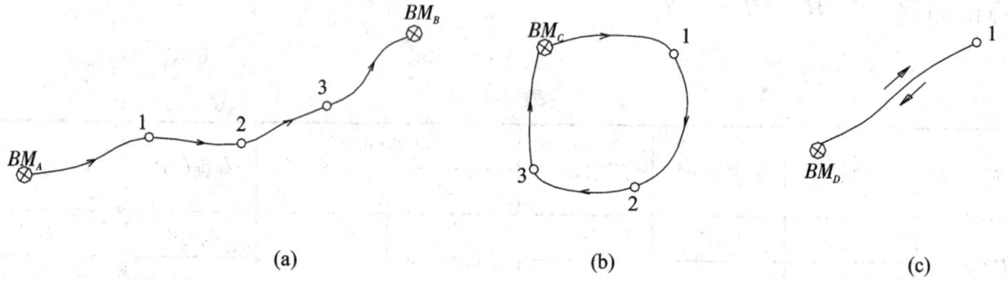

图 2-22

$$f_h = \sum h_{测} - (H_B - H_A)$$

或

$$f_h = \sum h_{测} - (H_{终} - H_{始}) \tag{2-8}$$

普通水准测量中,闭合差的容许值为

$$f_{h容} = \pm 40\sqrt{L}\ \text{mm(适用于平坦地区)}$$

或

$$f_{h容} = \pm 12\sqrt{n}\ \text{mm(适用于丘陵或山区)} \tag{2-9}$$

式中,L 为水准路线长度,以 km 计;n 为测站数。

2) 闭合水准路线

图 2-22(b)中,从一已知水准点 BM_C 出发,沿未知水准点 1、2、3 进行水准测量,最后又测回到这一已知水准点 BM_C 上,这样的水准路线称为闭合水准路线。闭合水准路线各段高差的总和应等于零,即

$$\sum h_{理} = 0$$

如果实测高差的总和不等于零,则总和值即为高差闭合差,即

$$f_h = \sum h_{测} \tag{2-10}$$

闭合水准路线闭合差的容许值与附合水准路线闭合差的容许值一样(见式(2-9))。

3) 支水准路线

图 2-22(c)中,从一个已知水准点 BM_D 出发,经过一个(或几个)未知高程点,最后既不附合到另一已知水准点,也不回到原水准点上,这样的水准路线称为支水准路线。沿同一支水准路线进行往测(从已知点到未知点)和返测(从未知点到已知点),往、返测高差的绝对值应相等而符号相反,即往、返测高差的代数和应等于零,若不等于零,该代数和即为闭合差,即

$$f_h = \sum h_{往} + \sum h_{返} \tag{2-11}$$

支水准路线闭合差的容许值亦与附合水准路线的相同,但式(2-9)中路线全长 L 或测站 n 只按单程计算。

水准测量的外业数据经检核后如果满足精度要求，就可以进行内业成果计算。成果计算的目的是调整高差闭合差，求出各未知点的高程。

4. 成果计算

1）附合水准路线的成果计算

如图 2-23 所示，BM_1、BM_2 为两个水准点，各测段的高差分别为 h_1、h_2、h_3、h_4。表 2-2 为图 2-23 附合水准路线成果计算的实例。

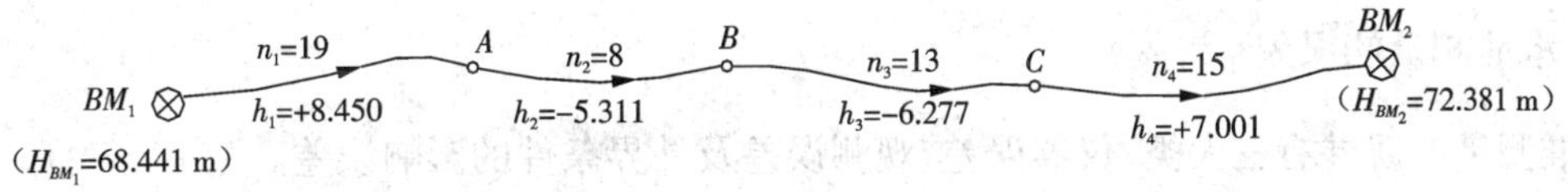

图 2-23

表 2-2

测段编号	点名	测站数	实测高差(m)	改正数(m)	改正后的高差(m)	高程(m)
	BM_1					68.441
1		19	+8.450	+0.026 6	+8.476 6	
	A					76.918
2		8	−5.311	+0.011 2	−5.299 8	
	B					71.618
3		13	−6.277	+0.018 2	−6.258 8	
	C					65.359
4		15	+7.001	+0.021 0	+7.022 0	
	BM_2					72.381
Σ		55	+3.863	0.077	3.940	
辅助计算	$f_h=3.863-(72.381-68.441)=-0.077$ m　$-f_h/\sum n=0.0014$ m/站　$f_{h容}=\pm 12\sqrt{\sum n}=\pm 89$ mm					

首先将图 2-23 中已知数据和观测数据填入表 2-2 中的相应位置。主要计算过程如下。

（1）高差闭合差的计算。分别计算路线闭合差与容许闭合差，从表 2-2 中的辅助计算结果可以看出：$f_h < f_{h容}$，故测量成果符合精度要求，可以进行调整。

（2）闭合差调整。设 δ_i 为第 i 个测段的高差的改正数，L_i 和 n_i 分别表示该测段的长度和测站数，根据误差理论，闭合差的调整应按与各测段的长度或测站数成正比反符号进行分配改正，则

$$\delta_i=-\frac{f_h}{\sum L}L_i \quad 或 \quad \delta_i=-\frac{f_h}{\sum n}n_i \tag{2-12}$$

各测段的实测高差加上改正数后（见第 4 列和第 5 列），得到改正后的高差（见第 6 列）。各测段改正数总和应与闭合差值大小相等、符号相反，否则说明计算有误或存在进位误差。如果是由于进位误差的原因，则必须对测站数最多或路线最长的那个测段的改正数减掉或加上进位误差。

（3）高程计算。从已知水准点 A 的高程推算 1、2、3 各点高程，填入第 7 列，推算的方法是：推算点的高程等于前一起算点的高程加上此起算点与推算点之间改正后的高差。最后计算 B 点的高程，B 点计算出的高程应与已知值相等。

2）闭合水准路线的成果计算

除了闭合差计算是按式（2-10）外，闭合水准路线闭合差的调整及各点高程的计算均与附

合水准路线相同。

3)支水准路线的成果计算

对于支水准路线,如图2-22(c)所示,取测段往返高差的平均值作为最后的测量成果,且平均高差的符号与往测高差值的符号相同,即

$$h_{均}=(\sum h_{往}-\sum h_{返})/2 \tag{2-13}$$

然后再利用$H_D+h_{均}$求出未知点1的高程。

2.3.4 水准测量的误差

水准测量的误差有三大类:仪器误差、观测误差及外界条件的影响误差。

1. 仪器误差

1)望远镜视准轴与水准管轴不平行引起的误差

如果望远镜视准轴与水准管轴不平行,当水准管气泡居中,即水准管轴水平时,望远镜视准轴(即仪器的视线)不水平,由此产生的误差称为i角误差,工程测量中要求DS_3型水准仪的i角小于20″。i角误差对读数的影响与仪器至水准尺的距离成正比,因此观测时要限制该距离的长度,同时只要将仪器安置于前后视距相等处,即可消除该项误差的影响。

2)水准尺误差

水准尺误差包括尺长误差、分划误差和尺底零点误差。观测前应对水准尺误差进行检验。另外,水准尺零点误差可在一测段中采用设置偶数站的方法来加以消除。

2. 观测误差

1)水准管气泡居中误差

设水准管分划值为τ,仪器离水准尺的距离为D,整平时的气泡居中误差一般认为是0.15τ,这种误差是与水准尺到仪器的距离成正比的。采用符合水准器后,气泡的居中精度可提高一倍,由此带来的读数误差的估算公式为

$$m_e=\pm\frac{0.15\tau}{2\rho''}D \tag{2-14}$$

式中,ρ''取值同式(2-6)。由于符合水准气泡灵敏度较高,每次观测时一定要在符合水准气泡居中后马上读数。

2)读数误差

读数误差又称估读误差,它的大小与人眼的分辨力、望远镜的放大倍率、视线长度及仪器操作有关,下式为其定量估式:

$$m=\frac{60''}{K}\cdot D/\rho'' \tag{2-15}$$

式中,60″为人眼的极限分辨能力。为了满足观测精度的要求,望远镜的放大倍率K应在20倍以上,视线长度D不得超过100 m。

3)水准尺倾斜误差

水准尺倾斜ε角时,尺上读数b'总比尺子竖直时读数b大,而且视线越高,读数越大,水准尺倾斜引起的读数误差δ也越大,下式为其表达式:

$$\delta=2b'\cdot\sin^2\frac{\varepsilon}{2} \tag{2-16}$$

例如水准尺倾斜 3°30′得到的尺读数为 1 m 时，将会带来 1.8 mm 左右的尺读数误差。所以，在高差大、尺读数大时，应特别注意将水准尺扶直。

3. 外界条件的影响误差

外界条件的影响误差有以下几方面。

1）仪器及尺垫下沉（或上升）的误差

由于测站土质松软或脚架没有踩实，使仪器在测量过程中下沉并导致视线降低（或由于土壤反弹使视线升高），从而引起观测误差。对于三、四等水准测量，若仪器的下沉速度较均匀，为减少这种误差可采用“后、前、前、后”的观测程序（详见第 7.3 节“三、四等水准测量”）。

仪器在搬站时，如果转点上的尺垫下沉，将使下一站的后视读数（转点上的水准尺）增大，因此要注意尽量将转点选择在坚硬的地面上。采用往返测取平均的办法可以消除或减弱这一误差。

2）地球曲率和大气折光影响

如图 2-24（a）所示，A、B 两点到测站 O 的距离均为 D，用水平面代替大地水准面，水平视线在尺上读数所产生的误差（参见式（1-6））

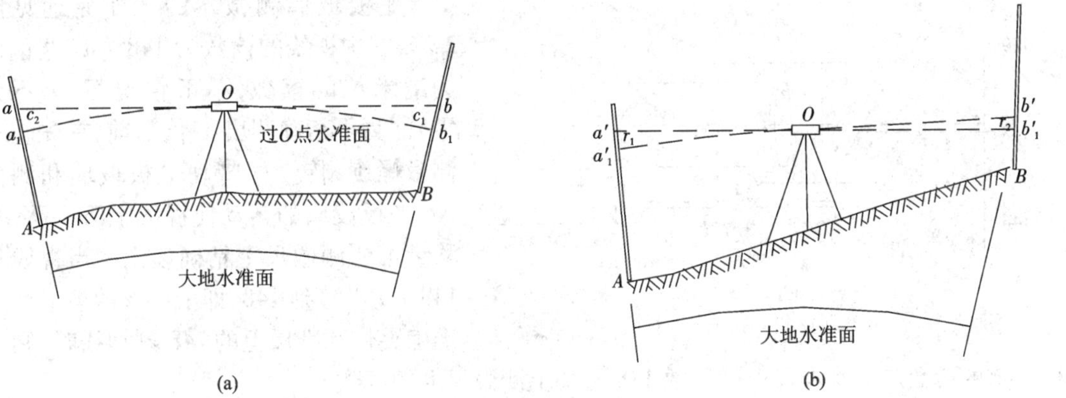

图 2-24

$$C = D^2/(2R) \tag{2-17}$$

式（2-17）即为地球曲率对水准测量读数的影响。

我们知道，视线通过不同密度的介质会产生折射，如图 2-24（b）所示。一般情况下，离地面越近，空气的密度越大，因此视线离地面 1.5 m 左右时因折射将发生向下弯曲现象，这就是大气折光对水准测量的影响。其在水准尺上的弯曲量用 γ 表示。实验证明，γ 约等于 C 的 1/7，即

$$\gamma_i = C_i/7 = 0.07(D_i^2/R) \tag{2-18}$$

则地球曲率和大气折光的共同影响

$$f_i = C_i - \gamma_i = 0.43(D_i^2/R) \tag{2-19}$$

而 A、B 点间的真正高差

$$h_{AB} = (a - f_a) - (b - f_b) = (a - b) - (f_a - f_b) \tag{2-20}$$

可见，如果前、后视距相等，也能消除或减弱地球曲率和大气折光的影响。

3)温度影响

水准管受热不均匀时,气泡会向温度高的方向移动;同样,水准仪其他部位受热不均匀也会产生不规则变形,从而影响视线水平,因此观测时应避免阳光直接暴晒仪器。

2.4 精密水准仪与水准尺

2.4.1 精密水准仪与水准尺的构造特点

精密水准仪是指 DS_{05} 及 DS_1 型光学水准仪,它们分别能达到每千米往返测高差中误差不大于 ±0.5 mm 及 ±1 mm 的精度,适用于一、二等水准测量。与普通水准仪相比,精密水准仪具有结构精密,受温度影响小,望远镜倍率高、性能好,水准器的灵敏度高,采用楔形丝读数等特点。除此以外,精密水准仪与普通水准仪最主要的区别在于:为了提高读数精度,精密水准仪的望远镜物镜的前面装有一个平板玻璃测微器。

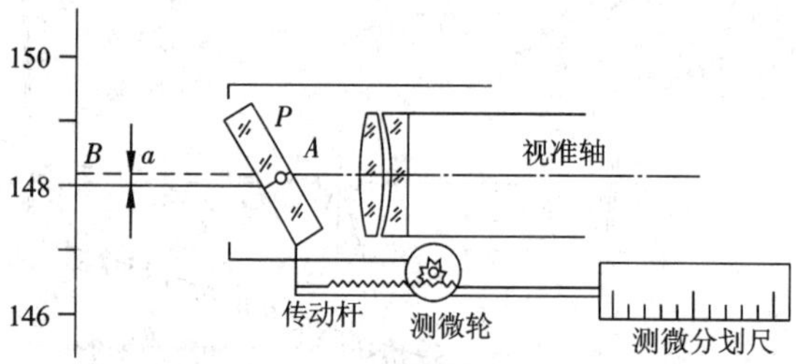

图 2-25

平板玻璃测微器的工作原理见图 2-25,图中视线的读数为 148 + a(这里,a 为毫米位的读数,一般情况下,a 不为零)。为了精确测出 a,读数前,首先转动测微螺旋,传动杆带动平板玻璃和测微尺,平板玻璃的转动使视线上下平移,平移量可从测微尺上精确读出。当视线从 148 + a 平移到 148,即十字丝的楔形分划准确夹住水准尺上的 148 刻划线时,则所得完整的读数应为水准尺上的读数 148 再加上测微尺上的读数 a。

精密水准尺是在木质尺身的槽内,嵌入一根铟钢尺带(铟钢受温度变化的膨胀系数较小,尺底固定,尺顶用弹簧引张),带上标有刻线,数字注记在木尺上。左侧为基本分划,零点从尺底算起;右侧为辅助分划,尺底一般从 3.015 5 m 起算(如图 2-26(b)所示),相当于双面尺中的黑面和红面,用作测站检核。尺身侧面中部带有圆水准盒和扶手,用于将尺立竖直。

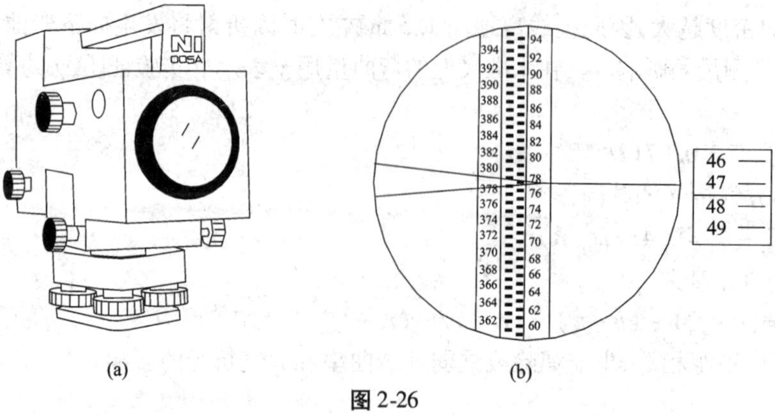

图 2-26

2.4.2 精密水准仪的使用

下面以 Ni005A 为例介绍精密水准仪的使用方法。Ni005A 精密水准仪属 DS_{05} 型，是德国 ZEISS 厂的产品，每千米往返测高差中误差 $m=\pm 0.4$ mm，望远镜采用衰消色差物镜，其镜筒和水准仪套采用铟钢制成，以减少外界温度变化对仪器的影响，图 2-26(a)为其外形。

Ni005A 精密水准仪望远镜的放大倍率为 44 倍，内置自动安平补偿装置，与之配套的是铟钢水准尺，尺面中间交错地刻着间距为 5 mm 的分划线，并且左右分设基、辅刻划，二者读数相差一个常数 $K=3.0155$ m(称基辅读数差)，如图 2-26(b)所示。观测时，将水准仪圆气泡居中后，转动测微轮，使十字丝的楔形丝正好夹住水准尺右侧某一分划线段，随即读出此分划的注记值 077，再从测微窗读出 475(最后一位估读)，二者相加，得完整读数为 0.774 75 m。由于水准尺的分划单位为 5 mm，但注记为 1 cm，故上述读数还要除以 2，即实际读数为 0.774 75 ÷ 2 = 0.387 38 m，此读数称基尺读数，同理可测出辅尺读数。

2.5 电子水准仪

2.5.1 电子水准仪的工作原理

电子水准仪又称数字水准仪，与自动安平水准仪相比，主要区别是电子水准仪在其望远镜中安置了调焦传感器、自动安平补偿监视器、分光镜和一个由光敏二极管构成的行阵探测器等四个部件，与之配套的水准尺是由铟钢或玻璃钢制成的条形码尺。电子水准仪能自动完成水准测量在一个测站上读数、记录、显示和计算。观测时，水准尺上的条形码影像(见图 2-27)进入望远镜，然后被分光镜分成两部分：一部分是可见光，通过十字丝和目镜，供照准用；另一部分是红外光，被传送给行阵探测器(见图 2-28)，探测器将采集到的条形码光信号转换成电信号，并与仪器内部存储的条形码信号进行比较，从而得到水平视线的读数。

图 2-27

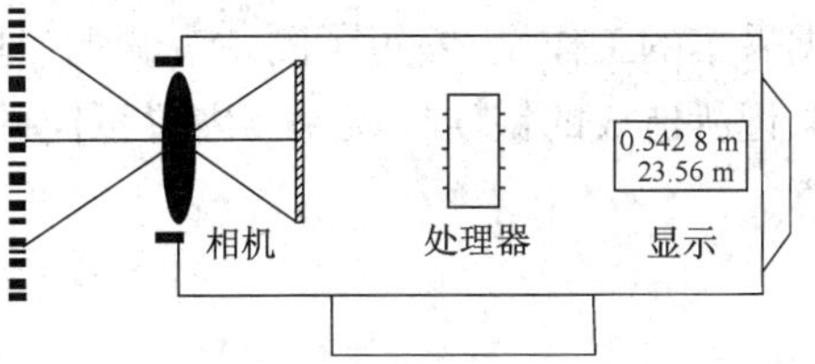

图 2-28

由于仪器与水准尺的距离是变化的,条形码在探测器内成像的"宽窄"也相应在变,转换成的电信号也随之不同。为此,仪器可根据调焦传感器所传送的调焦棱镜的移动量按一定的步距改变一次电信号的"宽窄",实时地与仪器内部存储的信号进行比对。另外,根据调焦棱镜的移动量还可计算出仪器至水准尺的距离。由于是采用图像转换匹配技术,因此电子水准仪不像光学仪器仅需要一条水平视线通视即可完成读数,而是需要一个有一定宽幅的光束通视才可完成读数。

2.5.2 电子水准仪的使用

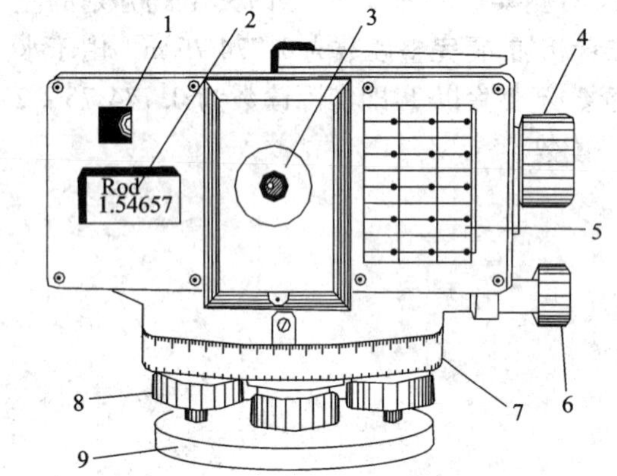

图 2-29

1—圆水准器观察窗;2—数据显示窗;3—目镜调焦螺旋;4—物镜调焦螺旋;5—键盘;6—水平微动螺旋;7—水平度盘;8—脚螺旋;9—底板

下面以 NA3000(如图 2-29 所示)为例介绍电子水准仪的使用方法。NA3000 由 Leica 仪器公司生产,仪器由主机和条形码尺组成,主机内置 GEB79 电池和 GRM10-REC 记录模块,内置电池 GEB79 完全充电后足以供全天使用,GRM10-REC 容量为 64 kB,可以记录 660 次观测数据。液晶屏幕最小显示到 0.1 mm,主机自动安平补偿器采用电子量程控制的摆补偿器,补偿范围为 ±12′,补偿精度为 ±0.4″。

NA3000 测量分为光学和电子两大系统。在光学测量系统中,配用 GKNL4-DFS 普通刻划尺进行人工读数,由于没有像精密水准仪那样配置读数测微器,因而测量精度不高,每千米高差中误差为 ±1.2 mm,最短成像距离为 0.6 m,测距精度为 ±(0.2 ~ 0.5) m;在电子测量系统中,配用 GPCL3-IVBS 条形码尺进行自动读数,每千米高差中误差的标称值为 ±0.4 mm,观测的视距范围在 1.8 ~ 60 m,测距精度为 ±(1 ~ 5) cm。

NA3000 的电子测量过程是基于对一维平面上的编码测量信号图像的处理,并将处理的结果(包括水准尺读数、仪器与水准尺间的水平距离)以及测点高程和点号转换为数字代码记录在 REC 记录模块中或外接电子手簿 GRE4 中,通过数据阅读器或 GRE4 直接与微机接口连接,将所记录的数据输入计算机。观测中,前后视读数各只需一次性按键测量即可,这样就大大减少了野外数据采集的工作量,缩短了测站观测的时间,提高了工作效率,同时避免或减少了视差和因读、听、记所造成的错误或误差。内置不同的计算模块,还可以自动进行各种线路的检核及平差计算。

习 题

1. 什么是前视?什么是后视?它们之间有何关系?
2. 水准测量路线布设的形式有哪几种?它们之间有何关系?

3. 现有一附合水准路线，已知首尾两起算点 BM_1、BM_2 的高程为 $H_{BM_1}=63.697$ m，$H_{BM_2}=62.887$ m，路线上依次有 A、B、C 三个未知点，其观测成果为 $h_{1A}=+0.752$ m，$h_{AB}=-0.820$ m，$h_{BC}=+0.643$ m，$h_{C2}=-1.465$ m，各测段的测站数分别为 $n_{1A}=15$，$n_{AB}=11$，$n_{BC}=9$，$n_{C2}=15$，试推算 A、B、C 各点的高程。

4. 什么是视差？视差产生的原因是什么？如何消除视差？

5. 水准仪距水准尺 50 m，水准管的分划值为 20″/2 mm，如果精平时水准管气泡偏出 0.2 格，由此引起的水准尺读数误差有多大？

6. 水准测量中要求前后视距离相等，可以消除哪些误差？

7. 图 2-30 为图根闭合水准路线观测成果，已知 $H_{BM}=57.151$ m，试求 A、B、C 各点的高程。

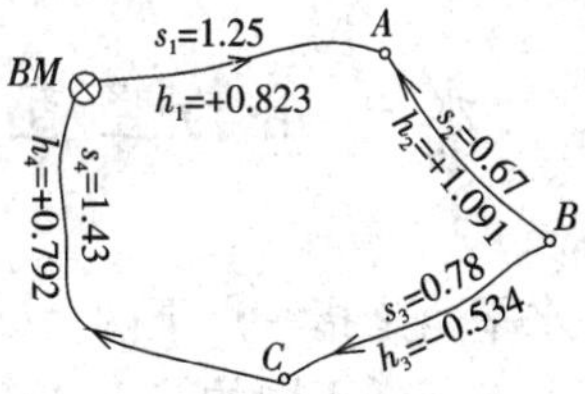

图 2-30

8. 水准仪各轴线间应满足的几何条件是什么？

9. 精密水准仪的读数方法与一般水准仪的读数方法有何区别？

10. 电子水准仪测量的基本原理是什么？采用的条纹码尺起什么作用？

11. 在相距 80 m 的 A、B 两点中间安置水准仪，A 点尺上读数 $a_1=1.321$ m，B 点尺上读数 $b_1=1.117$ m，在 B 点附近 2 m 处（距 A 点约 78 m）重置仪器，得 A 尺上读数 $a_2=1.695$ m，B 尺上读数 $b_2=1.466$ m，问此水准管轴是否平行于视准轴？如果不平行，视准轴是向上倾斜还是向下倾斜？倾斜多大的角度？（参阅附录 1）

2.1　水准仪和水准尺

2.2　国外老式水准仪

第 3 章　角度测量

角度测量是测量的基本工作之一。角度有水平角和竖直角之分，水平角用于计算点的水平位置，竖直角用于计算点的高差或将倾斜距离换算成水平距离。

3.1　水平角与竖直角的测量原理

水平角是指一点至两目标的方向线在水平面上的投影所构成的夹角。如图 3-1(a)所示，地面上有高低不同的三点 A、O、B，O 为测站点，A、B 为两目标点，OA、OB 两方向线在水平面上的投影 Oa、Ob 的夹角 β 即为 A、O、B 三点构成的水平角。这里也可以将水平角 β 看作是过 OA、OB 方向线的两个竖直面所夹的二面角。水平角的取值范围为 0°～360°。为了测量水平角 β，假设在水平面设置一个顺时针注记的刻度圆盘，且刻度圆盘的中心与 O 点位于同一铅垂线上(图 3-1(b))，再过此铅垂线安置一个既能水平转动又能竖直转动的瞄准设备，分别读取投影线 Oa、Ob 在刻度圆盘上的刻度值 m、n，则水平角 $\beta = n - m$。

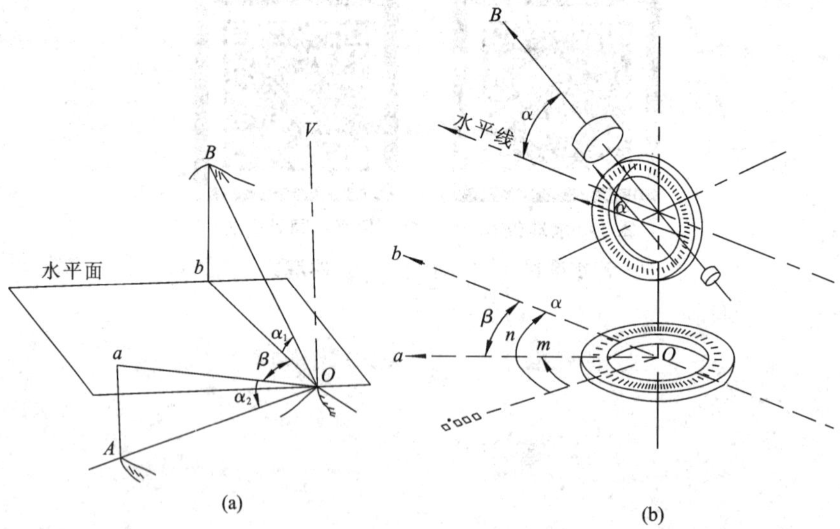

图 3-1

竖直角是指在同一竖直面内倾斜视线与水平线之间的夹角。竖直角的取值范围为 0°～±90°。如图 3-1(a)所示，倾斜视线在水平线的上方，称为仰角，用正号表示(如图中的 α_1)；倾斜视线在水平线的下方，称为俯角，用负号表示(如图中的 α_2)。为了测量竖直角 α_1 或 α_2，与测水平角同理，再安置一个有刻度的竖直圆盘，且竖直圆盘的中心位于倾斜视线在圆盘面的投影线上，同样读取投影线的刻度值和水平线的刻度值(水平线的刻度值可以设置成一个固定值,无须每次读取),两刻度值之差即为竖直角。

3.2　光学经纬仪

3.2.1　DJ_6光学经纬仪的基本结构

经纬仪是用于角度测量的仪器。所谓光学经纬仪,主要指其度盘和读数系统是采用玻璃制作成的。经纬仪发展至今,已经历了游标经纬仪、光学经纬仪和电子经纬仪三个时代。游标经纬仪的度盘和读数系统采用金属制作,电子经纬仪采用光栅编码度盘、自动计数测角显示。游标经纬仪早已被淘汰,光学经纬仪也即将被淘汰,但掌握光学经纬仪的结构、操作和读数方法,有助于理解电子经纬仪的结构和操作。

我国生产的经纬仪型号用“DJ”表示,“D”为“大地测量”的首字拼音的首字母,“J”为“经纬仪”的首字拼音的首字母,紧跟其后的下标阿拉伯数字代表仪器的精度。经纬仪的精度是用测量水平方向一个测回的中误差来表征的。例如:DJ_6表示用此仪器测一个测回的方向中误差为6″的经纬仪型号,其他型号可依此类推。有时“DJ”也简写为“J”。

经纬仪按其测量精度可分为精密和普通两大类。DJ_{05}、DJ_{07}、DJ_1、DJ_2为精密经纬仪,DJ_5、DJ_6及以下精度的为普通经纬仪。由于经纬仪的精度等级、用途及生产厂家的不同,其具体部件和结构不尽相同,但所有经纬仪的基本原理和构造是一样的。下面着重介绍 DJ_6级光学经纬仪的基本结构。

图 3-2 为 DJ_6光学经纬仪,其结构可大致分为基座、水平度盘和照准部等三个部分。

1. 基座

基座主要由带轴套孔的轴座、脚螺旋和三角底板组成。经纬仪的照准部通过竖轴套插入基座的轴套孔后,拧紧固定旋钮,照准部就被固定在基座上。三个脚螺旋可以在一定范围内升降,用来整平仪器。在使用仪器时,应当注意把固定旋钮拧紧,防止仪器照准部松动或脱出。

2. 水平度盘

水平度盘是用玻璃制成的圆环盘,圆环盘上刻有 0°～360°等间隔的分划线,并按顺时针方向加以标注,两相邻分划线之间的弧长所对应的圆心角称为度盘的分划值,通常为1°。为了能测出不同方向的角度值,在测量的过程中,水平度盘是固定不动的。但有时为了减小度盘分划误差的影响或为了计算方便,在测定某个方向时,需要将此方向的读数配置成某一特定值(例如0°00′00″),这项工作叫作配置度盘。根据经纬仪的构造不同,配置度盘有如下两种方式:一种是采用拨盘手轮,先用望远镜瞄准好需要配置的目标,固定照准部,打开拨盘手轮护盖,转动手轮,使度盘读数变成所需值,再盖上护盖;另一种是采用复测器扳手,首先将扳手扳上(这时水平度盘与照准部分离),转动照准部,当读数变成所需配置的值时,将扳手扳下(这时水平度盘与照准部固连),然后再继续转动照准部(这时读数不再变化),去瞄准所需配置的目标,瞄准后将扳手再次扳上。

3. 照准部

经纬仪基座以上能转动的部分统称为照准部。照准部主要包括望远镜、轴系、竖直度盘和读数显微镜。

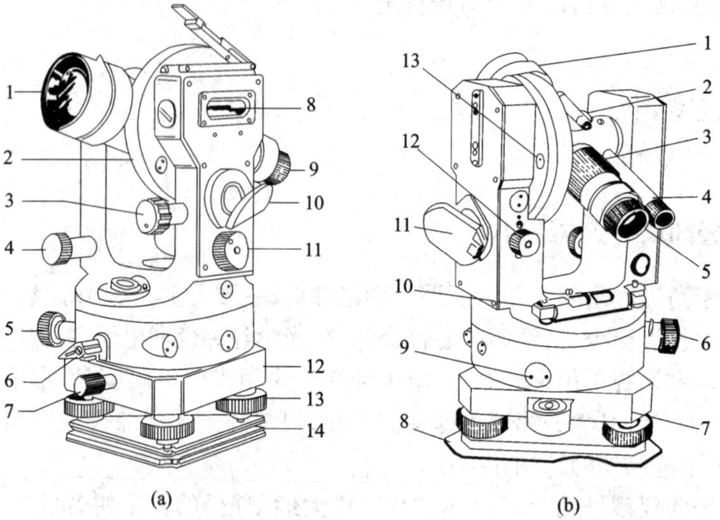

图 3-2

(a) 1—物镜;2—竖直度盘;3—竖盘指标水准管微动螺旋;4—望远镜微动螺旋;5—水平微动螺旋;6—水平制动螺旋;7—轴座固定螺旋;8—竖盘指标水准管;9—目镜;10—反光镜;11—测微轮;12—基座;13—脚螺旋;14—连接板;

(b) 1—望远镜;2—照准器;3—对光螺旋;4—读数显微镜;5—目镜对光螺旋;6—拨盘手轮;7—基座;8—快速对中板;9—堵盖;10—照准部水准管;11—反光镜;12—自动归零锁紧;13—堵盖

1)望远镜

经纬仪的望远镜与水准仪的望远镜基本类似,所不同的是经纬仪的望远镜不仅能水平转动,而且能竖直转动,且经纬仪的望远镜只用于瞄准目标,却不在望远镜里面读取角度值。

2)轴系

经纬仪轴系中包括四条较重要的轴线:水准管轴 LL、竖轴 VV、横轴 HH、视准轴 CC。它们之间应有的正确关系是:竖轴垂直于水准管轴,横轴垂直于竖轴,视准轴垂直于横轴。这样,当水准管气泡居中时,水准管轴水平,则竖轴竖直,其中心位于竖轴上且与竖轴垂直的水平度盘处于水平位置,而照准部绕竖轴旋转,位于照准部支架上的横轴亦处于水平,进而绕水平横轴旋转的望远镜视准轴的轨迹将是一个严格竖直的平面。(参阅附录 2)

3)竖直度盘

竖直度盘与水平度盘的构造类似,竖直度盘的中心位于水平横轴上,且与横轴垂直,随望远镜一起同时在竖直面内转动。

4)读数显微镜

为了提高水平度盘的读数精度,经纬仪所测方向的角度值是通过读数显微镜读取的。首先,通过仪器的采光镜将密封的水平度盘照亮,再经过由一组棱镜和透镜组成的成像装置将所测方向线的刻度值转向、放大并成像于读数窗内,最后通过读数显微目镜进行读数。在读数窗内,为了能更精确地测定小于度盘分划值(1°或 30′)的部分,读数显微镜还配备了一个测微器,测微器又分如下两种形式。

(1)分微尺测微器。如图 3-3 所示,在读数窗中,同时显示有水平度盘和竖直度盘的读数,分微尺测微器是一个分划尺，尺上有 60 个小格，度盘的一个分划值(1°)的两刻线宽度经显微放大后成像于此分划尺的同一平面内，且与尺上 60 个小格的总宽度严格相等。这样，每小格的格值相当于 1′，再估读到 0.1′(即 6″)。在读数时，哪一条度盘刻划线叠盖在分划尺上，则读数的整度数就是这条刻划线的注记值，然后以这条刻划线作为指标读取分划尺上的分和秒。例如图 3-3 中竖直度盘读数为 79°06.1′，水平度盘读数为 214°54.0′。

(2)单平板玻璃测微器。单平板玻璃测微器由测微轮、平板玻璃、传动装置和测微尺等组成。由几何光学得知，当光线斜射入平板玻璃时，其出射光线将产生平移。如图 3-4 所示，在经纬仪瞄准目标后，读数窗中的双指标线一般不会恰好夹住某一度盘刻划线。首先，通过测微轮转动平板玻璃，使之产生倾斜，倾斜的平板玻璃将使度盘刻划线在读数窗中的成像发生平移，一直平移到刻划线的影像恰好被双指标线夹住为止，与此同时，其平移量(即不足一个整的度盘分划值)通过传动装置记录在测微尺上。这样，完整的读数应是被夹刻划线所标注的度数，再加上测微尺上记录的分和秒(最小估读 2″)。例如图 3-4 中的读数为 92°17′16″。

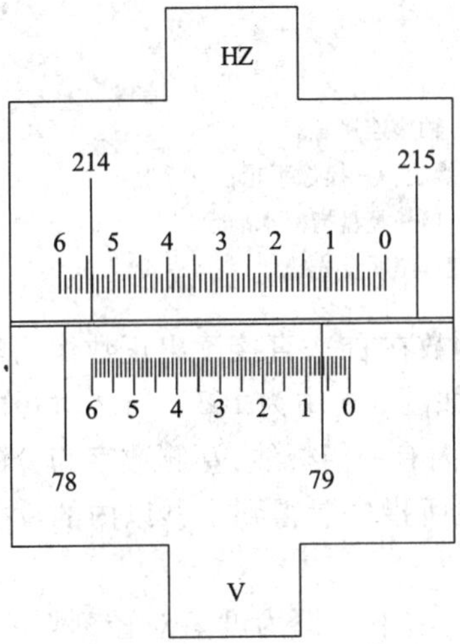

图 3-3

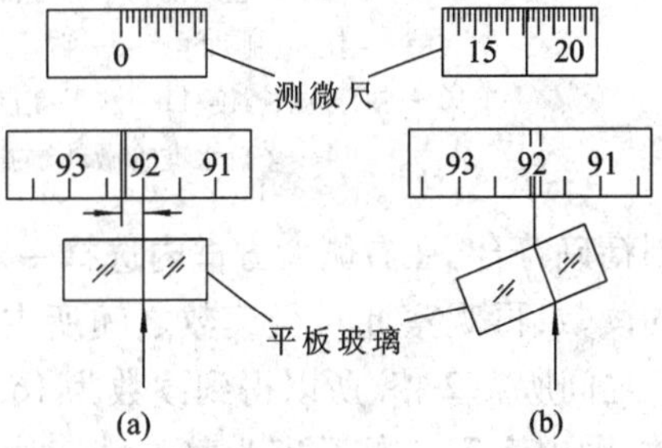

图 3-4

3.2.2　DJ_2 光学经纬仪的读数特点

DJ_2 级光学经纬仪属于精密经纬仪。如图 3-5 所示，DJ_2 级光学经纬仪的基本构造与 DJ_6 级光学经纬仪类似，所不同的是 DJ_2 经纬仪的照准部水准管的灵敏度更高、望远镜的放大倍率更高、水平度盘分划值更小等。另外，与 DJ_6 经纬仪相比，DJ_2 经纬仪的读数系统和读数方法有如下特点。

(1) DJ_2 级光学经纬仪采用双平板玻璃测微器或双光楔测微器，因此其读数采用对径符合读数法，相当于利用度盘上相差 180°的两个指标读数并取其平均值，以此可以消除度盘偏心的误差。

(2)在 DJ_2 级光学经纬仪的读数窗中，竖直度盘和水平度盘的读数不能同时看到，必须通过换像手轮分别看到。

下面列举几种 DJ_2 级光学经纬仪的具体读数方式。

图 3-6 为一种 DJ_2 级经纬仪的读数窗。瞄准目标后，读数之前，首先旋动测微螺旋，使对径

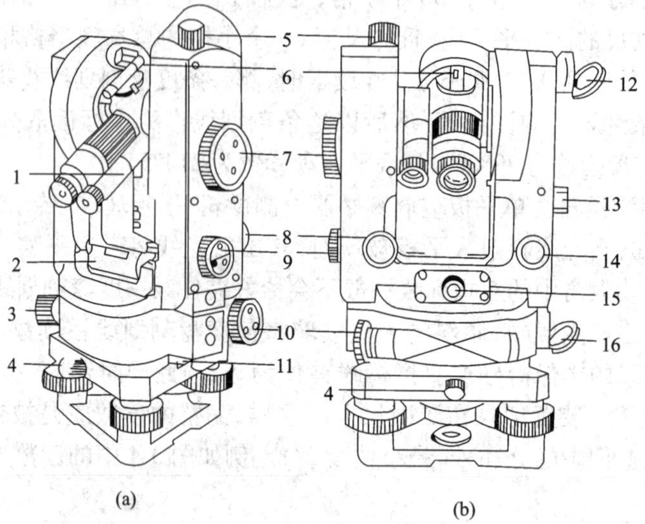

图 3-5

1—读数显微镜;2—照准部水准管;3—水平制动螺旋;4—轴座连接螺旋;
5—望远镜制动螺旋;6—瞄准器;7—测微轮;8—望远镜微动螺旋;9—换像手轮;
10—水平微动螺旋;11—水平度盘换像轮;12—竖盘照明反光镜;13—竖盘指标水准管;
14—竖盘水准管微动螺旋;15—光学对点器;16—水平度盘照明反光镜

刻划精确符合,在右侧大方框内选择一对径读数(正数在左,倒数在右),直接读出正数作为整度的读数,再观察此对径读数之间所夹的格数,每格为10′。如图3-6中为163°,与之对径的343°之间所夹2格,所以得到读数为163°20′;再看视窗左侧框内有一指标线,左侧数字为分的读数,图中为7,右侧数字为整十秒读数,图中为3,再由指标线所指位置得到十秒以内的读数2.5;最后把几项相加,得到读数163°27′32.5″。

图3-7为另三种DJ_2级经纬仪的读数窗。例如在图(b)中,右下方框为度盘对径刻划线,左边方框为测微尺,右上方为度及整十分的读数,先将度盘对径刻划精确符合,由右上方读数框中读得度与整十分的读数(本图为74°40′),再由左下方的测微尺框内读得分与秒的读数(本图为7′16″),将两个读数相加,得到完整读数为74°47′16″;以同样方法可知,图(a)的读数为90°37′45″,图(c)的读数为94°12′44.2″。

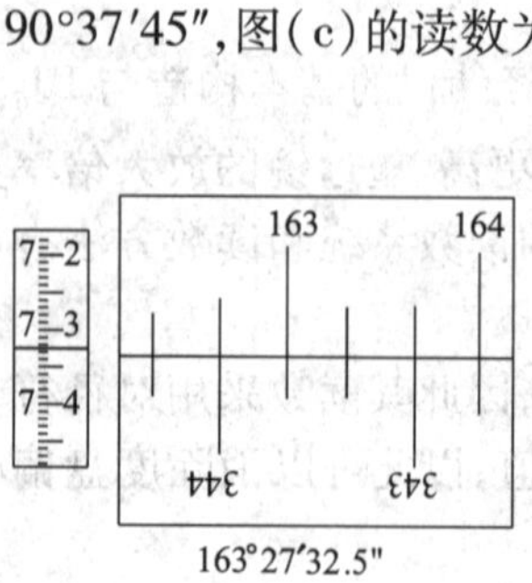

图 3-6

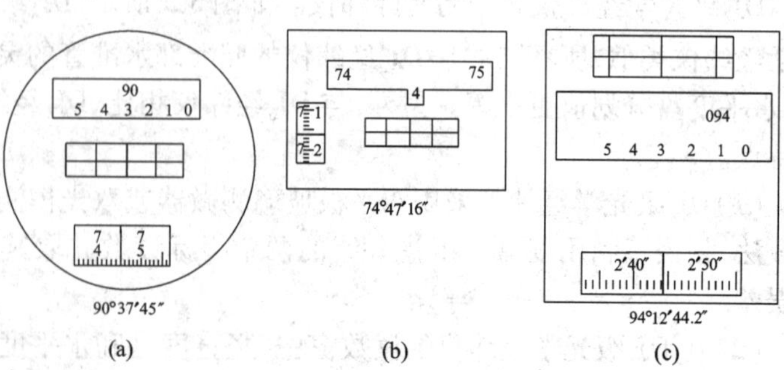

图 3-7

3.3 水平角测量

3.3.1 经纬仪的基本操作

1. 对中

对中是为了使仪器中心或水平度盘的中心与测站点的标志中心位于同一铅垂线上。对中分为垂球对中和光学对中两种方式。

1)垂球对中

对中时,先将三脚架打开,调整架腿使高度适中,并架设在测站上,注意架头要大致水平,其中心大致对准地面上的测站点标志,然后踩紧三脚架,在架头上安置仪器并旋紧中心螺旋。挂上垂球后,若垂球尖偏离测站点标志,可将中心螺旋稍松,在架头上平移仪器使垂球尖对准测站点中心,再将其旋紧。如果垂球尖偏离测站点中心太远,则可调整一条或两条架腿的位置。注意,中心螺旋一定要紧固,以防止摔坏仪器。

2)光学对中

光学对中器安装在照准部或基座上,相当于一个很小的望远镜,其镜筒水平设置,并通过一个直角棱镜转向后观察到地面上的测站点标志。光学对中器的光轴与仪器竖轴同轴,即只有当仪器竖轴竖直时,光学对中器的光轴才是竖直的,因此采用光学对中器对中时,仪器的整平和对中是相互影响的。具体操作时,首先将仪器大致整平;然后旋转对中器目镜,使十字分划板清晰,再调焦(光学对中器一般为外调焦,因此使用时必须拉推镜筒);然后将仪器在脚架顶上平移,使分划板中心与测站标志中心重合,这时整平必定被破坏,需再一次整平。注意,这一次不要用脚螺旋整平,而是伸缩三脚架的架腿长度,这样整平时,基本上不会破坏对中(读者可以自己证明其几何原理)。如此反复2~3次,最后旋紧中心螺旋。

2. 整平

整平的目的是使水平度盘水平或仪器竖轴竖直,它是通过调整脚螺旋使照准部上的水准管气泡居中实现的。(若采用光学对中器对中,则整平是通过调整三脚架的架腿长度来实现的。)

整平时,首先旋转照准部,使水准管轴与任意两个脚螺旋中心的连线平行(图3-8(a)),同时互为反向地旋转此两个脚螺旋,使气泡居中;再将照准部旋转90°(图3-8(b)),旋转另外一个脚螺旋,使水准管气泡同样居中;再一次将仪器旋转回原位置,检查气泡,若有偏离,再旋转相应的脚螺旋。反复进行,直至照准部旋转到任一位置时,气泡都居中。整平误差应控制在气泡偏离一格之内,即不大于一个水准管格值。

3. 瞄准

同时松开照准部制动螺旋和望远镜制动螺旋,将望远镜瞄向天空,旋转目镜,使十字丝分划板成像清晰。然后用望远镜上的粗瞄装置找到目标,旋紧照准部制动螺旋和望远镜制动螺旋,再旋转调焦螺旋,同时从望远镜中观察,使被测目标影像清晰,最后再旋转照准部水平微动螺旋和望远镜竖直微动螺旋,使目标位于十字丝分划板中心或竖丝上。瞄准时应尽量对准目标底部,以防止由于目标倾斜而带来的瞄准误差。

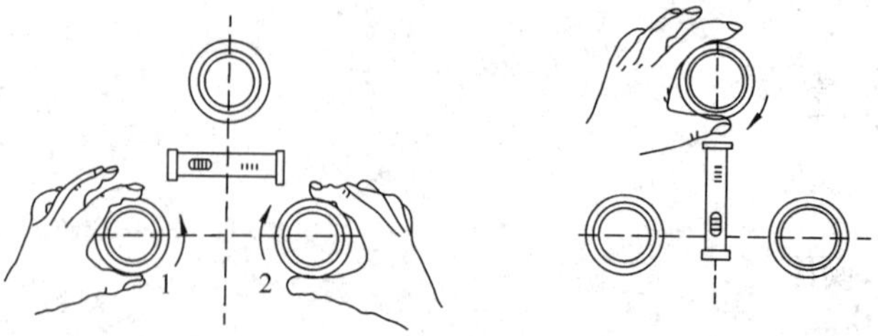

(a) (b)

图 3-8

4. 读数

先将采光镜打开45°角左右，将镜面朝向天空，然后旋转读数显微镜的目镜和镜筒，使读数窗中的度盘刻划线和测微尺影像均清晰，然后根据测微器的类型及前述的读数方法进行读数。

3.3.2 测回法测量水平角

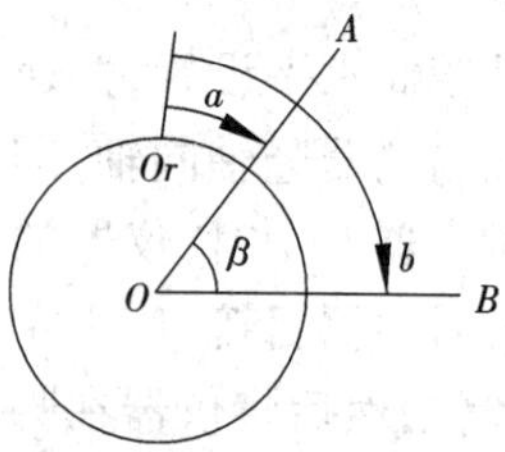

图 3-9

水平角观测方法根据目标的多少及要求的精度而定，最常用的是测回法。用测回法测角适用于观测两个方向之间的角度。所谓测回，即指测量的回合，通常采用盘左和盘右进行读数。盘左也称正镜，即瞄准目标时，竖直度盘在望远镜左边；盘右也称倒镜，即瞄准目标时，竖直度盘在望远镜右边。如图 3-9 所示，现欲观测水平角∠AOB，首先在点 O 上安置经纬仪，在点 A、B 上设置观测目标，具体观测步骤如下。

(1)盘左位置。松开照准部水平和竖直制动螺旋，粗略瞄准目标 A，锁紧制动螺旋，再旋转水平和竖直微动螺旋精确瞄准目标 A。读取水平度盘读数 $a_{左}$，记入观测手簿(如表 3-1 中的0°12′00″)。注意，在观测第一个测回盘左的第一个目标点时，应将水平度盘读数配置在0°附近。

(2)松开水平和竖直制动螺旋，顺时针方向转动照准部，瞄准目标 B，读取水平度盘读数 $b_{左}$，记入观测手簿(如表 3-1 中的 78°45′12″)。以上称为上半测回。

表 3-1

测站	测回	度盘位置	目标	水平度盘读数	半测回角值	一测回角值	各测回平均角值	备注
1	2	3	4	5	6	7	8	9
O	Ⅰ	左	A B	0°12′00″ 78°45′12″	78°33′12″	8°33′18″	78°33′15″	
		右	A B	180°11′42″ 258°45′06″	78°33′24″			
	Ⅱ	左	A B	90°11′48″ 168°44′54″	78°33′06″	8°33′12″		
		右	A B	270°12′12″ 348°45′30″	78°33′12″			

(3)盘右位置。按上述方法,先照准点 B,读取读数 $b_{右}$(258°45′06″);再逆时针方向旋转照准部,照准点 A,读取读数 $a_{右}$(180°11′42″)。以上称为下半测回。

上述两个半测回合在一起,称为一测回,上下两个半测回测得的角值互差不超限,则取两个半测回的平均值。

当精度要求较高时,需增加测回数,即重测一遍。为了减少度盘分划误差对读数的影响,各个测回起始读数应按 180°/n 变换度盘位置(其中 n 为总的测回数)。例如,一共需测两个测回:当测第一测回时,盘左起始读数应设置在 0°或稍大一些的读数位置;当测第二测回时,应配置在 90°或稍大于 90°的读数位置。

测回法观测水平角的误差限定有两项:①上下两半测回角值之差;②各测回角值互差。由于测量所用仪器的标称精度不同,其限差要求也不同,例如 DJ_6级经纬仪的上下两半测回角值之差应不大于 40″,各测回角值互差应不大于 24″。

3.3.3　水平角的测量误差

1. 仪器误差

仪器误差分两类:一类是制造不完善所产生的误差,主要有水平度盘的刻划误差、偏心误差、水平度盘不垂直于竖轴等,其中度盘刻划误差可用变换度盘位置来减小其影响,度盘偏心误差可采用度盘对径读数的方法来减弱;另一类是仪器检校不完善所产生的误差,主要有视准轴不垂直于横轴、横轴不垂直于竖轴、竖轴不垂直于照准部水准管轴等,其中前两项误差的影响可采用盘左、盘右观测取平均值的方法来消除。

2. 整平误差

整平误差使得水平度盘不能严格水平以及竖盘、视准面不能严格竖直。它对测角的影响将随目标与仪器之间高差的增大而增大,因此在山区观测时,尤其要注意精确整平仪器。

3. 对中误差

水平角观测时,设测站点 B 至两个目标 A、C 的距离分别为 D_1、D_2,水平角为 β,仪器中心 B'和目标 A 与测站点 B 所成的水平夹角 $\theta = \angle ABB'$,则仪器的对中误差 e 对所测水平角的影响为(不作推导)

$$\varepsilon = \rho'' \cdot e\left(\frac{\sin\theta}{D_1} + \frac{\sin(\beta - \theta)}{D_2}\right) \tag{3-1}$$

式中,$\rho'' = \frac{180°}{\pi} \times 3\,600'' = 206\,265''$。由此式可看出:对所测水平角的影响值 ε 与对中误差 e 成正比,与测站点到目标的距离 D 成反比。

一般情况下,采用垂球对中的误差约为 3 mm,采用光学对中器对中的误差约为 1 mm。

4. 瞄准误差

望远镜的放大倍率,人眼的判别能力,目标的形状、大小、亮度及背景均影响瞄准。通常,望远镜的瞄准误差公式为

$$d\beta'' = \frac{p''}{K} \tag{3-2}$$

式中,p''为正常人眼的最小分辨角,一般约为 60″;K 为望远镜放大倍率。例如当 $K = 25$ 时,$d\beta'' = 60''/25 = 2.4''$。

5. 读数误差

读数误差是指读数时的估读误差,它主要取决于仪器读数系统的精度。例如,使用带有分微尺读数设备的经纬仪,可估读到分微尺最小格值的1/10,即±6″。

6. 外界条件的影响

外界条件对水平角测量的影响主要有:风力和地面不坚实影响仪器的稳定,气温变化影响仪器的使用性能,地面的热辐射会引起影像跳动或折光等。因此,在测量时,应根据规范要求操作,尽量避免这些不利因素,使其影响降到最小。

3.4 竖直角测量

3.4.1 竖直度盘

光学经纬仪的竖直度盘垂直于横轴,其中心位于横轴上。竖直度盘在望远镜的一侧,随望远镜一起在竖直面内绕横轴旋转。竖直度盘读数的指标线是固定不动的,竖直角是通过望远镜水平时指标线的读数与望远镜瞄准目标时指标线的读数之差而得到的。指标线所处位置的正确性由指标水准管和水准管的微动螺旋来实现。竖直度盘刻划的注记分顺时针和逆时针两种,其起始读数的位置也有0°、90°或180°、270°几种情况(见图3-10(b)(c))。

3.4.2 竖直角的观测与计算

由于竖直角是指在同一竖直面内倾斜视线与水平线之间的夹角,因此每一个观测目标均有一个竖直角,如图3-10(a)所示。竖直角观测与计算的方法如下。

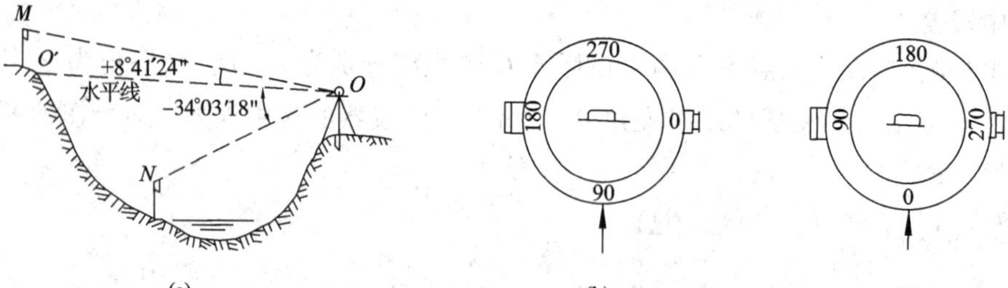

图3-10

(1)安置仪器,使仪器处于盘左位置,旋松照准部和望远镜制动螺旋,粗略瞄准目标A,旋紧制动螺旋,然后用水平和竖直微动螺旋使十字丝中心或横丝精确瞄准目标A。

(2)旋转竖直度盘的指标水准管微动螺旋使气泡居中,(如果仪器具有竖盘指标自动归零装置,则可免此步骤)读取盘左读数L,记入手簿。(见表3-2)

表3-2

测站	目标	竖盘位置	竖盘读数	半测回竖直角	指标差	一测回竖直角
1	2	3	4	5	6	7
O	*A*	左	82°18′42″	+7°41′18″	+9″	+7°41′27″
		右	277°41′36″	+7°41′36″		
	B	左	102°03′30″	−12°03′30″	+12″	−12°03′18″
		右	257°56′54″	−12°03′06″		

(3)将仪器置于盘右位置，再重复上述瞄准过程，同样使竖盘指标水准管气泡居中，读取盘右读数 R，记入手簿。

(4)计算竖直角 α。将目标 A 的读数与水平方向的读数相减即得竖直角。由于望远镜水平方向的读数是一个固定且已知的常数(例如 90°或 270°)，因此不需要观测读数。又考虑到竖直度盘刻划的注记分顺时针和逆时针两种，因此竖直角计算时的减数和被减数可用下述方法来确定：当望远镜由水平方向向上旋转时，若读数增大，则用目标读数减水平方向读数，即得竖直角；反之，当望远镜向上旋转时，若读数减小，则用水平方向读数减目标读数。如图 3-10(b)所示，其计算式为

$$盘左：\alpha_{左} = 90° - L \tag{3-3}$$

$$盘右：\alpha_{右} = R - 270° \tag{3-4}$$

$$平均角值：\alpha = \frac{1}{2}(\alpha_{左} + \alpha_{右}) = \frac{1}{2}(R - L - 180°) \tag{3-5}$$

3.4.3　竖盘指标差与自动归零补偿器

1. 竖盘指标差

当视线水平、竖直度盘指标水准管气泡居中时，指标线应处在正确的读数位置(即 0°、90°、180°或 270°)，但实际上有时并不一定能达到这一要求。这样，指标线与其正确位置之间就存在一个差值，这就是指标差，如图 3-11 中的 x 即为指标差。

$$盘左时，正确的竖直角：\alpha_{左} = 90° - (L - x) \tag{3-6}$$

$$盘右时，正确的竖直角：\alpha_{右} = (R - x) - 270° \tag{3-7}$$

将式(3-7)与式(3-6)相减($\alpha_{右} - \alpha_{左} = 0$)，可得指标差的计算式

$$x = \frac{1}{2}(L + R - 360°) \tag{3-8}$$

对于 DJ_6 经纬仪，指标差的变动范围应不大于 ±25″。

将式(3-6)与式(3-7)相加，并整理后得

$$\alpha = \frac{1}{2}(\alpha_{左} + \alpha_{右}) = \frac{1}{2}(R - L - 180°) \tag{3-9}$$

由式(3-9)可知，经过盘左与盘右观测取平均值后，指标差 x 完全消除掉了。因此，在观测竖直角时，采用盘左与盘右观测取其平均值的方法，可以消除竖盘指标差带来的影响。

2. 指标差自动归零补偿器

竖直角测量时，为了消减指标差，每次读数都要将竖盘指标水准管的气泡居中，这样做很

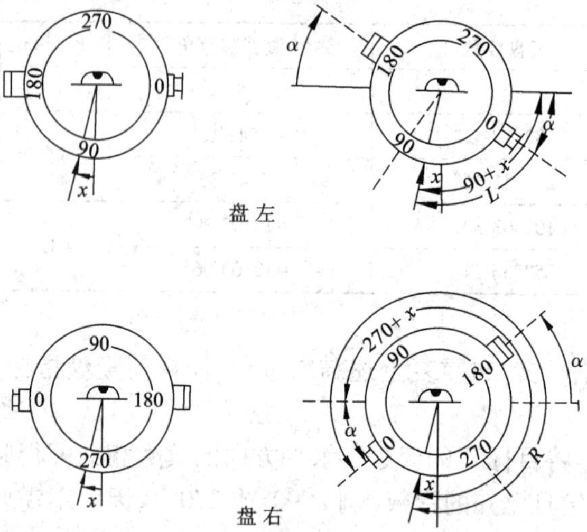

图 3-11

麻烦。为此，有些光学经纬仪采用指标自动归零补偿器来取代水准管。

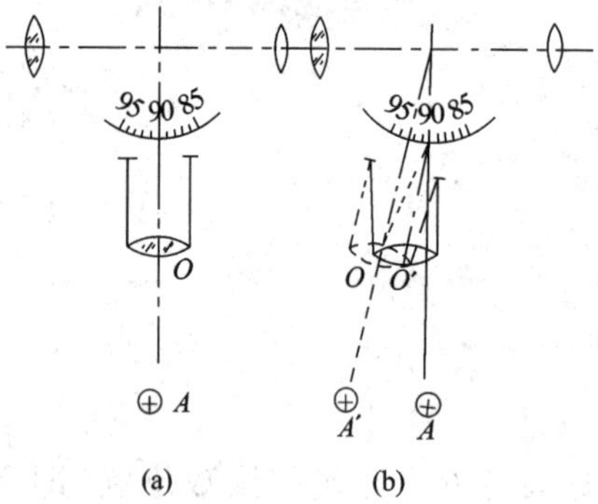

图 3-12

竖盘指标自动归零补偿器与自动安全水准仪补偿器的补偿原理基本相同，如图 3-12(a)所示，在竖盘与指标之间悬吊一个光学补偿元件，当竖轴铅垂且望远镜水平时，指标线处于正确位置；当仪器未完全整平时，仪器倾斜一个小角度，指标线由 A 的位置移到 A'处(图 3-12(b))，这时由于重力的作用，悬吊的补偿元件也摆到相应位置，同时补偿平板也因此倾斜一个小角度，使光线产生一段平移，从而导致 A' 的像又成像到正确位置，这样即可得到竖盘指标处于正确位置时的竖盘读数。

竖盘指标自动归零补偿器是一个活动的摆体，在使用时应先检查其活动的正常性。经过振动和长时间使用，补偿系数有可能会变化，使读数产生相应的误差，因此应定期对补偿误差进行检测。另外，有的补偿器带有锁紧装置，在不进行竖直角测量时应锁紧补偿器。

3.5 电子经纬仪

3.5.1 电子经纬仪的测角原理

电子经纬仪与光学经纬仪的主要不同之处在于：电子经纬仪的度盘读数系统采用了光电扫描、自动计数、电子显示等技术；电子经纬仪的竖轴倾斜纠正采用了电子自动补偿器；电子经纬仪的操作部件除了机械螺旋之外，还有电子按键。

电子经纬仪的测角方式主要有三类，即编码盘测角、光栅盘测角和动态测角。

1. 编码盘测角

图3-13中的度盘为一从里到外刻有四条环形码道的圆盘，同时这四条环形码道又被均匀地分为16个区间，同一码道上各区间分为透光和不透光两种状态，分别表示二进制中的“1”和“0”。在码盘上方设置了四个发光二极管，它们位于度盘的同一半径方向上，分别与四条码道相对应，在码盘下方设置有四个光电二极管，接收来自码盘上方发光二极管的光信号。测角时，码盘不动，发光二极管与光电二极管随经纬仪的照准部转动，这样，照准部每转到一个区间，根据四个光电二极管所接收到的光信号的不同组合将能判别出照准部所处的区间位置。换句话说，在此区间上，由四个码道的透光或不透光状态即可对应一个四位的二进制读数，然后通过译码器将这个二进制数转换为角度值，此值即为照准部的望远镜所瞄方向的水平角值，并予以显示。由于每个区间对应一个固定的角度值，因此编码盘测角又称为绝对式测角。

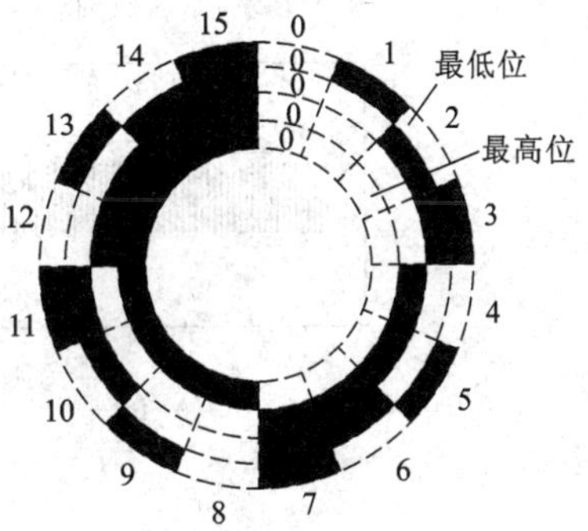

图3-13

编码盘的区间数 p 与码道数 n 的关系为 $p=2^n$，而编码盘的角度分辨率 s 与区间数 p 的关系为 $s=360°/p$。显然，上述具有16个区间编码盘的角度分辨率为22.5°。如果要求角度分辨率达到20″，则区间总数应为64 800个，相应的码道数约为16个，如果进一步假设度盘半径为80 mm，码道宽度为1 mm，那么最里面一圈的码道在一个区间上的弧长将只有0.006 mm，显然要制作这么小的光电二极管是不可能的。由此可见，仅采用编码盘测角实际上是不能达到较高精度的。

2. 光栅盘测角

如图3-14所示，图(a)为直线光栅，图(b)为圆形光栅(或称光栅盘)。在图3-14(a)中，d 为栅距，a 为刻线宽度(不透光区)，b 为缝隙宽度(透光区)，通常 $a=b$。如果将两个栅距相同的光栅盘重叠起来，并使它们的刻线相互斜交成一小角度 θ，如图3-15(a)所示，光线通过时，将形成明暗相间的莫尔条纹(莫尔条纹垂直于光栅夹角的平分线方向)，两个暗条纹的宽度叫作纹距，用 w 表示，莫尔条纹纹距 w 与光栅栅距 d 及两光栅夹角 θ 的关系为 $w=d/\theta$。

如图3-15(b)所示，将两个小角斜交的光栅盘上下重叠，一个称为主光栅盘，另一个称为指示光栅盘，且在这两个光栅盘的上下对应位置分别安置一个发光二极管和一个光电二极管。当经纬仪的照准部旋转时，主光栅盘随之转动，而指示光栅盘、发光二极管和光电二极管相对固定。发光二极管发出光信号，由于指示光栅方向与主光栅方向夹角为 θ，因此可得莫尔条纹，且莫尔条纹也因主光栅盘转动而向垂直于光栅夹角的平分线方向移动，光电二极管通过接收光信号对移动的莫尔条纹进行计数，从而得到主光栅盘转动的角度值。主光栅盘每转动一条光栅，莫尔条纹就移动一个周期，光电二极管接收的光信号强度也变化一个周期，由此转换成的电流大小也变化一个周期，如果在电流波形的每一个周期内再均匀内插 n 个脉冲，且由计数器对脉冲进行计数，则相当于光栅的刻线数增加了 n 倍，即角度的分辨率或测角精度提高了 n 倍。

由于光栅盘上没有绝对度数，只能累计光栅条数或脉冲数，所以光栅盘测角又称为增量式

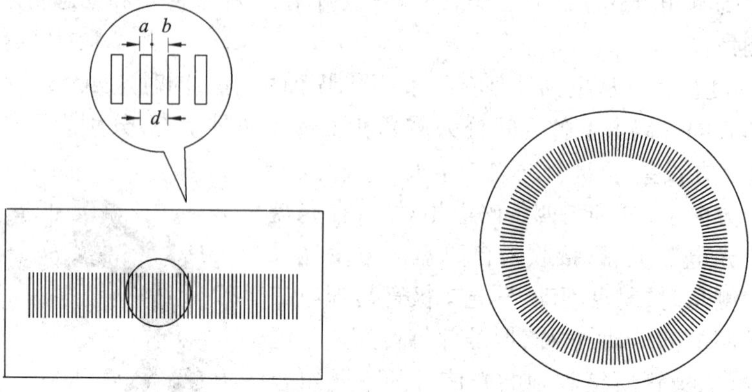

(a) (b)

图 3-14

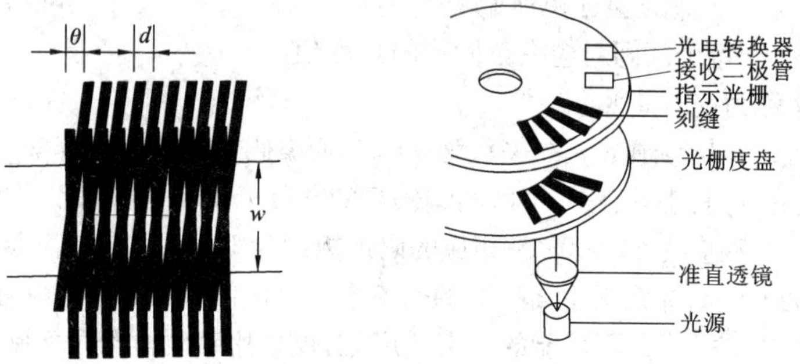

(a) (b)

图 3-15

测角。另外,这种度盘线路中还具有判别旋转方向的电路,以保证无论是顺时针旋转还是逆时针旋转其计数的正确性。

3. 动态测角

如图 3-16 所示,度盘由玻璃圆环制成,其上带有等间隔的呈辐射状的黑白条纹,其间隔角为 φ_0。在度盘上设置了两对光栏,一对设置在度盘的外缘,另一对设置在度盘的内缘,每对光栏都安装在对径的两位置上(图中只画出了每对光栏其中的一个),每个光栏上装有发光二极管和光电二极管,这两个二极管分别位于度盘的上下两侧。设置在度盘外缘的称为固定光栏 L_S,其作用相当于光学经纬仪度盘上的 0°刻划线;设置在度盘内缘的为活动光栏 L_R,它随照准部一起转动,其作用相当于望远镜视线在度盘上的读数指标线。

测角时,发光二极管发射光信号,通过光栏孔隙照到度盘上,而度盘由微型马达带动以一定的角速度旋转,度盘上的黑白条纹使之形成透光与不透光的交替变化,这些光信号被设置在度盘另一侧的光电二极管接收并转换成正弦波电信号输出,图中所示的是经过整形后的方波。为了测得固定光栏与活动光栏之间的角度值,在度盘的扫描区内设有一标记,当度盘旋转,标记通过固定光栏时,计数器开始计取正弦波变化的相位差,当标记通过活动光栏时,停止计数。设 φ_0 为一个整周期所对应的相位值,n 为计取的整周期个数,$\Delta\varphi$ 为不足一个整周期的相位差,

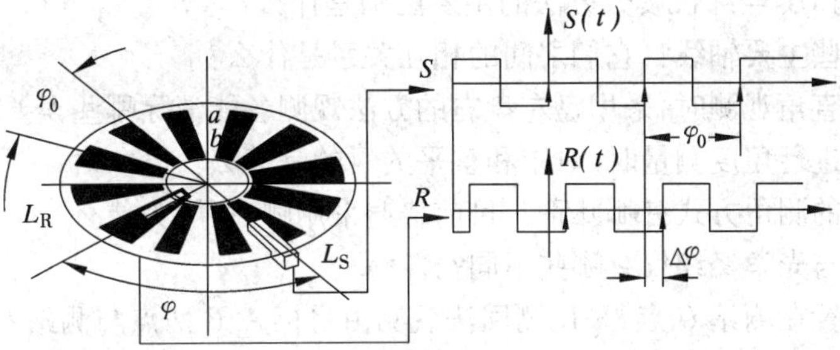

图 3-16

则计取的总相位差为

$$\varphi = n\varphi_0 + \Delta\varphi$$

式中包括粗测 $n\varphi_0$ 和精测 $\Delta\varphi$ 两部分，粗测部分由所计取的整周期个数 n 得知，精测部分 $\Delta\varphi$ 的值可由填充脉冲的个数求得。最后将粗测和精测数据由微处理器衔接并转换成角度，即得固定光栏与活动光栏之间的角度值。

动态测角的特点是计数精度高，由于采用对径光栏，因此能消除度盘刻划误差，但结构较复杂。目前较先进的电子经纬仪均采用此种测角系统。

3.5.2　电子经纬仪的双轴补偿

如果仪器整平不完善，则引起竖轴倾斜，竖轴倾斜将使得水平角测量和竖直角测量产生误差。目前，电子经纬仪普遍采用双轴补偿器的方法来消除竖轴倾斜对水平角和竖直角观测的影响。所谓双轴补偿，即对 X（视准轴）与 Y（横轴）这两个方向上竖轴倾斜而产生的测角误差进行补偿。但双轴液体补偿器的补偿范围是有限的，例如补偿范围为 ±3′，即当竖轴倾斜不超过 ±3′时，仪器可对因竖轴倾斜所引起的水平角误差和竖直角误差进行自动改正，其补偿精度可达 0.1″，但如果竖轴倾斜超过 ±3′时，则仪器无法完全自动补偿，这时必须进行人工整平。如图 3-17 所示是一种补偿器的自动补偿原理图，在补偿器下方分别设置了发光二极管和光电二极管，两者轴线夹角为 90°，发光二极管发射光线经液体全反射后，被光电二极管接收，当仪器竖轴倾斜时，发射光轴在液体补偿器的落点将产生变化，反映出 X 与 Y 的方向倾斜量，光电二极管就可探测到该落点的位置变化，并将变化信息传输给微处理器，从而仪器可对所测角度进行自动补偿。

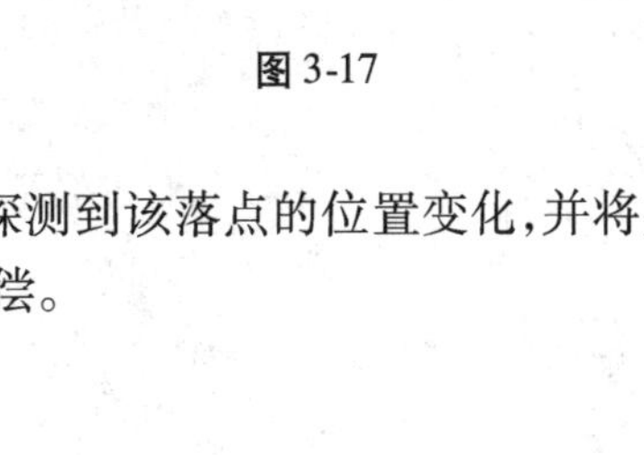

图 3-17

习　题

1. 试述水平角和竖直角的定义。
2. DJ_6 级光学经纬仪有哪两种读数装置？

3. DJ_2经纬仪与 DJ_6经纬仪读数方法的主要区别是什么？

4. 经纬仪有哪些主要轴线？它们之间的相互关系是什么？

5. 水平角和竖直角观测时，采用盘左盘右的方法观测各能消除哪些误差？

6. 采用经纬仪进行角度测量时，对中和整平的目的是什么？

7. 电子经纬仪的测角方式有哪几种？目前普遍采用哪一种，为什么？

8. 电子经纬仪与光学经纬仪有哪些不同？

9. 将经纬仪安置在测站 O 点，采用测回法观测由目标 A、B 两点与测站 O 点构成的水平角 $\angle AOB$。盘左时，测得左目标 A 的读数为 0°01′12″，右目标 B 的读数为 180°01′42″；盘右时，测得右目标 B 的读数为 0°01′06″，左目标 A 的读数为 180°01′24″，试求水平角 $\angle AOB$ 的一测回值。

10. 用经纬仪观测一目标的竖直角时，测得盘左读数为 82°00′48″，盘右读数为 278°00′48″，试求竖直度盘的指标差和此目标一测回的竖直角。（提示：盘右时，当望远镜物镜向上转动时，竖盘读数增大）

3.1 经纬仪

3.2 国外老式经纬仪

第4章　距离测量与直线定向

距离测量是测量的基本工作之一，所测的距离是指地面上两点之间的水平距离。对于不同的工程或不同的条件，距离测量的方法也不同。如在建筑工地细部尺寸的测量，可用钢尺直接丈量；在大比例尺地形图测绘时，仪器至测站点的距离可采用视距测量的方法；而对于距离较长或地面起伏较大时，现在已普遍采用电磁波测距仪、全站仪或 GPS 测量。本章主要介绍钢尺量距、视距测量、电磁波测距以及直线定向的基本知识。

4.1　钢尺量距

4.1.1　量距工具

钢尺量距的主要工具有钢尺、测钎、花杆、垂球等。钢尺长度有 5 m、20 m、30 m、50 m 等几种，宽 1 ~1.5 cm，厚 0.2 ~0.4 mm。钢尺的基本分划有毫米、厘米，厘米分划的钢尺在起始的格内有 10 mm 分划。一般分米及米的分划线上都有数字注记。根据尺的零点位置不同，钢尺可分为端点尺和刻线尺两种，零点位于尺端的称为端点尺（图 4-1(a)），零点在尺上某处标注的称为刻线尺（图 4-1(b)）。钢尺的材料分普通钢和铟钢两种。铟钢是采用铁与镍的合金制成的，其膨胀系数比普通钢小一个数量级，因此铟钢尺（又称因瓦尺）的尺长受温度变化的影响较小。

测钎又称铁钎，主要用于标定所测距离的起点、终点和各整尺段点。花杆又称标杆，一般长 2 ~3 m，由木材制作，其上每隔 20 cm 涂以红白油漆，主要用于标定直线的方向。垂球用于倾斜地面量距时的投点。图 4-2 中从左至右依次为花杆、垂球和测钎。

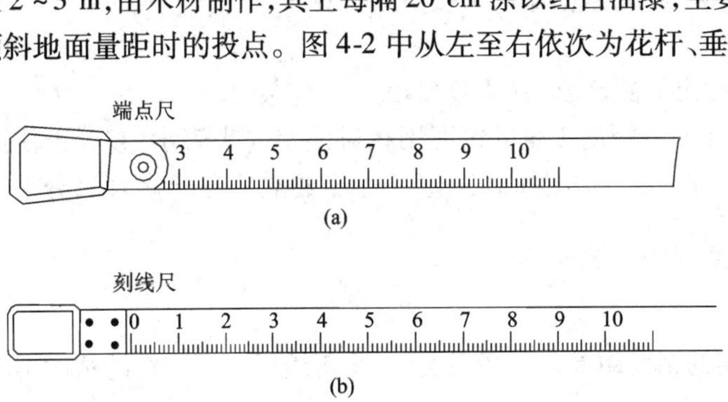

图 4-1

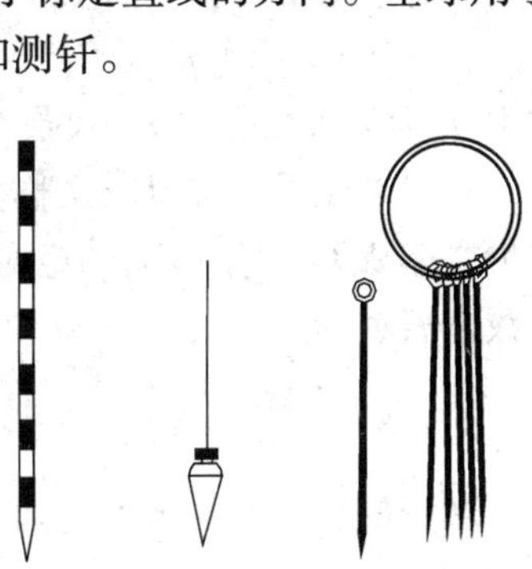

图 4-2

4.1.2 量距方法

1. 直线定线

当距离较长(超过一个整尺段)或地面高低起伏较大时,就必须将被量直线分成若干个段来进行测量,这种在被量直线上标定若干个分段点的工作,称为直线定线。直线定线通常可分为目估定线和经纬仪定线两种方法。

对于精度要求不高的量距,通常采用目估定线。如图 4-3 所示,要在待测距离的 A、B 两点之间确定 1,2,…分段点,首先在 A、B 两点上竖立花杆,由一测量员在 A 点以外 1 ~2 m 处指挥另一测量员手持第三根花杆在 AB 方向线左、右附近移动花杆,直到 A、1、B 三点位于同一条直线上为止,并在地面上做标记作为分段点 1。然后按此法依次确定 2,3,…分段点。定线时要求相邻两分段点之间距离不大于一个整尺段。

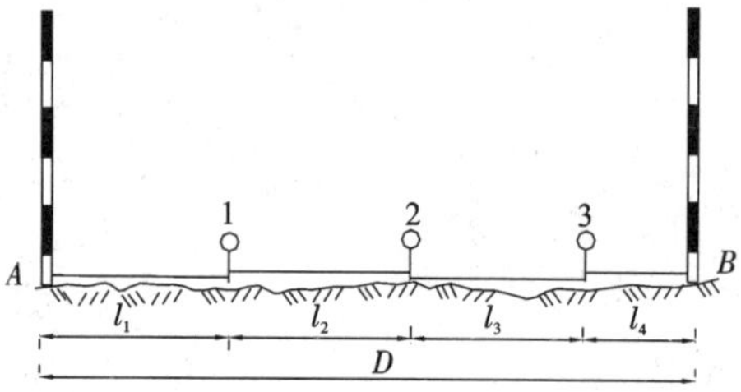

图 4-3

2. 距离丈量

距离丈量与上述的直线定线工作可以同时进行。丈量工作一般由三人完成,包括前尺员、后尺员及记录员各一人。丈量时,后尺员持一测钎和尺的零点端位于 A 点,前尺员携带一束测钎和尺的末端沿 AB 方向前进,到一整尺段处停下,两人同时用力将钢尺拉平,后尺员将尺的零点对准 A 点时喊"好",前尺员同时在尺的末端处且在 AB 的连线上插一测钎作为标记,这样就完成了第 1 尺段的丈量工作(如图 4-3 所示)。然后后尺员拔出测钎与前尺员一起抬尺前进,依次丈量第 2,3,…,n 个整尺段,到最后不足一整尺段时,后尺员将尺的零点对准测钎,前尺员用钢尺对准 B 点并读数 q,则量测的 AB 水平距离可按下式计算:

$$D = n \cdot l + q \tag{4-1}$$

式中,n 为整尺段数(即后尺员手中拔出的测钎数);l 为整尺段长;q 为余长。

一般以往返各丈量一次称为一测回。距离丈量的精度用相对误差 K 来表示,它等于往返丈量之差 $\Delta D = D_{AB} - D_{BA}$ 的绝对值与往返测平均值 D_0 之比。习惯上将式中分子化为 1,分母取整数来表示,即

$$K = \frac{|\Delta D|}{D_0} = 1 \Bigg/ \frac{D_0}{|\Delta D|} \tag{4-2}$$

相对误差的分母越大,说明量距的精度越高。一般情况下,平坦地区钢尺丈量的精度不应低于 1/3 000。

在距离丈量中,如地面的倾斜坡度较大,整段钢尺一端抬平有困难时,可以把整尺分为几个小段进行。如果地面虽倾斜但坡度较均匀,也可直接丈量倾斜线段长度 L,然后利用经纬仪测出线段竖直角 α,将 L 转换成水平距离 D,即

$$D = L\cos\alpha \tag{4-3}$$

或用水准仪测定 A、B 两点之间的高差 h，再将 L 转换成水平距离 D，即

$$D = \sqrt{L^2 - h^2} \tag{4-4}$$

4.1.3　量距误差

1. 尺长误差

钢尺在实际丈量时的长度与钢尺上标称的名义长度不一致，其差值对量距产生的影响称为尺长误差。尺长误差具有累积性，其大小与所丈量的距离成正比，因此要定期对尺长误差进行检定。设钢尺在标准温度（$t_0 = 20℃$）、标准拉力（30 m 钢尺 100 N、50 m 钢尺 150 N）下的实际长度为 l'，钢尺的名义长度（标定长度）为 l_0，两者之差 $\Delta l = l' - l_0$，则距离 L 的尺长误差

$$\Delta L_l = \frac{\Delta l}{l_0} \times L \tag{4-5}$$

2. 温度误差

丈量时温度的变化使得钢尺的长度也随之发生变化，由此对丈量结果产生的误差称为温度误差。设钢尺检定时的温度（或标准温度）为 t_0，丈量时的温度为 t，钢尺的膨胀系数为 α（对于普通钢尺，$\alpha = 1.25 \times 10^{-5}$），则温度误差为

$$\Delta L_t = \alpha \times (t - t_0) \times L \tag{4-6}$$

3. 丈量误差

丈量误差主要包括直线定线误差、尺段端点所插测钎位置的误差、拉力误差、钢尺倾斜误差等。

4.2　视距测量

经纬仪和水准仪的望远镜中的十字丝分划板上均刻有上、下两条水平的短丝，称为视距丝。视距测量是利用视距丝在视距尺（即水准尺）上进行读数，根据几何光学和三角学原理，同时测定仪器至目标水平距离和高差的一种方法。该方法操作简便、不受地形起伏变化限制，但精度较低，其相对误差为 1/300 ~ 1/200，只能满足地形测量的精度要求。

4.2.1　视距测量原理

1. 视线水平时

如图 4-4 所示，在 A 点安置经纬仪，在 B 点竖立水准尺，用望远镜瞄准 B 点的水准尺，这时水平视线与水准尺垂直，视距丝 m、n 分别在水准尺上 M 点和 N 点处读数，两读数之差称为尺间隔，用 l 表示。设 p 为视距丝间隔，f 为望远镜物镜焦距，δ 为物镜光心至仪器中心的距离。图中三角形 $\triangle Fmn$ 和 $\triangle FMN$ 为相似三角形，则

$$\frac{f}{d} = \frac{p}{l}$$

$$d = \frac{f}{p} l$$

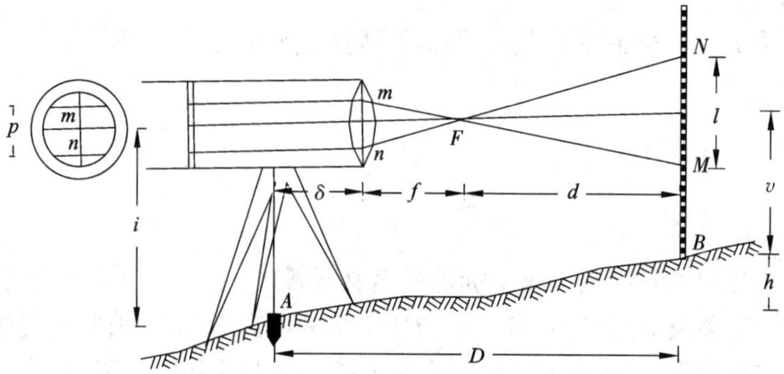

图 4-4

水平距离

$$D = d + f + \delta = \frac{f}{p}l + f + \delta$$

令

$$K = \frac{f}{p}, c = f + \delta$$

则 $D = Kl + c$

式中,K 称为视距乘常数;c 称为视距加常数。仪器制造时,可以使 $K=100$,$c\approx 0$(内对光望远镜),则

$$D = Kl \tag{4-7}$$

另外,从图 4-4 可知 A、B 两点的高差

$$h = i - v \tag{4-8}$$

式中,i 为仪器高,是指测站点到经纬仪横轴的高度;v 为中丝在水准尺上的读数。

2. 视线倾斜时

如图 4-5(a)所示,设经纬仪置于测站 A,仪器高为 i,在被测点 B 竖一水准尺,AB 间的水平距离为 D,高差为 h。当中丝视线以倾斜角 α 照准水准尺 O 点时,视线长为 D',尺间隔为 l,则

$$D = D'\cos\alpha \tag{4-9a}$$

图中 φ 为视场角,是一常数,约为 34′。可以看出,欲求 D 必须先确定 D'。为此,过 O 点作辅助线段 $M'N' = l'$ 与视线 JO 正交,与水准尺 MN 成 α 角。由图 4-5(b)知,$\angle MM'O = 90° + \frac{\varphi}{2}$,$\angle NN'O = 90° - \frac{\varphi}{2}$。由于角 $\varphi/2$ 很小,$\angle MM'O$ 与 $\angle NN'O$ 可视为直角,则有

$$M'N' = MO\cos\alpha + NO\cos\alpha = MN\cos\alpha$$

即 $l' = l\cos\alpha$

则式(4-7)写为 $D' = kl' = kl\cos\alpha$ (4-9b)

将它代回式(4-9a),即得视线倾斜时计算水平距离的公式

$$D = kl\cos^2\alpha \tag{4-10}$$

另外,从图 4-5 可知 A、B 两点的高差

$$h = h' + i - v$$

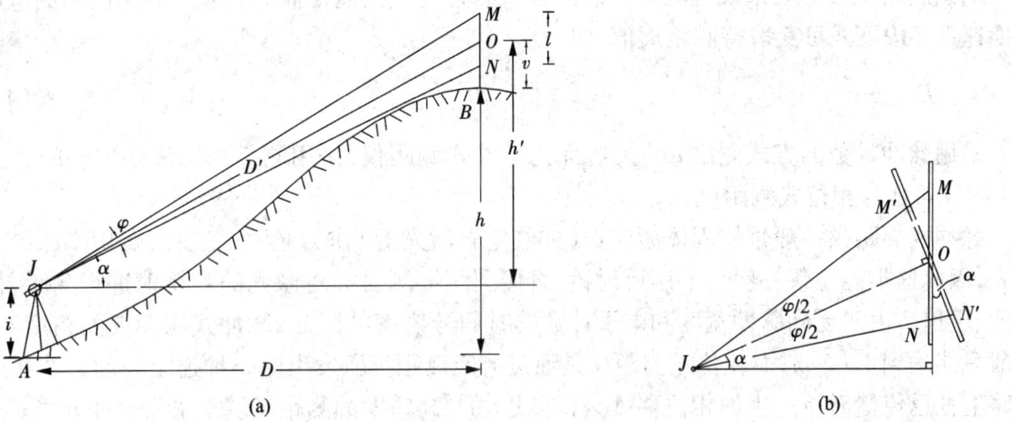

图 4-5

$$= D\tan\alpha + i - v$$

将式(4-10)代入上式,得

$$h = kl\cos^2\alpha \cdot \tan\alpha + i - v$$

$$= \frac{1}{2}kl \cdot 2\sin\alpha \cdot \cos\alpha + i - v$$

即

$$h = \frac{1}{2}kl\sin 2\alpha + i - v \tag{4-11}$$

4.2.2 视距测量方法

视距测量方法如下。

(1)首先在测站安置经纬仪,对中整平,量出仪器高,并使竖盘指标水准管气泡居中。(仪器若有竖盘指标自动补偿装置则打开补偿旋钮)

(2)瞄准立尺点上的水准尺,分别读取上、中、下丝的读数,再读取竖盘读数。

(3)按式(4-10)和式(4-11)计算测站到立尺点的水平距离和高差,利用测站高程,求得立尺点的高程。

4.2.3 视距测量误差

影响视距测量精度的原因有:测站对中、整平、瞄准误差,视距丝读数误差,竖直角观测误差,视距尺倾斜误差,视距乘常数不准确的误差,大气垂直折光误差等。由于视距测量精度本身不高,因此在这里对于上述误差不作定量分析。

4.3 电磁波测距

凡以电磁波为载波的测距仪,统称为电磁波测距仪。无线电波和光波都属于电磁波,采用无线电微波段作载波的称为微波测距仪,采用光波作载波的称为光电测距仪。

电磁波测距就本质来说是测定电磁波在待测距离上往返传播的时间 t,利用已知的电磁波传播速度 c 按下式可获取待测距离值,即

$$D=\frac{1}{2}ct \tag{4-12}$$

采用脉冲计数的方式测出 t 的仪器称为脉冲式测距仪,采用测量调制波相位差的方式测出 t 的仪器称为相位式测距仪。

脉冲式测距仪一般采用固体激光器(如红宝石激光器)作为光源,能发出高功率的单脉冲激光,因此这类测距仪一般可不用反射镜,直接利用被测目标对激光的漫反射进行测距,作业方便、迅速。由于受到脉冲宽度和电子计数器时间分辨率的限制,脉冲式测距仪的精度不高,一般只能达到 1 ~5 m;而相位式测距仪是通过测定测距仪所发出的一种连续调制光波在测量线路上往返传播时所产生的相位移 $\Delta\varphi$ 来求出 t 的,高精度的测距仪基本采用这种方式。

4.3.1 相位式测距原理

相位式测距仪主要由调制器、接收器、相位计、计数显示器等部分组成。其工作原理为:由光源灯(一般采用砷化镓(GaAs)半导体发光二极管作光源发射器)发出的光通过调制器后,成为光强随高频信号呈正弦变化的调制光,射向测线另一端的反射镜,经反射镜反射后被接收器接收,再由相位计通过比对得到其相位的位移量,然后根据位移量所对应的距离值由计数显示器显示出来。

如图 4-6 所示,设测距仪在 A 点发出的连续调制光,被 B 点反射后,又回到 A 点所经过的时间为 t。设光波频率为 f,接收时的相位比发射时位移(延迟)了 φ 角,则

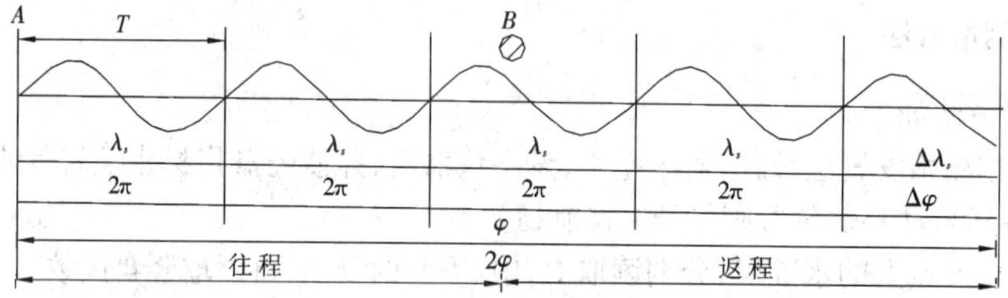

图 4-6

$$\varphi=2\pi ft \tag{4-13}$$

把式(4-13)代入式(4-12)有

$$D=\frac{1}{2}\frac{c}{f}\frac{\varphi}{2\pi} \tag{4-14}$$

上式中的 φ 也可写成 N 个相位变化的整周期数与不足一个整周期的相位尾数 $\Delta\varphi$ 总和:$\varphi=2\pi N+\Delta\varphi$。则式(4-14)变为

$$D=\frac{c}{2f}\left(N+\frac{\Delta\varphi}{2\pi}\right)=\frac{\lambda}{2}(N+\Delta N) \tag{4-15}$$

式中 $\lambda=c/f$ 为调制光的波长。若令 $\lambda/2=L$,则式(4-15)为

$$D=NL+\Delta NL \tag{4-16}$$

此式类似于钢尺量距的计算公式(4-1),因此我们形象地把式(4-16)中的 L 称为光尺长度。

知道了调制频率f,就可算出光尺的长度L。如某台仪器的调制频率$f=15$ MHz,则光尺长度

$$L=\frac{\lambda}{2}=\frac{1}{2}\frac{c}{f}=\frac{1}{2}\times\frac{30\times10^7}{15\times10^6}=10\ (\mathrm{m})$$

相位式测距仪中的相位计只能分辨不超过一个整周期0°~2π的相位值,且相位测量的相对精度约为1/1 000,例如用10 m的光尺,只能测出小于10 m的尾数如米、分米和厘米位的距离值;为了既要测程大、又要测距精度高,还可以采用一组光尺配合测距,例如为了能测出大于10 m的距离,仪器中同时设置了第二个调制频率150 kHz,它的光尺为1 000 m,它能测出百米、十米和米位的距离值。前者测出的结果称为精测值,后者测出的结果称为粗测值。两个结果经运算器分析后得到正确的距离值并显示出来。例如某距离测量时得

精测值:7.392

粗测值:857

结果显示:857.392 m(其中毫米位为"估读位")。

4.3.2　电磁波测距仪及工具

1.电磁波测距仪

目前工程上使用的电磁波测距仪一般采用相位式测距方式,产品、型号众多。其中红外测距仪(采用砷化镓发光二极管发出的红外光作为光源)是使用最广泛的测距仪,这是由于它具有仪器精巧轻便、测距速度快、功能多和功耗低等特点。各种红外测距仪基本属中、短程测距仪。从基本功能看,红外测距仪有如下类型。

(1)专用型,如图4-7所示,测距仪直接安装在基座上,只用于测距。

(2)半站型,如图4-8所示,测距仪与经纬仪进行组合,可以同时完成一个测站的测角量距工作。

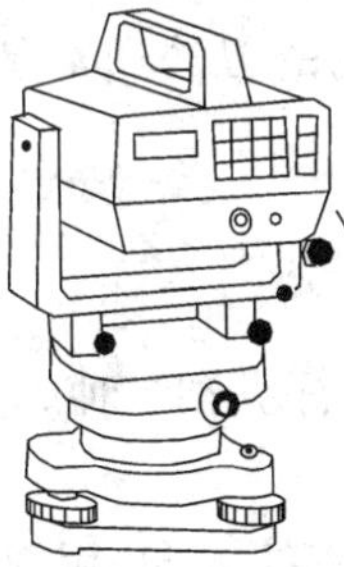

图4-7

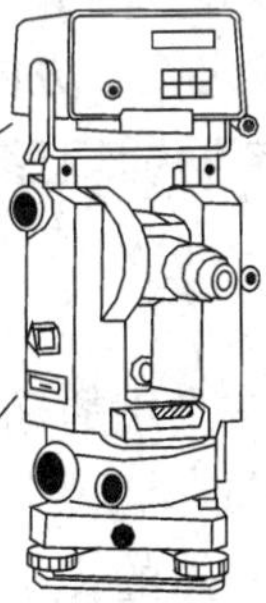

图4-8

(3)全站型,将测距仪和电子经纬仪一体化结合,仪器不仅可以同时完成一个测站的测角量距工作,而且可以直接测出目标点的三维坐标并完成相关的数据处理。(详见第5章)

2.反射镜

反射镜(又称棱镜)安置在被测距离的一端,它的作用是将调制光反射回主机。单个的反射镜为一个直角棱镜,即从一个正方体上切下一角而得的部分,这种反射镜的特点是可以将任何方向的入射光线平行地反射回去。近距离测量时,可用一块反射镜;当距离较远时,则要在

舰牌上同时安装几块反射镜。

4.3.3 距离计算与测距精度

1. 距离计算

所测距离两端点通常不一样高,两端点连线的距离为倾斜距离,因此在距离计算时要将倾斜距离改化为水平距离。(现在的全站仪都能自动进行倾斜改正)除此以外,还要考虑气象因素的影响。我们知道,大气折射率影响电磁波的传播速度,而大气折射率又是气温 t 和气压 p 的函数,因此距离测量时的气象改正公式为(不作推导)

$$\Delta D=\left(278-\frac{0.386p}{1+0.0037t}\right)\times D=K\times D$$

式中,p 以帕为单位,t 以摄氏度为单位,D 以千米为单位,则 ΔD 的单位为毫米。目前的测距仪和全站仪都能在距离测量时通过测定 t、p 将上式中的 K 值输入仪器中,或直接将测定的 t、p 输入仪器中进行自动气象改正。

2. 测距精度

电磁波测距精度的表达式通常为

$$m=\pm(a+bD) \tag{4-17}$$

式中,a 称为测距的非比例误差或固定误差,b 称为比例误差,D 为测距长度,m 为仪器的测距精度(又称标称精度)。现在普通电磁波测距仪和全站仪的测距精度一般能达到 $\pm(2\ \text{mm}+2\times D\text{ppm})$。(注:ppm 为百万分之一)

4.4 直线定向

在测定地面上两点之间的相对位置关系时,除知道这两点的水平距离外,还必须测定两点连线的方向,这种测定直线方向的工作称为直线定向。直线定向的方法通常是选定一个标准方向,然后测量或推算出该直线与标准方向之间的水平夹角。

4.4.1 标准方向

测量工作中通常采用的标准方向有真子午线、磁子午线和坐标纵轴三种。

1. 真子午线方向

过地球表面上一点的真子午线的切线方向称为该点的真子午线方向,用 N 表示。各点的真子午线方向可采用天文观测方法进行测定。通常用指向北极星的方向表示真子午线方向。真子午线方向还可用陀螺经纬仪测定。

2. 磁子午线方向

过地球表面上一点的磁子午线的切线方向称为该点的磁子午线方向,用 N' 表示。磁针在自由静止时其 N 极所指的方向即为磁子午线方向。磁子午线方向可用罗盘仪测定。

3. 坐标纵轴方向

经高斯投影后,每一投影带的中央子午线成为高斯平面直角坐标系的纵轴方向,即 X 轴方向。

4.4.2　方位角

1. 方位角的定义

从标准方向的北端起,顺时针方向量到某直线的水平夹角,称为该直线的方位角。方位角的取值范围为0°~360°。根据标准方向的不同,方位角又分为真方位角、磁方位角和坐标方位角三种。

1)真方位角

从真子午线方向的北端起,顺时针方向量到直线 MN 的水平夹角,称为该直线的真方位角,用 A 表示,如图4-9所示。

2)磁方位角

从磁子午线方向的北端起,顺时针方向量到直线 MN 的水平夹角,称为该直线的磁方位角,用 A_m 表示,如图4-9所示。

3)坐标方位角

从坐标纵轴正方向起,顺时针量到直线 MN 的水平夹角,称为该直线的坐标方位角,用 α 表示,如图4-9所示。

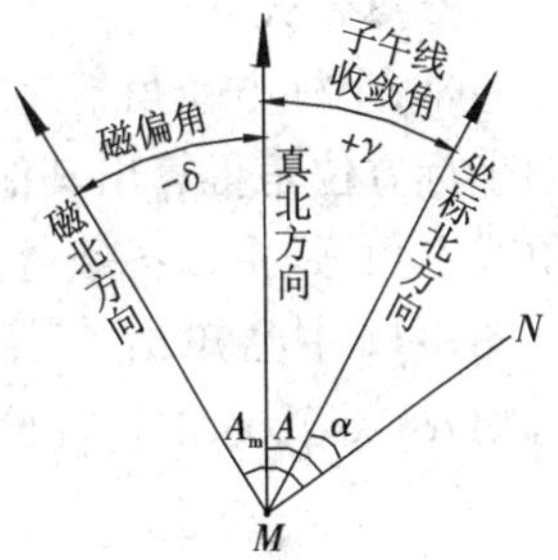

图4-9

2. 几种方位角之间的关系

1)真方位角与磁方位角之间的关系

由于地球的地理南北极与磁场南北极不重合,因此过地球表面上一点的真子午线方向与磁子午线方向也不重合,两者之间的夹角称为磁偏角,用 δ 表示。磁偏角有东偏和西偏,若磁子午线方向位于真子午线方向东侧,称为东偏,δ 取正值;反之,若磁子午线方向位于真子午线方向西侧,称为西偏,δ 取负值。真方位角与磁方位角之间的关系为

$$A = A_m + \delta \tag{4-18}$$

2)真方位角与坐标方位角之间的关系

经过高斯投影后,中央子午线是一条直线,也就是该投影带的坐标纵轴,其他子午线均为收敛于两极的曲线。过地面上一点的真子午线方向与坐标纵轴之间的夹角称为子午线收敛角,用 γ 表示。γ 有正值和负值之分,如果该点位于中央子午线东侧,则过该点的坐标纵轴平行线也位于真子午线东侧,称为东偏,γ 值为正值;反之,如果该点位于中央子午线西侧,则过该点的坐标纵轴平行线也位于真子午线西侧,称为西偏,γ 值为负值(图4-9中的 $\gamma>0$)。真方位角与坐标方位角之间的关系为

$$A = \alpha + \gamma \tag{4-19}$$

3)坐标方位角与磁方位角之间的关系

如果已知地面上某点的子午线收敛角 γ 和磁偏角 δ,则由式(4-18)和式(4-19)得坐标方位角与磁方位角之间的关系为

$$\alpha = A_m + \delta - \gamma \tag{4-20}$$

4.4.3　坐标方位角的推算

对于真子午线方向和磁子午线方向,地面点位不同,则其方向也不同,但其坐标纵轴方向却是相同的、唯一的。也就是说,对于同一条直线,尽管其真方位角和磁方位角能直接测量出来,但这两种方位角随着该直线起点的位置不同而各有无数个,可是同一条直线的坐标方位角

是唯一的。因此对于直线定向,我们常采用真方位角或磁方位角作为起始方位角,但在方位角的计算或推算工作中,为了方便,我们常采用坐标方位角。

1. 正反坐标方位角

如图 4-10 所示,直线 *AB* 的坐标方位角可用 α_{AB} 或 α_{BA} 表示,如果我们称 α_{AB} 为正坐标方位角,则相对而言,α_{BA} 即为反坐标方位角,从图中不难看出,正反坐标方位角的关系为

$$\alpha_{AB} = \alpha_{BA} \pm 180° \tag{4-21}$$

2. 推算公式

通常,坐标方位角不是直接测定,而是通过测定各相邻边之间的水平夹角,并从一条已知边的坐标方位角推算出其他各边的坐标方位角。在推算时,水平夹角有左角和右角之分,所谓左角或右角,是指以各条边为界,该角位于测量前进方向左侧或右侧的水平夹角。

图 4-11 中已知 α_{12},观测线路前进方向的左角分别是 $\beta_{2左}$、$\beta_{3左}$、$\beta_{4左}$,右角分别是 $\beta_{2右}$、$\beta_{3右}$、$\beta_{4右}$,则 α_{23}、α_{34}、α_{45} 的计算公式如下。

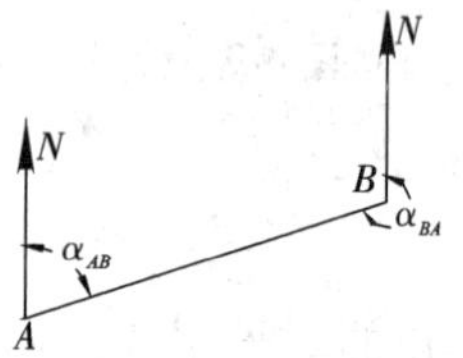

图 4-10

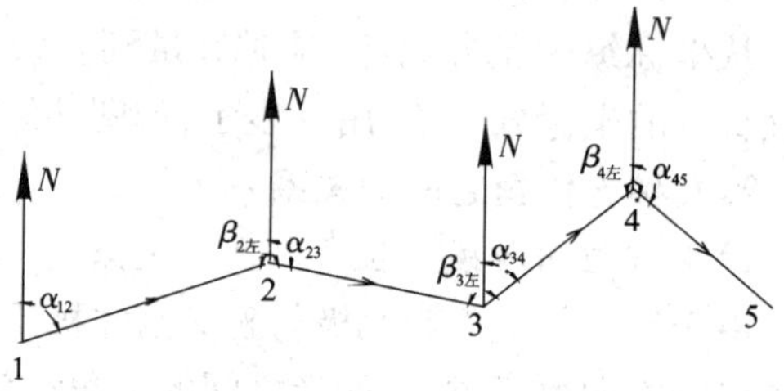

图 4-11

$$对于左角\begin{cases}\alpha_{23} = \alpha_{12} + \beta_{2左} - 180° \\ \alpha_{34} = \alpha_{23} + \beta_{3左} - 180° \\ \alpha_{45} = \alpha_{34} + \beta_{4左} - 180°\end{cases}$$

$$对于右角\begin{cases}\alpha_{23} = \alpha_{12} - \beta_{2右} + 180° \\ \alpha_{34} = \alpha_{23} - \beta_{3右} + 180° \\ \alpha_{45} = \alpha_{34} - \beta_{4右} + 180°\end{cases}$$

通用公式为

$$\alpha_{前} = \alpha_{后} \pm \beta(^{左}_{右}) \pm 180° \tag{4-22}$$

这里需要说明的是,式(4-22)中是加 180°还是减 180°,要以 $\alpha_{前}$ 的取值在 0°~360°的范围内为准。

4.5 罗盘仪与磁方位角测量

4.5.1 罗盘仪

罗盘仪是用于测量磁方位角的仪器,主要由望远镜、罗盘盒及基座组成,如图 4-12 所示。罗盘仪上的望远镜供瞄准目标用,其侧面装有一竖直度盘,用于粗略的竖直角测量。

罗盘盒里有刻度盘、磁针、水准器、顶针等。刻度盘为一铜制或铝制圆环,其上按每度刻一分划,按逆时针方向每 10°有一个注记。磁针由磁铁制成,有南北极两端,北极端涂黑色,南极端绕有铜丝。水准器为两个位于同一水平面内相互垂直的水准管,当两个水准管的气泡同时居中时,罗盘面水平。在罗盘仪使用完毕后,旋转顶针螺丝,将磁针顶起贴在玻璃上,从而减轻磁针的磨损。

基座是一种球臼结构,用于支撑罗盘上部并整平罗盘仪。它主要是利用球臼结构中的接头螺丝来摆动罗盘盒,达到水准气泡居中的目的。

4.5.2　磁方位角测量

如图 4-13 所示,欲测出直线 AB 的磁方位角,主要步骤有:①在测点 A 安置罗盘仪,对中后,松开球臼结构,调整罗盘仪使其整平,再拧紧球臼结构;②松开罗盘盒制动螺旋,将望远镜瞄准直线的另一端点 B;③松开顶针,磁针自由摆动,待其静止,读出磁针北端所对的刻度(= 300°),即为直线 AB 的磁方位角 A_m。

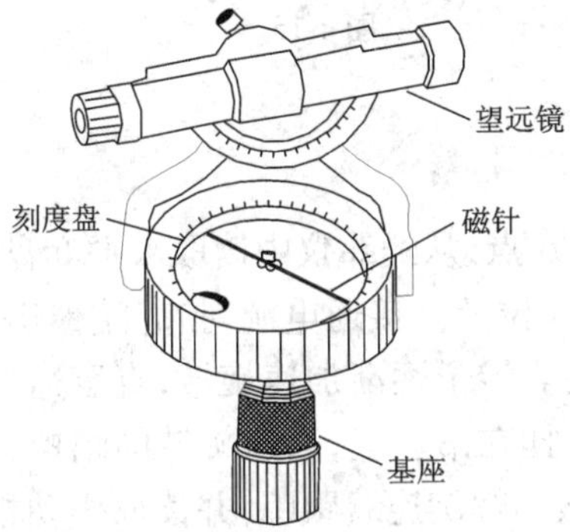

图 4-12

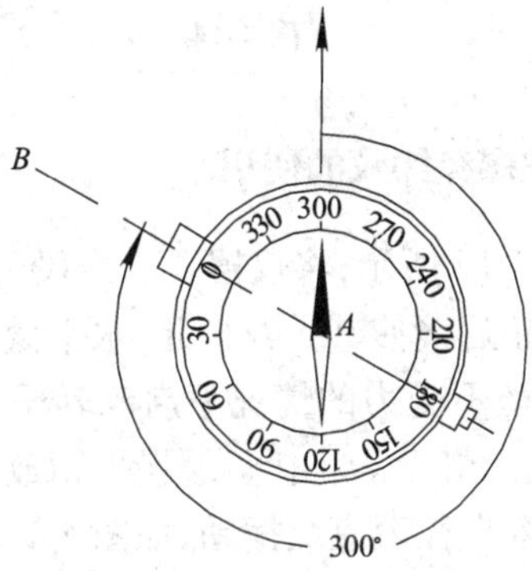

图 4-13

4.6　陀螺经纬仪与惯性测量

4.6.1　陀螺经纬仪的工作原理

陀螺经纬仪用于测量真方位角,又称惯性测量。陀螺经纬仪由陀螺仪、经纬仪、电源装置及基座等四个部分组成,如图 4-14 所示。

所谓陀螺,指的是绕着其质量对称轴作高速旋转的物体。在密封的陀螺盒内有一个匀质的转子,它的质量大部分集中在轮缘上(如图 4-15 所示),转子的马达以约 20 000 r/min 的速度围绕其质量对称轴高速旋转,在没有外力矩作用时,转轴的方向保持不变(定轴性)。由于受地球自转的影响,转子在重力矩的作用下,转轴向重力矩的矢量方向(即真子午线方向)进动,当进动到真子午面内时,重力矩为零,但此时因惯性运动,转轴继续向偏离真子午面的方向进动而又重新产生相反方向的重力矩,这样使得转轴围绕真子午线方向来回摆动(定向进动),且摆幅和周期逐渐减小。利用这个原理,再借助于经纬仪,可以直接测出直线的真方位角。一般陀螺经纬仪定向精度能达到 ±2″ ~ ±20″,定向时间需几分钟至几十分钟。精度要求越高,一次定向所需的时间越长。

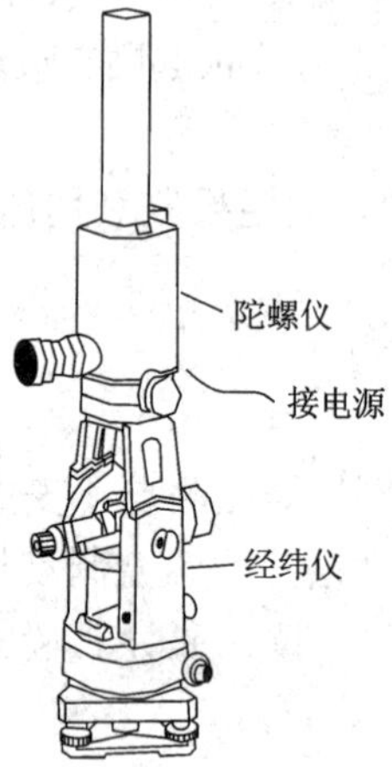

图 4-14

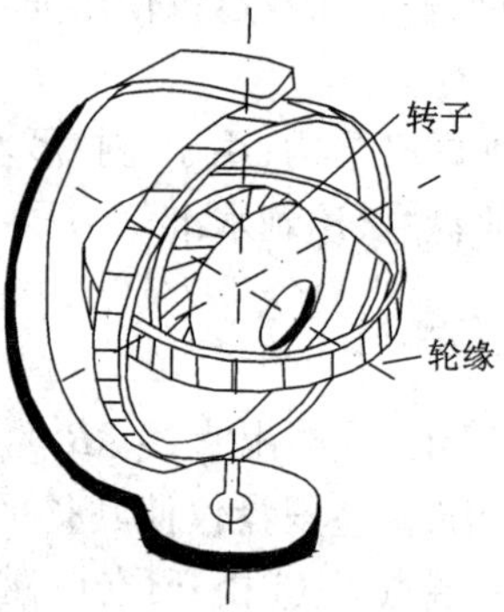

图 4-15

4.6.2 陀螺经纬仪的使用

如图 4-16 所示,将仪器置于线段 AB 端点 A,瞄准 B 点,从经纬仪中读取水平度盘读数 m,然后转动望远镜使其大致指北,水平微动螺旋置于中间位置。接通电源,抬起陀螺房托盘,在陀螺房吊丝不受力的情况下启动转子,此时指示灯亮。转子逐渐加速旋转,直至达到额定转速,此时指示灯灭。将托盘缓慢平稳放下,使陀螺房悬挂在吊丝上,高速旋转的陀螺轴在子午面两侧不断做往返衰减摆动,如图 4-17 所示,用水平微动螺旋连续跟踪,并读取摆动指示线到达东西两端转向点(逆转点)的水平度盘读数值 $a_1, a_2, a_3, \cdots$,每三个连续读数计算出一个中点位置 $n_i(i=1,2,3,\cdots)$,则

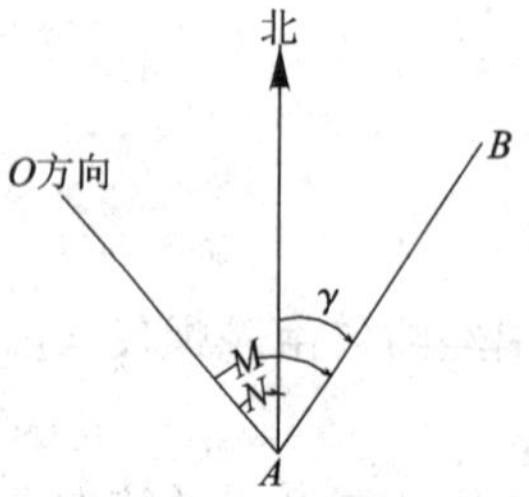

图 4-16

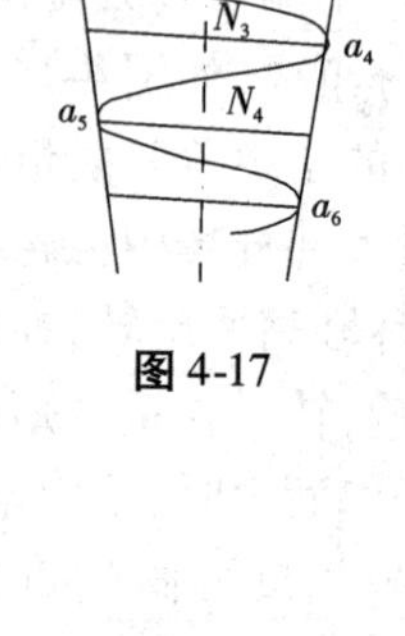

图 4-17

$$n_i = \frac{\frac{a_1 + a_3}{2} + a_2}{2} \tag{4-23}$$

取各个 n_i 的平均值,即得到在 A 点处的真子午线方向的水平度盘读数 n,则 AB 边的真方位角

$$A_{AB} = m - n \tag{4-24}$$

由于陀螺经纬仪可以独立地测出直线的真方位角,无须与已知边相连,因此被广泛用于地下工程施工测量中。

习　题

1. 为何钢尺量距时,即使往返丈量的精度很高,也不能消除尺长误差?

2. 下列情况对钢尺量距有何影响? 丈量结果比实际距离大还是小?

①钢尺实际长度比名义长度长;②定线不准;③钢尺不平;④拉力忽大忽小;⑤温度比钢尺检定时低;⑥读数不准。

3. 用标杆目估定线,在距离为 30 m 处标杆中心偏离直线方向 0. 25 m,由此产生的量距误差是多少?

4. 如图 4-18 所示,试推算各边坐标方位角。

5. 已知图 4-19 中 AB 边坐标方位角 $\alpha_{AB} = 137°48'$,各点观测角值已标于图中,试推算五边形各边的坐标方位角。

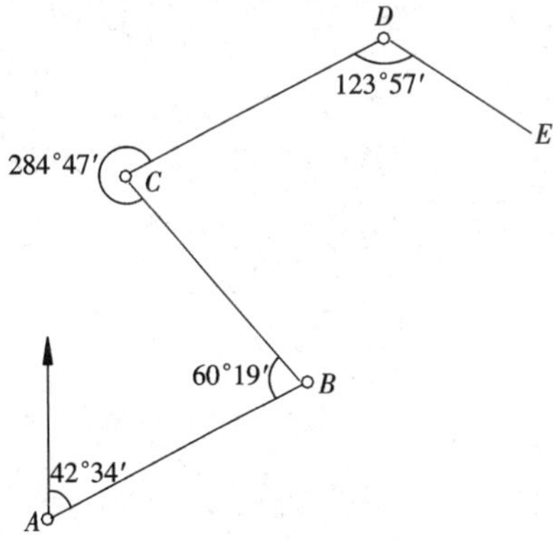

图 4-18

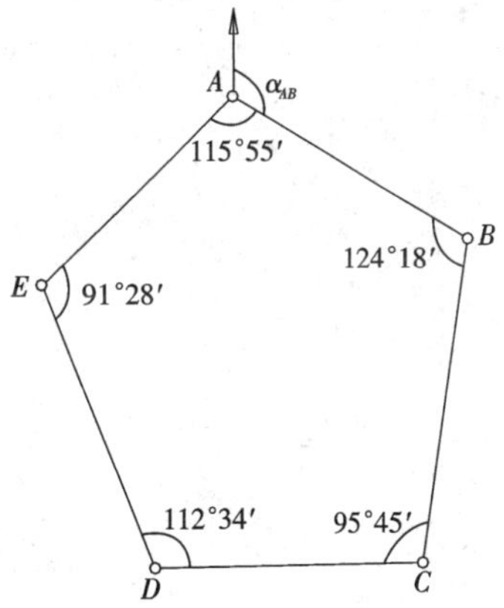

图 4-19

6. 什么是直线定线? 什么是直线定向?

7. 已知 A 点的磁偏角为东偏 0°13′,过 A 点的子午线收敛角为 −2′,直线 AB 的坐标方位角 $\alpha_{AB} = 216°30'$,求 AB 边的真方位角和磁方位角。

8. 什么是"光尺",它在光电测距中起什么作用?

9. 什么是视距测量? 它有何特点和用途?

10. 陀螺经纬仪定向的基本原理是什么?

4.1　米(长度单位)　　4.2　长度计量基准　　4.3　电磁波测距

第 5 章　坐标测量

随着全站仪和 GPS 定位仪的普及,除了传统的三项基本测量工作(高程测量、角度测量、距离测量)外,地面点位坐标的直接测量,也逐渐成为一项新的、常规的基本测量工作。

5.1　全站仪

5.1.1　全站仪的构造

全站仪由电子经纬仪、电磁波测距仪和计算机等三个部分组成,它在一个测站上采用单台仪器即能完成高程、角度、距离的测量,并且借助于仪器内部自带的微机进行数据处理,可直接给出地面被测点位的三维坐标。

从研制历史来看,全站仪的结构经历了一个从组合式到整体式的发展过程。组合式全站仪是在电子经纬仪上加装一个电磁波测距头,二者再通过接口与一个电子手簿相连。整体式全站仪是将电子测角、电磁波测距和微处理器有机地集成在一起,如图 5-1 所示,测角和测距共用一个望远镜,仪器可以直接显示所测得的水平角、竖直角、水平距离、倾斜距离、高差、三维直角坐标,或以数据文件的形式存储、输出上述测量数据。

从内部看,全站仪的结构包含有电子测角、电磁波测距、微处理器等子系统;从外形上看,全站仪除了有与光学经纬仪基本相同的结构外,还有显示窗和操作键。下面主要介绍显示窗和操作键。

1. 显示窗

全站仪的显示窗采用点阵式液晶显示,一般只有 3 ~4 行,每行只能显示约 20 个字符,显示窗的明暗对比度可以调节。另外,为了便于夜间测量,显示窗内部还配备有照明装置。

显示窗中常见的一些显示符号有:V 代表竖直角,HR 代表水平角(右角),HL 代表水平角(左角),HD 代表水平距离,VD 代表高差,SD 代表倾斜距离,N 代表北坐标(纵坐标),E 代表东坐标(横坐标),Z 代表高程。

2. 操作键

使用操作键,可以对仪器发出各种指令,使仪器完成参数设置、测量、数据处理等各项任务。全站仪的操作键一般有电源开关键、测角键、测距键、测坐标键、菜单键和功能键等。

3. 菜单键的作用

菜单键用于完成正常测量模式(测角、测距、测坐标)、数据处理模式(采集、存储、管理、输出)与应用测量模式(悬高测量、对边测量、多边形面积测量、测设放样、后方交会)等模式之间的切换。

4. **功能键的作用**

由于全站仪主要用于野外测量,因此其操作键不可能像计算机的键盘操作键那样多而全,通常全站仪的操作键不含有26个英文字母键和10个阿拉伯数字键,因此为了完成诸如参数设置时遇到的字母输入和数字输入等各项功能,全站仪还必须设置几个功能键。每一个功能键在不同的条件下,可以实现不同的功能,因此功能键又俗称"软键"。全站仪功能键的设置方式各不相同,除了字母、数字、符号等的输入之外,下面介绍功能键在不同的基本测量模式下必须完成的功能。

(1)在测角模式下,可以进行如下操作:水平角设置0°或配置成某一水平角值(相当于经纬仪配度盘);水平角测量与竖直角测量切换(也有同时显示二者测量结果的);水平角左角测量与右角测量切换;锁定某一测得的水平角值;水平角重复测量(相当于经纬仪的多测回测量)。

(2)在测距模式下,可以设置距离的单位,精测、粗测或跟踪测量模式、音响模式及大气改正值(气温、气压)等,并能进行测距启动等。

(3)在测坐标模式下,设置坐标的单位,设置测站点的坐标、仪器高度、反射棱镜高度,设置精测、粗测或跟踪测量模式,设置音响模式、大气改正值(气温、气压)以及测坐标启动等。

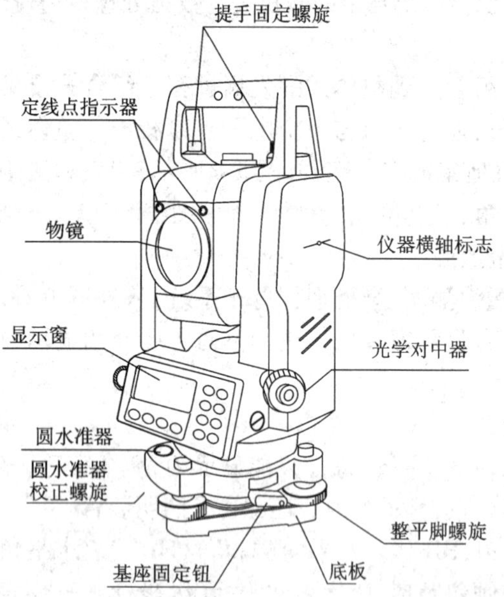

(a)全站仪反面

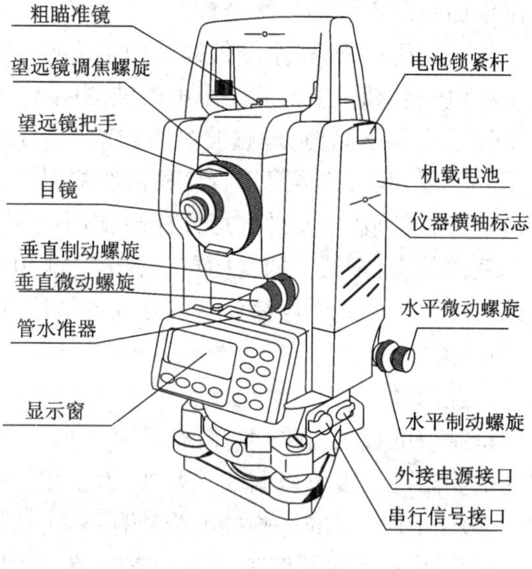

(b)全站仪正面

图5-1

5.1.2 全站仪的基本操作方法

全站仪的操作方法,因生产厂家、品种型号不同而略有差异,但从整个操作过程来看,全站仪的基本操作步骤如下。

(1)对中、整平。这一步骤与光学经纬仪的操作方法相同。

(2)按电源键开机。仪器经过几秒钟的初始化后,从显示窗中能看到电池的剩余容量。

(3)竖直度盘 0°基准设置。全站仪竖直度盘的 0°基准设在望远镜的水平位置,开机后只要纵转望远镜,使之通过水平方向,竖直度盘的 0°基准即被自动设置,然后测量即可开始。注意:即使只测水平角,也必须首先设置竖直度盘的 0°基准,否则仪器不工作。

(4)倾斜补偿。全站仪具有竖轴倾斜自动补偿功能,但其补偿范围是有限的。仪器出厂时,厂家一般已将仪器倾斜补偿功能开启(TILT ON)。如果在测量开始或测量过程中显示窗中出现"TILT OVER",则表明仪器超出自动补偿的范围,这时必须再整平仪器,否则仪器不工作。

(5)大气改正。在正式测量开始前,先测量仪器附近的气温和气压,并按照仪器操作说明书的方法将气温和气压值输入仪器。在测距离或测坐标时必须进行这一步骤(参阅 4.3 节电磁波测距),如果只测角,则可以跳过此步骤。

(6)测站点坐标、仪器高、目标高(棱镜高)的设置。即建立坐标系统,使所测坐标值直接成为被测点在所要求的坐标系中的坐标值。此步骤在测坐标时进行,如果只测角或测距,可以跳过此步骤。当然,如果测坐标时不完成此步骤,也可在测后数据处理时解决此问题。

(7)零方向配度盘。瞄准起始方向,并将水平角设置为 0°或配置成某一角值。如果只测距,则可以跳过此步骤。

(8)观测目标。将反射棱镜立于被测点上,瞄准棱镜,启动测量。

5.2　全站仪坐标测量

当使用全站仪进行坐标测量时,往往不只是需要测单个点,而是测一系列的点(例如测地形图时),这时仪器要将这些测点的坐标数据自动存入一个数据文件中,以便数据的使用。下面介绍全站仪以数据文件的形式进行"批量"坐标测量的方法。

5.2.1　数据采集

当完成上述基本操作及参数设置后,全站仪可按下述步骤进行坐标数据的采集。

(1)创建一个数据文件,以便接下来所测各点坐标数据全部存入此文件内。也可以选择一个仪器内已有的数据文件作为数据采集存储的文件。

(2)输入测点的编号。当输入第一个测点的编号后,以后的测点编号既可以继续由人工输入,也可以由仪器自动增编。

(3)开始测量坐标,并将其存入数据文件中。注意:仪器的内存有限,即所能存储的测点个数不能超过某一定值(例如 2 000 个);仪器电池的容量也有限,只能连续测量 4 小时。

(4)瞄准下一测点的棱镜,重复上述第(2)(3)步,继续下一个点的测量。

5.2.2　数据管理

在数据管理模式下,可以进行如下操作。

(1)查阅。查阅所有记录的测量数据、存储数据的个数和内存的剩余空间。

(2)修改。修改数据文件的名称、测点的编号及仪器高、棱镜高等数据,但不能修改存储的实测数据。

(3)删除。删除内存中的任意一个数据文件。

(4)输入。通过菜单键和功能键可以输入用于测设放样的数据或控制点的坐标数据,并将其存入内存的一个文件中。

5.2.3 数据传输

全站仪与计算机进行数据传输时,应注意如下事项。

(1)一般采用 RS-232C 串行信号接口(简称串口)或 USB 接口专用线进行数据传输。

(2)计算机中必须安装该全站仪数据通信的专用软件。

(3)数据通信专用软件中的参数设置应与全站仪中的参数设置一致,如波特率(传输速度)、传输方式、数据位等应一致。

(4)数据传输是双向的,即全站仪可将测得的数据传输给计算机,计算机也可将用于放样的测设数据传输给全站仪。

5.2.4 全站仪坐标测量实例(请同时参阅 8.2.3 节“全站仪数字化测图”中的具体操作步骤)

这里分别以 TOPCON GTS-311S 全站仪和南方公司 NTS-310/330 全站仪为例,介绍全站仪坐标测量的实际操作过程,并且介绍海星达 ATS-320 全站仪各按键名称及功能。

1)TOPCON GTS-311S 全站仪坐标测量

1. 基本操作

(1)开机:按【①】:POWER。

(2)纵转望远镜通过竖直角 0°。

(3)测角:按【ANG】。

①配零方向:按【F1】:OSET。

②配度盘。

a. 按【F3】:HSET。

按【F1】:INPUT。

用【F1】【F2】或【F3】输入角度。

按【F4】:ENTER。

b. 水平旋转照准部选定所需角度。

按【F2】:HOLD。

按【F3】:YES。

③水平角左角与右角转换。

按【F4】两次:P3。

按【F2】:R/L。

(4)测距:按【◿】。

显示平距(HD)和高差(VD)。

再按【◿】显示斜距(SD)。

重测一次:按【F1】:MEAS。

跟踪测量:按【F2】:MODE。

按【F2】:TRACK。

(5)测坐标:按【⦣】。

输入仪器高:按【F4】。

按【F2】:INSHT。

输入棱镜高:按【F4】。

按【F1】:R. HT。

输入测站点坐标:按【F4】。

按【F3】:OCC。

(6)菜单:按【MENU】。

P1:F1:DATA COLLECT 数据采集。

F2:LAYOUT 放样。

F3:MEMORY MGR. 内存管理。

P2:F1:PROGRAMS 程序。

F2:GRID FACTOR 坐标格网因子。

F3:ILLUMINATION 十字丝照明。

P3:F1:PARAMETERS 参数设置。

F2:CONTRAST ADJ. 显示屏对比度调节。

2. 数据采集

(1)文件取名。

①按【MENU】:DATA COLLECT 数据采集。

②按【F1】:SELECT A FILE 选定一个数据文件名。

③按【F1】:INPUT 输入文件名。

a. 按【F1】、【F1】、【F1】显示 10 个阿拉伯数字和“.”“-”等符号。

b. 按【ANG】【⊿】显示 26 个英文字母和“+”“#”等符号。

④按【F4】:[ENT]文件名被确认。

(2)数据采集。

①按【F3】:FS/SS 进入采集状态。

②按【F1】:INPUT 输入点号(及编码、目标高)。

③按【F3】:MEAS 正式测量(或采集)。

④按【F3】:* NEZ 测量点的坐标值。

⑤按【F4】:SET 确认所测得的坐标值。

⑥按【F3】:[YES]将坐标值存入仪器。

⑦重复③~⑥步继续下一个点的测量。

⑧按【ESC】:结束数据采集。

(3)将测量数据文件转换为坐标数据文件。

①在菜单下按【F1】:DATA COLLECT。

②按【F2】:LIST 显示文件目录。

③按【F4】:ENTER 进入 DATA COLLECT 1/3。

④按【F4】:P↓翻页。

⑤按【F2】:CONV. TO NEZ 进入转换状态。

⑥按【F2】:LIST 显示测量文件目录。

⑦按【F2】:SRCH 寻找待转换的测量文件。

⑧按【F4】:ENTER 确认待转换的测量文件。

⑨按【F1】:INPUT 给转换后生成的坐标数据文件取名。

⑩按【F4】:[ENT]确认所取坐标数据文件名并转换。

3. 数据传输

(1)用 RS-232C 电缆线连接全站仪和计算机并开机。

(2)全站仪操作。

①按【MENU】。

②按【F3】:MEMORY MGR。

③按【F4】:P↓翻页。

④按【F1】:DATA TRANSFER 进入数据传输状态。

⑤按【F1】:SEND DATA 发送数据。

⑥按【F2】:COORD. DATA 发送(将测量文件转换后生成的)坐标数据文件。

⑦按【F2】:LIST 显示坐标数据文件。

⑧按【ANG】:寻找待发送的坐标数据文件。

⑨按【F4】:ENTER 确认待发送的坐标数据文件。

⑩按【F3】:[YES]正式发送。

(3)计算机操作。

①双击桌面上的 T-com 专用软件。

②点击【GTS↓】。

③点击 Comm Status 窗口中的【Go】。

④点击 CVT to SSS 窗口中的【OK】。

⑤点击 Conversion 窗口中的【OK】。

⑥删除数据文件中的前几行(仪器及测站信息行)。

⑦点击 T-com 窗口中的 File。

⑧将传入的数据文件以….ASC 的文件名存入 D:\data\idat 文件夹中(注:文件夹名 data 和文件夹名 idat 由操作者自行建立并命名)。

(4)将传入的数据文件转换成 AutoCAD 格式认可的数据文件。

①双击桌面上的文件 TRANS(注:此文件是由操作者采用 VB 语言自编的执行软件,运行此文件后,idat 文件夹中的坐标数据文件就被转换成 AutoCAD 的数据格式并以同名文件存入自动生成的 D:\data\odat 文件夹中)。

②输入文件名…(不要路径,也不要扩展名 ASC)。

③点击【转换】。

(5)将转换后的 AutoCAD 数据文件中的所有点全部展绘到 AutoCAD 中。

①从“程序”中进入 AutoCAD(注:计算机中必须装有 AutoCAD 软件)。

②双击底线行中的 OSNAP。

③点击 Tools。

④点击 Run Script。

⑤双击 data。

⑥双击 odat。

⑦点击所需展绘的文件名。

⑧点击“打开”。

2)南方公司 NTS-310/330 全站仪坐标测量

(1)对中,整平。

(2)按⏻键:开机(其他各按键的名称和功能见表 5-1)。

(3)按∠键:进入“坐标测量”模式。

(4)按 F4 键:显示第 2 页软键功能。

(5)按 F1 键:进入“设置棱镜高度”模式。

(6)通过键盘输入棱镜高度(通过调节棱镜对中杆的长度自行设定)。

(7)按 ENT 键:确认,返回坐标测量界面。

(8)用钢尺测量全站仪的高度。

(9)按 F2 键:进入“设置仪器高度”模式。

(10)通过键盘输入仪器高度。

(11)按 ENT 键:确认,返回坐标测量界面。

(12)按 F3 键:进入“设置测站点的坐标”模式。

(13)通过键盘输入 N 坐标(即 X 坐标,或纵坐标),按 ENT 键。

(14)通过键盘输入 E 坐标(即 Y 坐标,或横坐标),按 ENT 键。

(15)通过键盘输入 Z 坐标(即高程 H),按 ENT 键。

(16)按 ANG 键:进入“角度测量”模式。

(17)瞄准后视点方向,后视点即为另一个相邻的已知控制点。

(18)按 F3 键:配置水平角读数。

(19)通过键盘输入本测站点至后视点的方位角(例如,如果是 270°00′00″,则实际输入 270.0000),按 F4 键,按 ENT 键。

(20)将棱镜对中杆立于地形点上,即可正式开始测量地形点的三维坐标。

表 5-1

按 键	名 称	功 能
ANG	角度测量键	进入角度测量模式
◢	距离测量键	进入距离测量模式
∠	坐标测量键	进入坐标测量模式(▲上移键)
S.O	坐标放样键	进入坐标放样模式(▼下移键)
K1	快捷键 1	用户自定义快捷键 1(◀左移键)
K2	快捷键 2	用户自定义快捷键 2(▶右移键)
ESC	退出键	返回上一级状态或返回测量模式
ENT	回车键	对所做操作进行确认

续表

按　键	名　称	功　能
M	菜单键	进入菜单模式
T	转换键	测距模式转换
★	星键	进入星键模式或直接开启背景光
⏻	电源开关键	电源开关
F1—F4	软键(功能键)	对应于显示的软键信息
0—9	数字字母键盘	输入数字和字母

3)海星达 ATS-320 全站仪各按键名称及功能

(1)键盘符号。

按 键	名 称	功　能
ANG	角度测量键	基本测量功能中进入角度测量模式。在其它模式下，光标上移或向上选取选择项
DIST	距离测量键	基本测量功能中进入距离测量模式。在其它模式下，光标下移或向下选取选择项
CORD	坐标测量键	基本测量功能中进入坐标测量模式。其它模式中光标左移、向前翻页或辅助字符输入
MENU	菜单键	基本测量功能中进入菜单模式。其它模式中光标右移、向后翻页、或辅助字符输入
ENT	回车键	接受并保存对话框的数据输入并结束对话。在基本测量模式下具有打开关闭直角蜂鸣的功能
ESC	退出键	结束对话框，但不保存其输入
开关键	电源开关	控制电源的开/关
F1 ~ F4	软按键	显示屏最下一行与这些键正对的反转显示字符指明了这些按键的含义
0 ~ 9	数字键	输入数字和字母或选取菜单项
· ~ -	符号键	输入符号、小数点、正负号
★	星键	用于仪器若干常用功能的操作。凡有测距的界面，星键都进入显示对比度、夜照明、补偿器开关、测距参数和文件选择对话框

(2)显示符号。

显示符号	内　容	显示符号	内　容
Vz	天顶距模式	Z	高程坐标，dZ 表示放样 Z 坐标差
V0	正镜时的望远镜水平时为 0 的垂直角显示模式		EDM(电子测距)正在进行
Vh	竖直角模式(水平时为 0，仰角为正，俯角为负)	m	以米为单位
V%	坡度模式	ft	以英尺为单位
HR	水平角(右角)dHR 表示放样角差	fi	以英尺与英寸为单位，小数点前为英尺，小数点后为百分之一英寸
HL	水平角(左角)	X	点投影测量中沿基线方向上的数值，从起点到终点的方向为正
HD	水平距离，dHD 表示放样平距差	Y	点投影测量垂直偏离基线方向上的数值

续表

显示符号	内 容	显示符号	内 容
VD	高差,dVD 表示放样高差之差	Z	点投影测量中目标的高程
SD	斜距,dSD 表示放样斜距之差	Inter Feet	国际英尺
N	北向坐标,dN 表示放样 N 坐标差	US Feet	美国英尺
E	东向坐标,dE 表示放样 E 坐标差	MdHD	最大距离残差—衡量后方交会的结果用

(3)基本测量功能模式下的功能键。

① 角度测量功能模式(共有两个菜单页面)。

页面	软键	显示符号	功 能
1	F1	测存	将角度数据记录到选择的测量文件中
	F2	置零	水平角置零
	F3	置盘	通过键盘输入并设置您所期望的水平角,角度不大于 360°
	F4	P1/2	显示第 2 页软键功能
2	F1	锁定	水平角读数锁定
	F2	右左	水平角右角/左角显示模式的转换
	F3	竖角	垂直角显示方式(高度角/天顶距/水平零/斜度)的切换
	F4	P2/2	显示第 1 页软键功能

② 距离测量功能模式(共有两个菜单页面)。

页面	软键	显示符号	功 能
1	F1	测存	启动距离测量,将测量数据记录到相对应的文件中(测量文件和坐标文件在数据采集菜单功能中选定或通过★键选择)
	F2	测量	启动距离测量
	F3	模式	设置四种测距模式(单次精测/N 次精测/重复精测/跟踪)之一
	F4	P1/2	显示第 2 页软键功能
2	F1	偏心	启动偏心测量功能
	F2	放样	启动距离放样
	F3	m/f/i	设置距离单位(米/英尺/英尺 · 英寸)
	F4	P2/2	显示第 1 页软键功能

③ 坐标测量功能模式(共有三个菜单页面)。

页面	软键	显示符号	功 能
1	F1	测存	启动坐标测量,将测量数据记录到相对应的文件中(测量文件和坐标文件在数据采集功能中选定或★键选择)
	F2	测量	启动坐标测量
	F3	模式	设置四种测距模式(单次精测/N 次精测/重复精测/跟踪)之一
	F4	P1/3	显示第 2 页软键功能

续表

页面	软键	显示符号	功　能
2	F1	设置	设置目标高和仪器高
	F2	后视	设置后视点的坐标，并设置后视角度
	F3	测站	设置测站点的坐标
	F4	P2/3	显示第 3 页软键功能
3	F1	偏心	启动偏心测量功能
	F2	放样	启动放样功能
	F3	置角	设置方位角（与角度测量模式的置盘功能相同）
	F4	P3/3	显示第 1 页软键功能

5.2.5　全站仪高程与水准高程的差异

我们知道，水准测量所测得的高程是以大地水准面为基准面的，而全站仪所测得的高程（或 Z 坐标）是以过测站点的水平面为基准面的，因此二者所测的高程具有差异，下面予以介绍。

如图 5-2 所示，将全站仪架设在 A 点，现欲测量 A 点至 B 点的高差。由于全站仪的测站坐标系是以过测站点的水平面作为 XY 的坐标平面，因此 A、B 两点的高差（亦即 B 点的 Z 坐标）是 B 点沿铅垂线方向至过 A 点的水平面的距离 H_1。如果采用水准测量，则 A、B 两点的高差应为 B 点沿铅垂线方向至过 A 点的水准面的距离 H'_1，图中二者的差异为 Δh，则

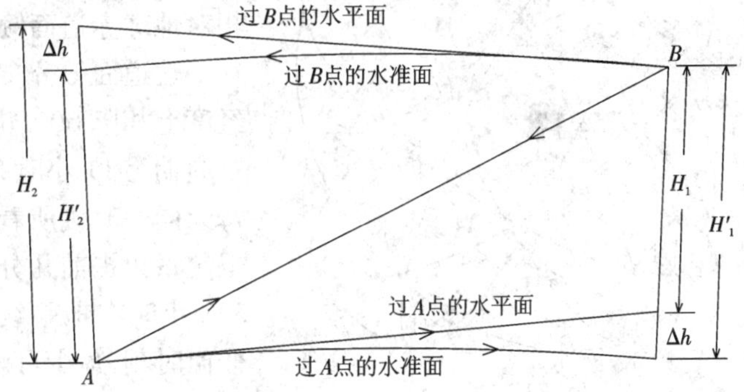

图 5-2

$$H'_1 = H_1 + \Delta h \tag{5-1}$$

式中 $\Delta h = D^2/2R$（参见式(1-6)），其中 D 为 A、B 两点的水平距离，R 为地球的曲率半径。

反过来，假设将全站仪从 A 点搬至 B 点，测量 B 点至 A 点的高差，则 B、A 两点的高差为 A 点沿铅垂线方向至过 B 点的水平面的距离 H_2（见图(5-2)）。如果采用水准测量，则 B、A 两点的高差应为 A 点沿铅垂线方向至过 B 点的水准面的距离 H'_2，图中二者的差异同样也为 Δh，由于 H'_2、H_2 均为负，而 Δh 始终为正，因此

$$H'_2 = H_2 + \Delta h \tag{5-2}$$

式(5-1)与式(5-2)相减，得

$$H'_1 - H'_2 = H_1 - H_2 \tag{5-3}$$

式(5-3)中，左边的 H'_1 与 H'_2 分别为 A 点至 B 点和 B 点至 A 点的往返水准测量所得高差，二者的符号相反，绝对值相等，若将它们的绝对值用 H_{AB} 表示，则式(5-3)变为

$$H_{AB} = (H_1 - H_2)/2 \tag{5-4}$$

式(5-4)中,右边的 H_1 与 H_2 分别为 A 点至 B 点和 B 点至 A 点的往返全站仪测量所得高差,二者不相等(图中可见),且与采用水准测量所得高差均相差 $\Delta h = D^2/2R$,但从式(5-4)可以得知,二者的平均值恰好等于水准测量的高差。

5.3 全球定位系统(GPS)与北斗系统(BDS)

5.3.1 GPS 的组成

全球定位系统(Global Positioning System, 简称 GPS)是美国 1973 年开始研制的全球性卫星定位、导航和授时系统,历时 20 年,于 1993 年全部建成。GPS 系统包括卫星星座、地面测控系统和用户设备三个部分。

1. 卫星星座

卫星星座由 24 颗卫星组成,其中 21 颗为工作卫星(如图 5-3 所示),3 颗为备用卫星,它们平均配置在相对地球赤道面倾角为 55°的 6 个近似圆形轨道上,每个轨道面上分布有 4 颗卫星,每两个轨道面之间在经度上相隔 60°,轨道平均高度为 20 200 km,卫星运行周期为 11 小时 58 分钟。在地面的同一观测站上,每天同一时刻所看到的卫星分布图形基本相同,只是卫星每天提前几分钟到同一位置,每颗卫星每天约有 5 个小时在地平线以上,因此,在地球上任何位置的任何时刻,最少可观测到 4 颗卫星,最多可达 11 颗卫星。

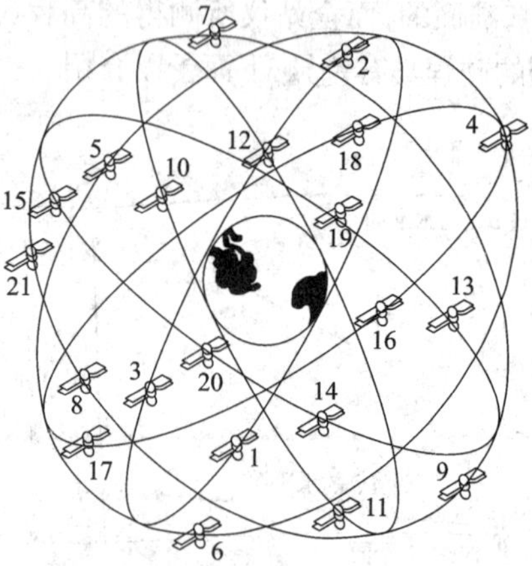

图 5-3

2. 地面测控系统

GPS 的地面测控系统由分布在全球的 5 个地面测控中心组成,按功能可分为主控站、注入站和监测站三种。

1)主控站

主控站 1 个,设在美国科罗拉多的斯普林斯(Colorado Springs)。主控站的任务是,根据所有地面监测站的观测资料推算编制各卫星的星历、卫星钟差和大气折射修正参数等,并把这些数据及导航电文传送到注入站,提供 GPS 的时间基准,调整卫星状态和启用备用卫星等。

2)注入站

注入站有 3 个,分别设在印度洋的迭哥加西加(Diego Garcia)、南大西洋的阿松森岛(Ascencion)和南太平洋的卡瓦加兰(Kwajalein)。其任务是把主控站传送来的卫星星历、钟差、导航电文和其他指令通过 1 台直径为 3.6 m 的天线注入相应卫星的存储系统,并监测注入信息的正确性。

3)监测站

监测站共有 5 个,除上述 1 个主控站和 3 个注入站兼作监测站外,还有一个监测站设在夏威夷(Hawaii)。监测站的任务是连续观测和接收所有 GPS 卫星发出的信号,并监测卫星的工作状态，将采集到的数据连同当地气象观测资料和时间信息经初步处理后传送到主控站。

3. 接收机

用户设备即 GPS 接收机，具有解码、分离出导航电文、进行相位和伪距测量的功能。它由天线和前置放大器、信号处理、控制与显示、记录和供电等 5 个单元组成，其中信号处理单元是其核心。

根据工作原理，接收机可分为调制码相关（简称码相关）、载波平方和混合型三种，这三种类型的接收机又可分为单频和双频接收机。调制码相关型还可分成 P 码相关型和 C/A 码相关型两种。码相关型接收机可以产生与所测卫星的测距码结构完全相同的复制码，然后通过相移，使接收码与复制码达到最大相关，以测定信号到达接收机的传播时间。其优点是能够提供包括伪距、载波相位和导航电文在内的完整的观测数据，但其工作的基本条件是必须知道测距码的结构，所以这种接收机又称为有码接收机。载波平方型接收机不需要知道调制码，是无码接收机，可以同时用载波 L_1 和 L_2 测量，但由于其不能解调卫星信号，因此有关卫星轨道参数还必须通过其他方法获得。基于以上情况，有些厂家又推出双频的综合 C/A 码相关和载波平方两种方法的混合型接收机。

根据通道的类别，接收机分为连续跟踪型和转换型。连续跟踪型接收机一般具有许多个通道，在每个通道上只接收一颗卫星的信号，信噪比高，如果某个通道出了故障，仍能获得足够的定位数据，但是由于不同的通道对信号的延迟不同，通道之间存在偏差，因此对接收机必须进行严格检校。转换型接收机一般只具有 1 ~ 2 个通道，在相应软件的控制下，每个通道同时跟踪几颗卫星的信号，其硬件简单，而软件复杂。根据观测几颗卫星信号的循环时间，转换型接收机还可分为倍乘通道和顺序（又称序贯）通道两种类型。倍乘通道型接收机跟踪一个循环的时间为 20 ms，这相当于信号中的数据串每 1 bit 的时间间隔，能同时获得该通道所跟踪卫星的全部信息。顺序通道型接收机跟踪一个循环的时间为几秒或几分钟，这样将会造成卫星信息丢失，因此这种接收机还设有另一通道，专门用来接收卫星信息。

接收机除了主机以外，其天线也是一个重要的组成部分，它的性能质量对于减少信号损失、减弱多路径影响、防止信号干扰和提高相位中心的稳定性具有非常重要的意义。GPS 接收机的天线可分为单级天线、锥形天线、扼流圈天线、微带天线和四线螺旋形天线等多种。

图 5-4 所示为 Trimble 5700 双频 GPS 接收机主机的外形，其顶面上有电源开关按钮和数据存储按钮以及工作状态指示灯和电池指示灯（见图 5-5），其前端侧面有与 GPS 天线、无线电台天线、控制器、外接电池、计算机等的接口（见图 5-6），其后端侧面装有内置电池、数据内存卡及 USB 接口等（见图 5-7）。

5.3.2 GPS 测量的坐标系统

建立一个测量坐标系统，必须确定一个测量参考面（即地球椭球面）的形状和大小及其在地球内部的位置和方向。对于传统的常规大地测量，建立全球统一的测量坐标系统极为困难，同时也是为了方便本地区的测量工作，因此世界各国都建立和保持了各自独立的地区性坐标系统，例如我国使用的 1954 年北京大地坐标系（简称北京 54 坐标系）和 1980 年西安大地坐标系（简称西安 80 坐标系）。建立全球统一的 GPS 测量坐标系，涉及地球重力场模型、地极运动模型、地球引力常数、地球自转速度和光速等基本常数以及卫星跟踪站的数量和分布位置。目前 GPS 测量的坐标系统采用的是 1984 年世界大地坐标系统（World Geodetic System，简称

图 5-4

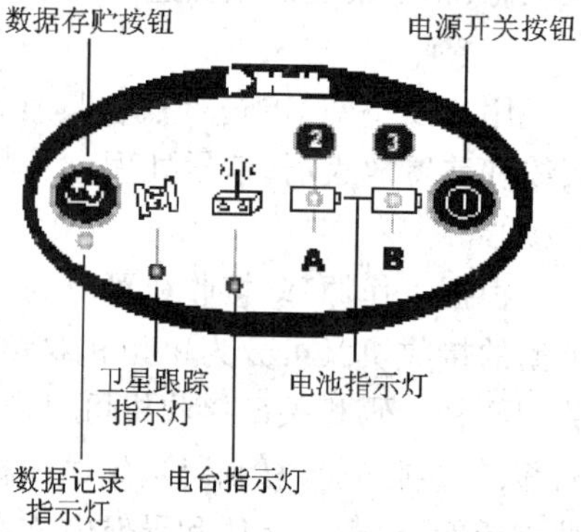

图 5-5

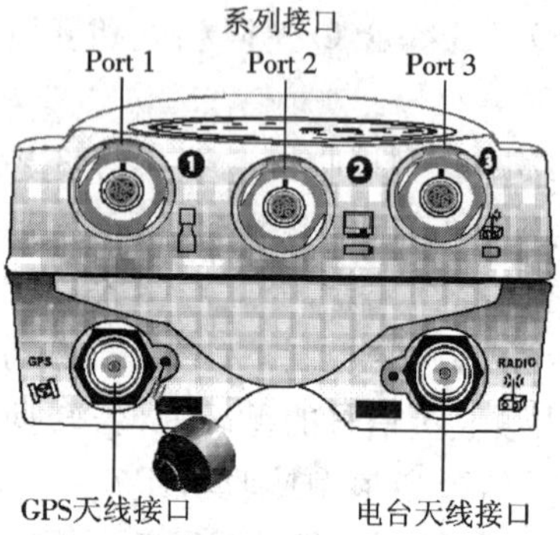

图 5-6

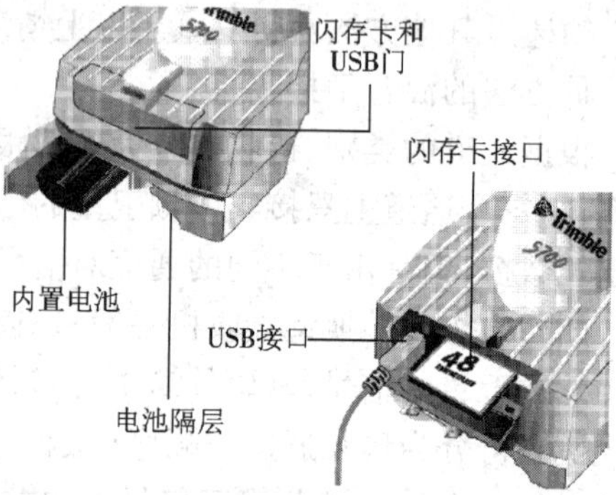

图 5-7

WGS-84 坐标系），其坐标原点为地球质心，Z 轴指向国际时间局（BIH）于 1984 年第一次公布的瞬时地极方向，X 轴指向相应的瞬时地球零子午面与赤道的交点，Y 轴垂直于 XOZ 平面且构成右手系。表 5-2 中列出了描述我国 2008 年 7 月 1 日开始启用的 2000 国家大地坐标系和 WGS-84 坐标系的基本大地参数，这些参数由国际大地测量学协会（International Association of Geodesy，简称 IAG）推荐。

表 5-2

基本大地参数	2000 国家大地坐标系	WGS-84 坐标系
椭球长半轴 a	6 378 137 m	6 378 137 m
椭球扁率 f	1/298.257 222 101	1/298.257 223 563
地心引力与地球质量乘积 GM	$3.986\,004\,418\times10^{14}\ m^3/s^2$	$3.986\,005\times10^{14}\ m^3/s^2$
地球自转角速度 ω	$7.292\,115\times10^{-5}$ rad/s	$7.292\,115\times10^{-5}$ rad/s

不同的坐标系统之间存在位置、方向及尺度上的差异，对于两个不同的空间直角坐标系，同一测点的坐标转换关系式中含有七个转换参数：三个位置参数、三个方向参数和一个尺度因子。实际 GPS 测量工作中，常需得到测点的地方坐标，因此要进行 WGS-84 坐标系与地方坐标系之间的坐标转换，必须知道上述七个转换参数。这七个转换参数可通过在一些已知地方坐

标值的控制点上测量它们的84坐标值来确定。当方向参数和尺度因子很小时,上述七参数可简化为三参数。

5.3.3　GPS 测量的时间系统

前述电磁波测距仪采用双程测距原理,即借助反射棱镜,测距仪测出电磁波在往返传播途中经历的时间,从而算得测距仪与棱镜之间的距离。而 GPS 测量是采用单程测距原理,即 GPS 接收机接收卫星信号的同时也获得卫星发射信号时刻至接收时刻的时间之差,这就要求卫星钟与接收机钟的时间系统保持严格同步,而且需要高精度计时。

时间包含有“时刻”和“时间间隔”两个概念。所谓时刻,即发生某一现象时的瞬间,在卫星定位中,与所获数据对应的时刻也称为历元。而时间间隔,是指发生某一现象所经历的过程,即这一过程始末的时刻之差。一般来说,任何一个可观察、可复现、连续、稳定的周期运动现象,都可用作时间的基准。由于所选周期运动现象不同,便产生了不同的时间系统,例如恒星时、力学时和原子时等。

GPS 时间系统属原子时,由 GPS 主控站的原子钟控制。所谓原子时,其秒长的定义为:位于海平面上的铯^{133}原子基态两个超精细能级,在零磁场中跃迁辐射振荡 9 192 631 770 周所持续的时间,为一原子时秒,此秒亦为国际制秒的时间单位。

由于 GPS 采用单程测距,如果卫星钟和接收机钟的时间不同步,则存在钟差。含钟差影响的距离观测值通常称为伪距。

5.3.4　GPS 卫星信号

GPS 测量是在已知卫星位置的情况下,通过单程测距的方式,定出用户接收机所处的位置(属后方距离交会),因此卫星信号中必须含有发射信号时的时间信息和卫星瞬时位置的信息,同时为了进行高精度的定位、测速、导航,信号必须为高频(测量多普勒频移)、双频(计算并改正电离层的折射影响)信号。另外,为了军事保密,信号中还必须含有粗码(供民用)和精码(供军用)两种。综上所述,GPS 卫星信号含有多种信息,但从用途上大致可分为三种信号分量,即测距码、数据码和载波。

1. 测距码

GPS 卫星信号是一组二进制数(即0和1)及其组合,通常称为码。对于一组无规律的码序列,我们称之为随机噪声码,随机噪声码具有很好的自相关性,但它是非周期性的,无法复制;而 GPS 采用的是一种伪随机噪声码,伪随机噪声码不仅具有良好的自相关性,而且还具有某种确定的编码规则,是周期性的,可以复制。这样,用户接收机便可通过复制卫星所发射的伪随机码,与接收码进行比对,来准确地测定其间的时间延迟。

测距码又分为 C/A 码和 P 码(或 Y 码)两种。C/A 码的码长很短,只有 1 023 bit(比特)(一个二进制数叫作 1 bit,或称一个码元),码的周期为 1 ms,接收机通常以 50 b/s 的速度搜索,因此只需约 20.5 s 即能捕获到 C/A 码。P 码的码长很大,约 6.19×10^{12} bit,码的周期约为 267 天,若接收机仍按 50 b/s 的速度搜索,则将无法捕获到 P 码(约需 14×10^{5}天),因此,实际是通过捕获的 C/A 码所提供的信息来捕获 P 码的。

另外,接收机的复制码与接收码进行比对,二者对齐的误差约为码元宽度的 1/100,即码元越宽,对齐误差越大,亦即测距精度越低。P 码的码元宽度(0.097 752μs)是 C/A 码的码元宽度(0.977 52μs)的1/10,故通常称C/A码为粗码(测距误差约2.9 m),P码为精码(测距误差约0.29 m)。

2. 数据码

数据码又称为导航电文,它包含卫星的星历、卫星的工作状态、时间系统、卫星钟的运行状态、卫星轨道的摄动改正、大气折射改正和由C/A码捕获P码的信息等,它是利用GPS进行定位测量的基础数据。数据码也是二进制码,依规定格式组成,按帧向外播送,每帧电文含有1 500 b,播送速度为50 b/s,因此播送一帧电文约需30 s。

数据码中的卫星星历称为预报星历,也称为广播星历,它共有16个参数,其中包含1个参考时刻、6个相应参考时刻的轨道参数和9个轨道摄动参数。广播星历是GPS监测站利用其观测资料推算出来的,每小时更新一次,免费供用户使用,其精度较差,为20~40 m。另外,还有一种后处理星历,又称精密星历,是某些国家根据自己建立的跟踪站的精密观测资料计算出来的,利用磁盘或电传通信等方式,有偿为用户服务,其精度可达分米级。

3. 载波

通常,在无线电通信技术中,为了有效地传播信号,在发射之前,均将频率较低的信号加载到频率较高的载波上,这一过程称为调制。频率较低的信号称为调制信号,接收装置接收到载波信号后,通过解调,再重新得到频率较低的信号。GPS卫星有两个载波,载波L_1的频率f_1 = 1 575.42 MHz,其波长λ_1 = 19.03 cm;载波L_2的频率f_2 = 1 227.60 MHz,其波长λ_2 = 24.42 cm。在载波L_1上调制有C/A码、P码(或Y码)和数据码,在载波L_2上调制有P码(或Y码)和数据码。

5.3.5 GPS测量的特点

与传统常规的测量技术相比,GPS测量除了大范围定位精度更高、能直接提供三维坐标、观测时间更短、操作更简便以外,还具有如下特点。

1. 全球性

在地球上的任何地点都能进行GPS测量,所测点位的坐标均为统一坐标系统(地心坐标系)的坐标值(当然,如果需要,也可将所测坐标值非常容易地转换成当地坐标系统的坐标值),这是任何一项传统常规测量技术都无法实现的。

2. 全天候

GPS测量不受时间的限制,白天和夜晚均能进行,且一般也不受天气状况的影响。

3. 勿需通视

测点之间或测站之间不需要相互通视,因此测点的选择自由灵活。(当然,测站上空要求开阔,以保证能接收到GPS卫星的信号)这一优点可以大大减少测量工作的时间和费用。

5.3.6 北斗系统(BDS)

除上述美国的全球定位系统(GPS)以外,当今世界上能提供导航定位的卫星系统还有俄罗斯的GLONASS(格洛纳斯)、欧盟的GALILEO(伽利略)和中国的北斗系统(BDS),下面简要介绍我国的北斗系统。

1. 北斗系统的研制建设阶段

北斗卫星导航系统简称北斗系统,英文名称为BeiDou Navigation Satellite System,缩写为

BDS。北斗卫星导航系统是中国自主研制的全球卫星定位与通信系统，其方案于 1983 年提出，系统由空间端、地面端和用户端组成，可在全球范围内全天候、全天时为各类用户提供高精度、高可靠定位、导航、授时服务，并具有短报文通信能力。

北斗系统的研制建设分三个阶段：第一阶段是试验阶段，也称为北斗一号或北斗一代，即用少量卫星利用地球同步静止轨道来完成试验任务，为北斗系统建设积累技术经验、培养人才，研制一些地面应用基础设施设备等。第二阶段即北斗二号或北斗二代，是到 2012 年，发射 10 多颗卫星，建成覆盖亚太区域的北斗卫星导航定位系统。2012 年 10 月 25 日 23 时 33 分，我国在西昌卫星发射中心用“长征三号丙”火箭，成功将第 16 颗北斗导航卫星送入预定轨道，这是我国二代北斗导航工程的最后一颗卫星，至此，我国北斗导航工程亚太区域组网顺利完成。第三阶段即北斗三号或北斗三代，是到 2020 年，建成由 5 颗地球静止轨道和 30 颗地球非静止轨道卫星组网而成的全球卫星导航系统。

2. 北斗系统的基本工作原理

北斗一代的基本工作原理如下：首先由地面中心控制系统向卫星Ⅰ和卫星Ⅱ同时发送询问信号，经卫星转发器向服务区内的用户广播。用户响应其中一颗卫星的询问信号，并同时向两颗卫星发送响应信号，经卫星转发回地面中心控制系统。地面中心控制系统接收并解调用户发来的信号，然后根据用户的申请服务内容进行相应的数据处理。对于定位申请，地面中心控制系统测算出两个时间延迟：第一个时间延迟是从地面中心控制系统发出询问信号，经某一颗卫星转发到达用户，用户发出定位响应信号，经同一颗卫星转发回地面中心控制系统的延迟；第二个延迟是从地面中心控制系统发出询问信号，经上述同一卫星到达用户，用户发出响应信号，经另一颗卫星转发回地面中心控制系统的延迟。由于地面中心控制系统和两颗卫星的位置均是已知的，因此由上述两个延迟量可以算出用户到第一颗卫星的距离以及用户到两颗卫星距离之和，从而知道用户处于以第一颗卫星为球心的一个球面与以两颗卫星为焦点的一个椭球面之间的交线上。另外地面中心控制系统从存储在计算机内的数字化地形图可以查寻到用户的高程值，即用户处于某一与地球基准椭球面平行的椭球面上。这样，地面中心控制系统通过解算上述交线与地球椭球平行面的交点坐标即可最终计算出用户所在点的三维坐标，这个三维坐标值经加密由出站信号发送给用户。

北斗一代是主动式双向测距二维导航定位，由地面中心控制系统负责解算，为用户提供三维定位数据。而 GPS 是被动式伪码单向测距三维导航定位，由用户设备独立解算自己的三维定位数据。北斗一代的这种工作原理带来两个方面的问题：一方面是用户定位的同时失去了无线电隐蔽性，这在军事上相当不利；另一方面由于用户设备必须包含发射机，因此在体积、重量、价格和功耗方面处于不利的地位。另外，北斗一代由于是主动双向测距的询问/应答系统，用户设备与地球同步卫星之间不仅要接收地面中心控制系统的询问信号，还要求用户设备向同步卫星发射应答信号，这样，系统的用户容量取决于用户允许的信道阻塞率、询问信号速率和用户的响应频率。因此，北斗一代的用户设备容量是有限的：540 000 户/小时。而 GPS 是单向测距系统，用户设备只要接收导航卫星发出的导航电文即可进行距离自行解算定位，因此 GPS 定位的用户设备容量是无限的。

北斗二代和北斗三代的基本工作原理与美国的 GPS 类似。

3. 北斗三代的技术体制

北斗三代于 2016 年开始发射 5 颗试验卫星，并对系统方案和技术体制开展试验验证。于

2017 年 11 月发射首颗组网卫星，至 2018 年 12 月 27 日完成基本系统（18 颗中地球轨道（MEO）卫星完成组网）的建设并开通初始服务，计划于 2020 年底完成全系统建设。北斗三代的技术体制如下。

1）星座设计

北斗三代由 30 颗卫星构成，其中包括 24 颗中轨道（MEO）卫星、3 颗地球同步轨道（GEO）卫星和 3 颗倾斜地球同步轨道（IGSO）卫星。中轨道（MEO）卫星的轨道高度为 21 528 km，轨道倾角为 55°；地球同步轨道（GEO）卫星的轨道高度为 35 786 km，这 3 颗卫星分别定点在东经 80°、110.5°和 140°；倾斜地球同步轨道（IGSO）卫星的轨道高度为 35 786 km，轨道倾角为 55°，星下点轨迹与赤道交点地理经度为东经 118°，这 3 颗卫星的相位差为 120°。

与其他 GNSS 系统相比，北斗三代的星座设计有如下特点：一是在全球覆盖基础上更加重视亚太地区的性能；二是兼容北斗二代的各类服务，确保由二代到三代的平稳过渡；三是实现星基增强、卫星通信等功能与导航定位服务的融合。

2）服务类型

北斗三代能提供如下 6 类服务：导航定位、星基增强、精密定位信息播发、区域短报文通信、全球短报文通信和国际搜救。其中，导航定位、全球短报文通信、国际搜救这 3 类服务覆盖全球，星基增强、区域短报文通信和精密定位信息播发这 3 类服务覆盖中国及周边地区。星基增强服务将遵循国际民航组织标准，主要为中国及周边地区用户提供 I 类精密完好性及精度增强服务。国际搜救服务将遵循国际海事组织相关标准，可以为全球用户提供免费遇险报警服务。

3）导航定位信号

北斗三代向下兼容北斗二代的 B1I、B3I 信号，并增加了 B1C、B2a（兼容 GPS L1/L5、Galileo E1/E5a）两种新信号，共提供 4 个频点的公开导航信号。B1C、B2a 这两种新信号带宽更宽、测距精度更高、互操作性能更好。而且，B1C、B2a 还调制了新的导航电文 B-CNAV1 和 B-CNAV2，采用了新的轨道参数及基于球谐函数的全球电离层模型 BDGIM，其轨道描述精度和电离层改正精度比北斗二代都有显著提升。

4）时空基准

北斗三代仍然采用北斗时（BDT）作为系统时间基准，通过地面控制段的综合原子时来维持，溯源到 UTC（NTSC），BDT 与 UTC 的偏差将在导航电文中播发，BDT 设计指标为准确度 3.0×10^{-14}，万秒稳 1.0×10^{-14}，天稳 3.0×10^{-15}。北斗三代的空间基准采用了全新的北斗坐标系（BDCS），该坐标系的定义符合国际地球自转服务组织（IERS）规范，与国际地球参考框架（ITRF）差异在 4.0 cm 左右，并根据站速度至少 1 年对框架基准站点坐标进行更新。

5）轨道确定及时间同步

北斗三代综合利用地面监测站和星间链路观测数据实现系统所有卫星的轨道确定及时间同步。北斗三代的地面跟踪网由 40 多个跟踪站构成，这些跟踪站均位于中国境内，部分用于卫星轨道确定及时间同步，部分用作完好性监测。北斗三代最具特色的创新设计是：利用星间的测距功能实现卫星全球弧段的轨道确定及时间同步，利用星间通信功能实现电文的实时更新与星上载荷的控制，这样不但解决了地面监测站、注入站在国内均无法实现全球弧段精密轨道确定、导航电文及时更新以及星上载荷实时控制的难题，同时还极大地提升了系统在无地面站支持情况下的自主运行能力。此外，北斗三代卫星均配置了新型的星载原子钟（铷钟和氢钟)，其设计指标与北斗二代相比均有提升：铷钟天稳设计指标为 2.0×10^{-14}，氢钟天稳设计指标为 7.0×10^{-15}。

5.4　GPS 坐标测量

5.4.1　GPS 的定位原理

1. 绝对定位

如果仅用一台 GPS 接收机独立确定被测点三维坐标，称为绝对定位法，也叫单点定位法。前面在介绍 GPS 测量的时间系统时已讲过，GPS 测量是采用单程测距原理，即 GPS 接收机接收卫星信号的同时也获得卫星发射信号时刻至接收时刻的时间之差。设将 GPS 接收机的天线安置在地面的某个测点上，接收机接收到 GPS 卫星的信号以及信号从卫星到达测点的时间延迟 t，由此可以算得卫星与测点之间的直线距离

$$d=c\cdot t \tag{5-5}$$

式中，c 为信号的传播速度。d 与卫星坐标(x_s,y_s,z_s)和测点坐标(x,y,z)之间的关系为

$$d=[(x_s-x)^2+(y_s-y)^2+(z_s-z)^2]^{1/2} \tag{5-6}$$

卫星的瞬时坐标(x_s,y_s,z_s)可根据接收的卫星导航电文求得，故在式(5-6)中仅有三个未知数 x、y、z。如果接收机同时接收三颗或三颗以上卫星的信号及时间延迟 t(如图 5-8 所示)，就可以列出三个或三个以上形似式(5-5)和式(5-6)的方程，从理论上讲，这样就能解算出测点的三维坐标 x、y、z。

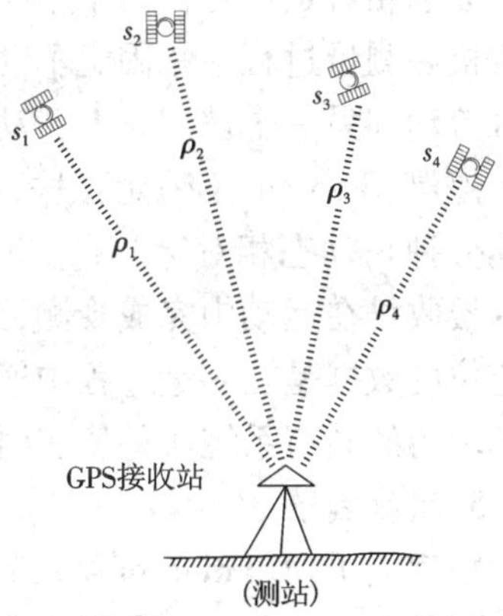

图 5-8

实际上，式(5-5)和式(5-6)中的 d 只是测得的伪距，它含有卫星钟差、接收机钟差以及电离层和对流层的折射误差等，其不含误差的实际距离应为

$$d'=d+\delta d_i+\delta d_t-c\cdot v_a+c\cdot v_b \tag{5-7}$$

式中，δd_i为大气中电离层的折射改正数；δd_t为对流层的折射改正数；v_a、v_b为信号在发射和接收时刻的卫星和接收机的钟差改正数。由于存在上述误差，伪距测量的精度只能达到米级，这也是 GPS 绝对定位法所能达到的精度。

2. 相对定位

相对定位法又称差分定位法(Differential GPS，简称 DGPS)，它可以很好地消除上述卫星钟差、接收机钟差以及电离层和对流层的折射误差等。这种方法是将一台接收机安置在地面某一已知坐标的基准点上，另一台接收机安置于被测点上，如图 5-9 所示。由于两台接收机在同一时刻所测伪距中，均含有类似于卫星钟差、接收机钟差、电离层和对流层的折射误差等这样一些共有的系统误差，且在测区的一定范围内，两台接收机的共有系统误差基本相等，因此在测得基准点的共有系统误差值(经坐标系统转换后基准点的实测坐标与其已知坐标之差)之后，以此对被测点的坐标进行改正，则可得到被测点的精确坐标值。按差分方式分，相对定

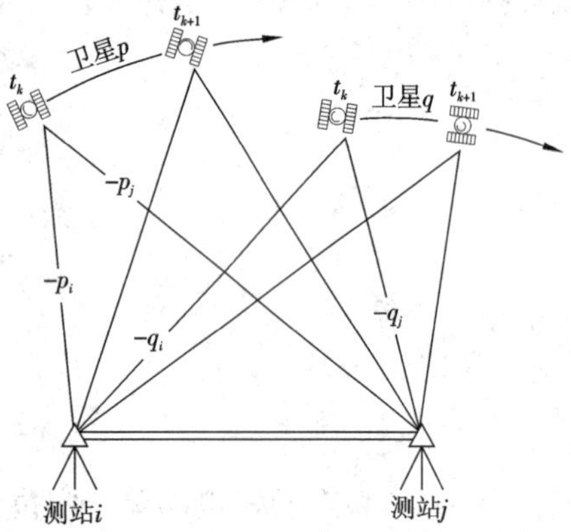

图 5-9

位可分为单差、双差和三差三种。单差指的是两个观测站同步观测相同卫星，所得观测量之差；双差指的是两个观测站同步观测同一组卫星，所得单差之差；三差指的是两个观测站在两个时段同步观测同一组卫星，所得双差之差。

相对定位的精度目前可以达到毫米级。由于相对定位比绝对定位的精度高得多，目前用于测量的 GPS 定位基本上采用相对定位。因此下面介绍的静态定位和动态定位亦均指静态相对定位和动态相对定位。

3. 静态相对定位

静态相对定位是在两个以上的被测点上（其中至少一点的坐标已知）安置接收机，在测量过程中接收机是固定不动的，同时连续观测较长时间，例如数小时或数十小时，然后在室内进行平差解算，求得各被测点的坐标。在高精度静态相对定位中，一般将数个被测点相互连接构成三角形网或大地四边形网，同步观测网的各条边长，增强网的几何强度，获得多余观测量，从而进一步提高定位精度。

4. 动态相对定位

动态相对定位是在一个基准点（坐标已知的点）和一个被测点上安置接收机，基准点上的接收机在测量过程中是固定不动的，被测点上的接收机是可动的，即测完一个被测点后，接收机可流动到另一个被测点上。动态相对定位又分准动态、动态和实时动态三种。准动态又叫走走停停（Stop and Go）定位法，在每个流动测点上仍需静止地观测，只是停留的时间很短（例如几分钟）；动态相对定位和实时动态（Real Time Kinematic，简称 RTK）相对定位都是被测点上的接收机在运动中完成观测，二者不同的是，动态相对定位的数据是测后处理，实时动态相对定位的数据是在测量过程中通过基准点和被测点上的电台通信，将基准点上测得的坐标值以及求得的共有系统误差值实时传至被测点上并对被测点坐标进行实时改正。

5. 精度因子

精度因子（Dilution of Precision，简称 DOP）是 GPS 定位精度的一个重要指标，它是在对 GPS 测量数据用最小二乘平差求解时的权系数阵主对角线元素的函数。根据不同的要求，可采用不同的精度因子，例如 PDOP（Position DOP）为三维精度因子，HDOP（Horizontal DOP）为平面精度因子，VDOP（Vertical DOP）为高程精度因子，TDOP（Time DOP）为钟差精度因子，GDOP（Geometric DOP）为几何精度因子，RDOP（Relative DOP）为相对定位精度因子等。

GPS 定位精度与精度因子的大小成反比，而精度因子的大小又与卫星在空间的分布范围的大小成反比，即卫星的分布范围越大，精度因子越小，则定位精度越高。另一方面，在实际观测中，为了减弱大气折射的影响，所测卫星的高度角不能因强调卫星的分布范围而过低。不过，目前新型的 GPS 接收机跟踪卫星信号的通道数显著增多，为了扩大卫星的分布范围而选星的问题已不再重要。

6. 初始化

由于 GPS 卫星信号含有多种信息，实际定位测量时，按观测的方式不同，GPS 测量主要分为码观测和载波相位观测两种。码观测是直接测量 GPS 卫星发射的测距码（C/A 码或 P 码）

信号到达用户接收机天线(观测站)的传播时间,也称时间延迟测量。载波相位观测是测量接收到的具有多普勒频移的载波信号与接收机产生的参考载波信号之间的相位差。由于载波的频率非常高,其波长远小于码的波长,所以在分辨率相同的情况下,载波相位的观测精度比码的直接观测精度要高得多。目前绝大多数GPS接收机均采用载波相位观测法。

载波相位观测中存在一个问题是,载波相位观测无法直接测定卫星载波信号在传播路线上相位变化的整周数,只能测量不足整周期的相位差,即所谓的整周不定性问题。求解整周未知数的过程称为初始化。目前,整周未知数的快速解算法,主要包括交换天线法、P码双频技术、滤波法、搜索法和模糊函数法等。求解整周未知数时,如果通过解算所得其解不为整数,则其非整数的解称为浮动解或实数解,这时可将其调整为相近的整数值,并作为固定值重新求解其余的未知参数,通常把这种处理方法称为固定解。快速初始化所需的观测时间很短,一般仅为数分钟。对于动态相对定位,接收机在运动过程中,必须保持对卫星的连续跟踪,否则将会出现失锁,这时接收机必须重新初始化。理论分析和实践经验表明,一旦初始化后,相对定位的精度将不会随观测时间的延长而有明显提高。

5.4.2　GPS实时动态(RTK)定位测量实例

这里以Trimble 5700双频GPS定位仪为例,介绍GPS实时动态(RTK)定位测量的实际操作全过程。

1. 控制器开机

控制器的外形类似于一个较大的计算器或一个计算手簿。按键盘左下角的绿色键(开/关键),控制器首先开机后进行加电自检,自检成功后显示Trimble TSC1控制器图标并进入TSC1主菜单。

2. 建立任务(此步骤基准站与流动站都需做)

在主菜单中选择“文件”,进入子菜单,在子菜单中选择“任务管理”,按F1,显示“建新任务”。在问号“?”处键入任务名称,按回车键,再按F1,显示“选择坐标系统”。对于坐标系统的选择,一般选“键入参数”或“从其他任务中拷贝”。现以北京54坐标系为例,选择“键入参数”,按回车键,再选择“投影”,按回车键,显示投影参数表,其中“中心经度”指测区所属投影带的中央子午线的经度,输入后按回车键,返回上一级菜单,再选择“基准转换”,按回车键,显示基准转换的参数表,其中的参数为WGS-84坐标系与测区北京54坐标系之间的转换参数,一般选“三参数法”进行基准转换。输入转换参数后按回车键,返回“键入参数”菜单,其中“水平平差”和“垂直平差”均为“无”,最后按F1,完成“任务建立”。另外,需要注意的是,如果不知道基准转换的参数,就需要利用“校正”求解参数。如果选“校正”,那么在键入参数时除“投影”外,其他三项即为“无基准转换”“无水平平差”“无垂直平差”。至于如何校正,将在后面讲解。

3. 基准站操作

如图5-10所示,首先将基准站的接收机与GPS信号接收天线、外接电源、电台、控制器等连接好,然后再将电台与其发射天线和电源连接好。(图中未画出控制器、电台发射天线和电台电源)

在控制器的主菜单中选择“测量”,按回车键,显示测量类型表,将光标移至“Trimble RTK”,再按F5进行编辑,选择“基准站选项”,并按F1确认,然后按选项表中的要求输入有关参数,最后按回车键返回“Trimble RTK”菜单。

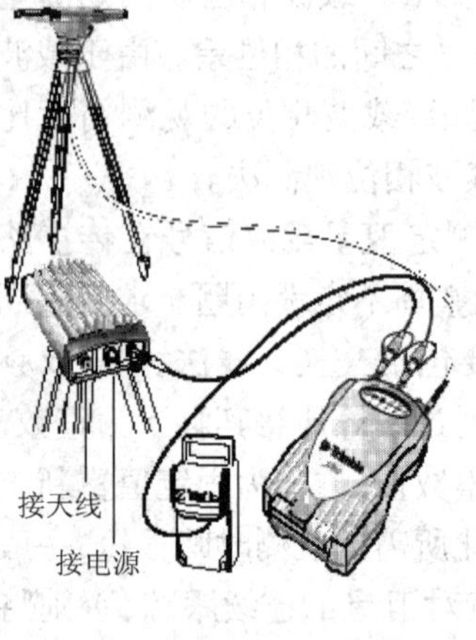

图 5-10

从“Trimble RTK”菜单中选择“基准站电台”，检查电台表中参数无误后，按 F1 连接 TRIMMARK 3，显示无线电参数表，表中的“频率”项和“基准站无线电模式”项任选一项，（但必须记住，因为下述流动站也需选择与之相同的“频率”项和“无线电模式”项）再按回车键返回“基准站无线电”，继续按回车键返回“Trimble RTK”菜单，按 F1 确认，最后按回车键返回“测量”菜单。

从“测量”菜单中选择“启动基准站接收机”，输入基准站坐标（最好是已知的 WGS-84 坐标系，若不是已知点，按下“此处”对应的 F3，所测基准站的坐标就自动出现）和天线高，按 F1 即开始，控制器上就会出现“断开控制器与接收机连接”的提示，而且在电台的右上角出现“TRANS”在闪动，这样就表明已经完成了基准站操作。

4. 流动站操作

如图 5-11 所示，首先将流动站的接收机与 GPS 信号接收天线、电台信号鞭状接收天线、控制器等连接好，然后将 GPS 信号接收天线与测量对中杆连接好。（流动站接收机的电源和电台均为内置）

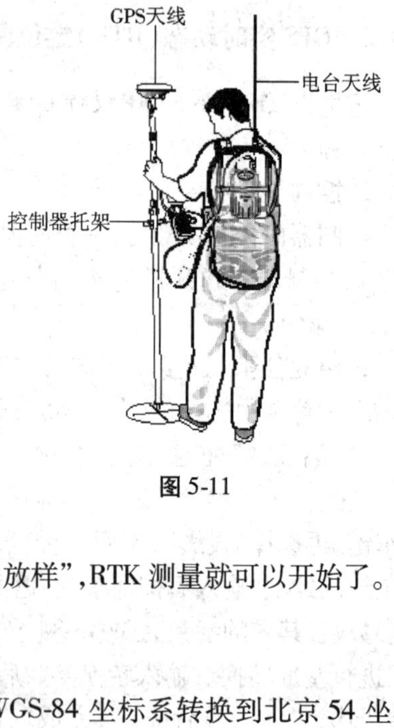

图 5-11

在控制器的主菜单中选择“测量”，按回车键，显示测量类型表，将光标移至“Trimble RTK”，再按 F5 进行编辑，选择“流动站”选项，并按 F1 确认，然后按选项表中的要求输入有关参数，最后按回车键返回“Trimble RTK”菜单。

从“Trimble RTK”菜单中选择“流动站无线电”，按 F1 连接内置电台，显示无线电参数表，表中的“频率”项和“流动站无线电模式”项必须和基准站所选的一样，再按回车键返回“Trimble RTK ”菜单，按 F1 确认，最后按回车键返回“测量”菜单。从“测量”菜单中选择“开始测量”或“放样”，RTK 测量就可以开始了。

5. 测量

1）校正

此步骤主要用于求解基准转换的三参数或七参数。（WGS-84 坐标系转换到北京 54 坐标系或 2000 国家坐标系或测区地方坐标系）如果已知测区的三参数或七参数，就不用校正了；如果不知道，且为了所测点达到厘米级精度才需校正，一般解算三参数即可。校正时，键入 3 ~ 4 个控制点的坐标，且这些控制点最好分布在测区周围。具体方法如下。

将对中杆立于校正点上，在控制器的“测量”菜单中选择“开始测量”，按回车键，再选择“测量点”，按回车键，将所显示的信息表中的类型选为“校正点”，控制点选为“是”。为了改变测量的一些设置（如间隔、测量点的时间等），按 F5 进行选项；如果此控制点不容易寻找，按 F4 进行寻找。所有的设置完成后，按 F1 开始测量，按照设置的时间间隔测量完成后，就会在 F1 处出现“存贮”，按 F1 进行存贮，然后再继续下一个点的测量校正。以上的校正是在野外完成的，即在野外利用 RTK 求出校正点的 WGS-84 坐标，存贮后校正自动完成。

2)测量地形点(或控制点)

将对中杆立于地形点(或控制点)上,在控制器的"测量"菜单中选择"开始测量",按回车键,再选择"测量点",按回车键,并将所显示的信息表中的类型选为"地形点"。为了改变当前测量的一些设置,例如点间自动增加的步长、测量的时间等,可以按 F5 进行选项,确信上述设置正确后,就可以按 F1 进行测量,经过 3 ~5 秒钟(地形点)或 3 分钟(控制点),再按 F1 存贮此点。用同样的方法可以测量其他的点。注意:如果测完后想立即查看所测点的坐标,可以按"ESC"或"MENU"返回主菜单,进入"文件"中的"查看当前任务"即可看到。

3)连续测量地形点

将对中杆立于地形点上,在控制器的"测量"菜单中选择"连续地形点",按回车键,将所显示的信息表中的类型选为"连续固定时间"或"连续固定距离"或"连续固定时间和距离",按 F1 进行测量并存贮此点。

6. 放样

可以放样点、直线、曲线和道路,由于篇幅所限,这里只介绍点的放样。首先将需要放样的点输入控制器,从主菜单中选择"测量",从"选择测量形式"菜单中选择"RTK",然后再选择"放样",按回车键,在显示的列表中将光标移至"点",按回车键,再按 F1,将控制器内数据库的点增加到"放样/点"菜单中,然后从选项表中选择"从列表中选"。为了选择所要放样的点,按 F5,在点左边就会出现一个"√",那么这个点就增加到"放样"菜单中了。按回车键,返回"放样/点"菜单,选择要放样的点,再按回车键,则控制器的显示屏如图 5-12 所示,这样可以引导放样人员逐渐接近放样点。图 5-12(a)和(b)可以根据需要通过 F5 来转换选择。

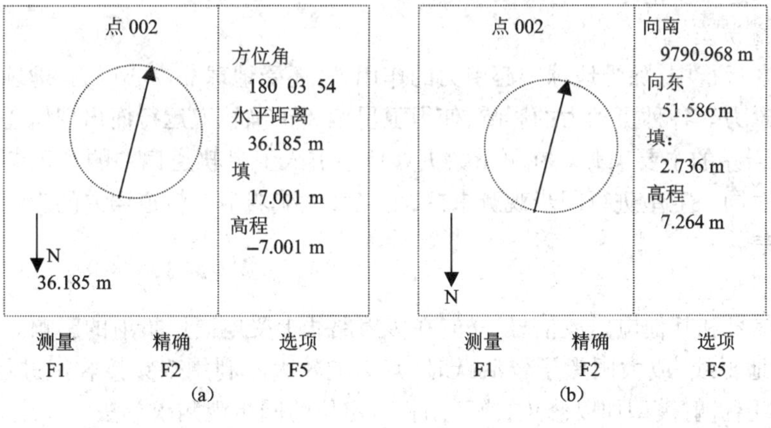

图 5-12

当当前位置很接近放样点时,就会有如图 5-13 的显示。图中"◎"表示测量对中杆所在位置,"＋"表示所需放样点所在位置,此时按 F2 进入精确放样模式,直至出现"＋"与"◎"重合,放样完成,然后按两下 F1,测量 3 ~5 秒钟,再按 F1 存贮此点。再按 F1 可以继续放样其他点。

7. 输出数据

野外流动站测量采集数据结束后,在室内必须使用专用软件 Trimble Geomatics Office(简称 TGO)将所测数据输入计算机,其操作过程如下。

(1)使用串口线或 USB 接口线将流动站与计算机相连,运行计算机中的 TGO 软件,选中

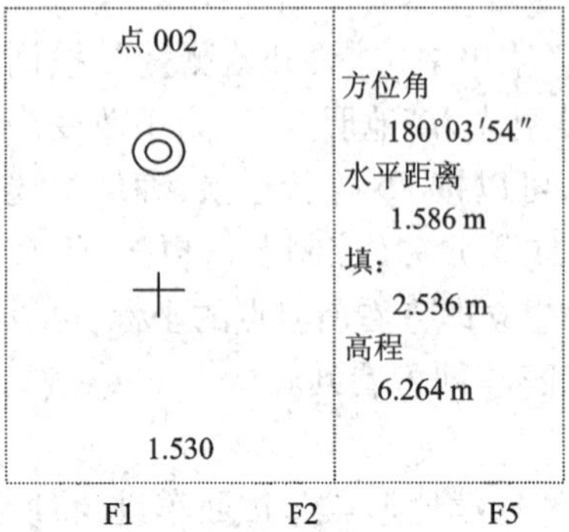

图 5-13

“导出数据”功能。

(2)选中“文件(File)/输出(Export)”，点击“输出(Export)”工具图标，则显示“输出(Exort)”对话框。

(3)按“CAD/ASCII 标签”，显示“导出”对话框。

(4)在“导出”对话框中选择“AutoCAD 文件(＊.dxf/＊.dwg)”，点击“OK”，出现“另存(Save as)”对话框。

(5)给出输出文件的路径，并输入文件名，点击“存贮(Save)”，软件即在所给定的目录中建立所输出的数据文件。

5.4.3 GPS 测量的误差

影响 GPS 测量精度的主要误差来源有 GPS 卫星、信号传播路线和用户接收机等几个方面。

1. 卫星误差

1)卫星钟差

从 GPS 定位原理得知，GPS 测量要求卫星钟和接收机钟保持严格同步。实际上，尽管卫星钟为高精度的原子钟，但它仍存在难以避免的偏差和漂移，例如，如果偏差为 1 ms，则由此引起的距离误差约 300 km。卫星钟差可采用钟差模型改正，改正后的残差可采用差分相对定位中的求差法来进一步消除。

2)卫星轨道误差

由于卫星在运行中，除受地球中心引力的作用外，还受地球非中心引力、地球潮汐、太阳引力、月球引力、磁力等各种摄动力的影响，使得卫星偏离正确轨道运行而出现轨道误差，此项误差是 GPS 定位误差的主要来源。在测量数据处理中引入卫星轨道偏差的改正参数，或利用在两个观测站上对同一卫星进行同步观测求差，可以大大减弱卫星轨道误差的影响。

2. 传播误差

1)电离层折射

GPS 卫星信号和其他电磁波信号一样，在传播路线上受电离层折射的影响。当正午前后、或当卫星接近地平线、或太阳黑子较活跃时，其影响较大。利用双频接收机进行观测可以改正，或采用电离层折射模型加以修正，或利用相对定位的同步观测求差法可以消除。

2)对流层折射

对流层对 GPS 测量的影响，可分为干分量和湿分量两部分。干分量主要与 GPS 信号传播路线上的大气温度和压力有关，湿分量主要与路线上的大气湿度和高度有关。采用对流层折射模型进行修正，或利用相对定位的同步观测求差法加以消除。

3)多路径效应

GPS 接收机除接收直接来自卫星的信号外，还能接收经附近地物反射而来的卫星信号，直接信号和反射信号叠加，使得测量结果产生误差。因此，测点选择时，尽量避开周围较强的反射面(如水面、平坦光滑的地面或建筑物表面等)，选择屏蔽良好的天线、延长观测时间等均可消除或减弱多路径效应的影响。

3. 接收机误差

1)仪器分辨率误差

此误差由仪器设计制造时决定,通过增加观测量可以减弱其影响。

2)接收机钟差

此误差与卫星钟差类似,可以采用钟差模型进行修正。

3)整周解误差

载波相位观测存在信号在传播路线上相位变化的整周数求解误差。目前,整周未知数的多种快速解算法(简称为初始化)已能很好地消除此项误差。

4)天线误差

天线误差包含天线对中误差和天线相位中心偏差两种。天线对中误差可通过尽量仔细地对中来减小。由于天线的相位中心随着GPS卫星信号输入的强度和方向不同而有所变化,这就使得天线的相位中心与其几何中心不一致而产生误差。选择性能良好的天线、按天线附有的方向标用罗盘进行定向、采用同类天线进行同步观测求差等均可减弱天线相位中心偏差的影响。

4. 其他误差

除了上述三个主要误差来源以外,影响GPS测量精度的还有地球自转、地球固体潮、相对论效应和美国政府人为的限制等。

1)地球自转

除了卫星自身绕地球运行以外,卫星在发射信号的瞬间与WGS-84坐标系的相对位置关系,由于地球的自转,在地面接收到此信号时,WGS-84坐标系的位置已产生了旋转,它们之间的相对位置关系也发生了变化。

2)地球固体潮

地球并非是一个完全的刚体,由于地球受月亮及太阳引力的作用,地球陆地部分也会产生微小的潮汐,使得地面点在WGS-84坐标系的位置随着时间而产生变化,尤其对点的高程影响较大。

3)相对论效应

根据狭义相对论,由于载体做飞行运动,相对于地面的观测者来说,载体上振荡器的频率将产生偏移,因此卫星钟将变慢;另一方面,根据广义相对论,振荡器的频率随其所受引力的变化而产生频移,因此卫星钟比在地面上又走得快。

4)美国政府人为的限制

由于GPS主要为美国军事服务,因此美国政府对GPS做了人为的限制,这些限制包括提供不同的服务方式、实施SA政策、采取A-S措施等。服务方式有特许用户的PPS(Precise Positioning Service,精密定位服务)和一般用户的SPS(Standard Positioning Service,标准定位服务);SA(Selective Availability,选择可用性)政策是通过降低GPS卫星播发的轨道参数精度和对GPS的基准信号人为地引入一个高频抖动信号来降低一般用户利用C/A码进行实时单点定位的精度;A-S(Anti-Spoofing,反电子欺骗)措施是为了防止GPS系统被敌方进行电子欺骗,必要时引入机密码W,将P码转换成Y码。

上述几项其他误差都可以通过改正的方法予以基本消除。

5.4.4 GPS 高程与水准高程的差异

我们知道,水准测量的基准面为大地水准面,是一个物理面(重力等位面),其形状是不规则的,而 GPS 测量的基准面为地球椭球面,是一个纯数学面(一个椭圆绕其短半轴旋转一周而成),其形状是规则的。因此,这两个基准面既不重合,也不平行,这样,在同一地面点上,所测的 GPS 高程 H 和水准高程 H_L 不会相等,它们之间存在高程差,称为高程异常 ΔH。(严格地讲,大地水准面与地球椭球面之间的差距称为大地水准面差距,似大地水准面与地球椭球面之间的差距才称为高程异常。而大地水准面与似大地水准面的区别是:前者对应于地面点沿铅垂线上的重力值,此值是变化的,无法直接确定;后者对应于地面点沿铅垂线上的平均重力值,是可以精密确定的。我国目前通用的是似大地水准面。)

$$H_L = H - \Delta H \tag{5-8}$$

高程异常值的大小随地点而变,在我国境内,地势平坦地区,其值为几米;在高山地区,其值能达到二三十米。目前,利用 GPS 相对定位,在 20 km 范围内,所测 GPS 高程的精度可达 ±2 cm。与水准测量相比,由于 GPS 测量简便易行,能降低劳动强度,大大提高工作效率,因此,如果已知测点的高程异常值,则根据式(5-8)采用 GPS 测量高程可求得水准高程。

为了获知高程异常值,在一个区域内,可以根据地形情况,首先选取一些具有适当分布密度的 GPS 观测点,并结合水准连测,同时得到这些点上的 GPS 高程和水准高程,从而获知这些点的高程异常值。然后按照下面两种方法之一,求得此区域内任意点的高程异常值。

1. 等值线法

首先根据上述各已知点的高程异常值,绘出整个区域内高程异常的等值线图,然后利用内插的方法确定区域内其他未知点的高程异常值。在地势较平坦的地区,等值线法的精度可达到厘米级。

2. 解析法

采用具有某种规律的数学面,并根据测区内一些已知点的高程异常值,来拟合测区的似大地水准面,即建立拟合测区的似大地水准面的数学模型,然后以测区内各点的位置坐标值为参数代入数学模型,便可算得各点的高程异常值。建立数学模型的具体做法是:首先选取适宜的拟合面,例如平面拟合、二次曲面拟合、三次曲面拟合等,写出拟合面的方程式,然后根据测区内一些已知点的高程异常值,采用最小二乘法解算拟合面方程中的各系数值,从而求得拟合面的数学模型。

5.5 三维激光扫描仪

在高精度的电子全站仪出现以后,工程测量仪器的发展趋势不再注重进一步提高仪器的测量精度,而是研究如何提高测量的自动化程度和工作效率。三维激光扫描仪是近些年研制出的一种新型测绘仪器,它采用免棱镜非接触式高速激光扫描方式,对地形或物体进行快速测量,直接获取地形或物体表面的三维坐标、色彩信息和激光反射强度,此仪器目前已应用于大型构筑物三维可视化建模、地形或工程结构变形监测、道路平整度检测、土方测量、古建筑测绘、矿山测量等领域。

5.5.1　三维激光扫描仪的测量原理

1. 扫描测量原理

首先,三维激光扫描仪有与免棱镜的电子全站仪测距、测角、测坐标类似的功能:三维激光扫描仪发射一束激光至被测的物体上,经过被测物体表面的漫反射后被三维激光扫描仪接收到,从而测得仪器至投射点之间的距离、水平角、竖直角以及被测物投射点的三维直角坐标。另外,三维激光扫描仪由其内部的步进电机驱动仪器的上部和激光束转向镜分别绕竖轴和水平轴旋转,仪器按照从上到下(逐行)、从右到左(逐列)的方向自动将激光依次投射到扫描范围内被测物体的其他各点上,分别测得仪器至其他各点之间的距离、水平角、竖直角以及其他各点的三维直角坐标。三维激光扫描仪是主动式量测,不需要可见光源,所以在黑暗的环境中也可以进行测量。当有可见光源时,可同时通过三维激光扫描仪内置的数码相机获取被测点的色彩值,得到三维影像。

2. 仪器坐标系

如图5-14所示,在三维激光扫描仪中,激光束绕两个相互垂直的轴进行旋转,这两个旋转轴的交点构成仪器坐标系的原点 O;当激光束沿水平轴(亦称为第一旋转轴)旋转时,激光束能够扫描出一个竖直扇面,该旋转轴构成了仪器坐标系的 X 轴;第二旋转轴与第一旋转轴垂直,构成了仪器坐标系的 Z 轴,一般情况下,Z 轴处于铅垂位置(亦称为竖直轴);与 X 轴及 Z 轴垂直的为 Y 轴,$O\text{-}XYZ$ 构成右手坐标系。在三维激光扫描仪的实测数据中,仪器首先测量出坐标原点 O 至被测物体 P 点之间的距离 D、水平角 φ、竖直角 θ 以及反射信号的强度,然后将测量值(D、φ 及 θ)转换成仪器坐标系中被测点的三维直角坐标值 x、y、z:

$$\left.\begin{aligned} x &= D \cdot \cos\theta \cdot \cos\varphi \\ y &= D \cdot \cos\theta \cdot \sin\varphi \\ z &= D \cdot \sin\theta \end{aligned}\right\} \tag{5-9}$$

3. 点云

采用三维激光扫描仪通过外业扫描测量获取的表达被测目标空间位置和表面特性的海量数据的集合称为点云(Points Cloud)。通过激光扫描得到的点云包含四维信息,即三维坐标(X,Y,Z)和激光反射强度(Intensity);而采用激光扫描和数码摄像得到的点云则包括五维信息,即三维坐标(X,Y,Z)、激光反射强度(Intensity)和被测目标表面的颜色信息(RGB,即三原色,每种颜色包含255个色阶)。以往也常把点云称为"三维深度图像"(3D Range Image)或"三维深度数据"(3D Range Data)。

5.5.2　三维激光扫描仪的构造和技术参数

1. 三维激光扫描仪的基本构造

三维激光扫描仪主要由激光测距仪、垂直角度传感器、水平角度传感器、数码相机、水平方向的步进电机、垂直方向的步进电机、倾斜补偿器以及数据存储器等构成。图5-15为日本Topcon(拓普康)公司的GLS-1500三维激光扫描仪的外形图。

2. 三维激光扫描仪的操作键盘

图5-16中显示的是GLS-1500三维激光扫描仪的各操作键及其作用的说明。

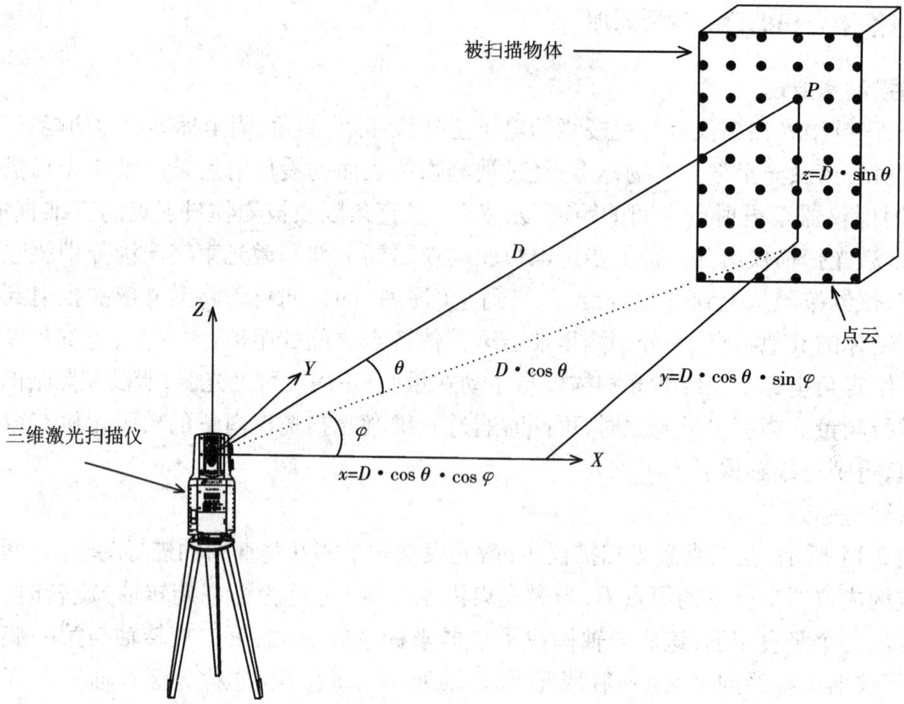

图 5-14

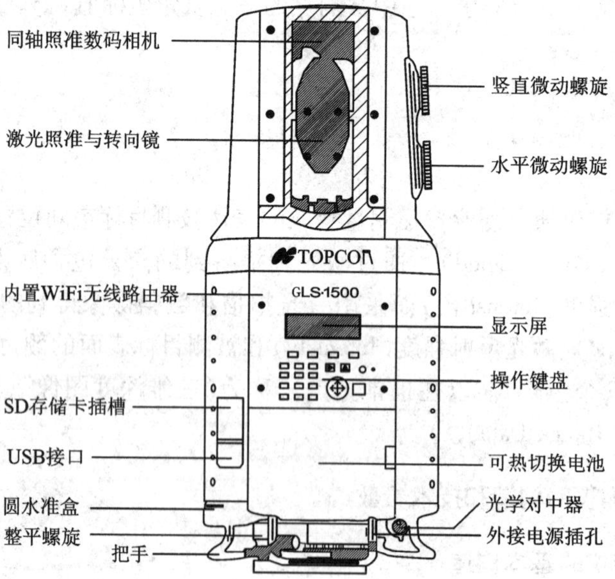

图 5-15

3. 三维激光扫描仪的功能键(软键)

表 5-3 中列出了 GLS－1500 三维激光扫描仪的功能键(软键)在主菜单下的一级子菜单的作用。

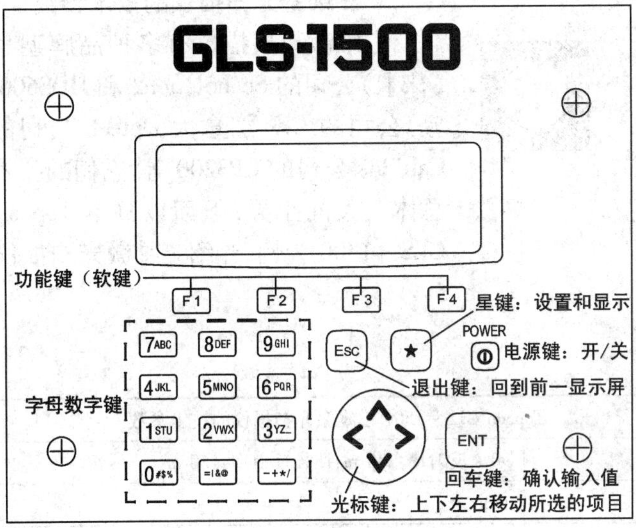

图 5-16

表 5-3

显示屏		作用
主菜单	功能键(软键)的显示	
STATION MENU(测站菜单)	NEW STATION	新建测站
	SELECT STATION	选择已有的测站
	OCC/BS SETTING	设置测站点名和后视点名
SCAN MENU(扫描菜单)	3D SCANNING	执行指定区域的 3D 扫描
	TARGET SCANNING	靶标扫描
PROJECT MENU(项目菜单)	NEW PROJECT	新建项目
	SELECT PROJECT	选择已有的项目
SETTING MENU(设置菜单)	NETWORK SETTING	网络设置(当仪器和 PC 连接时)
	DATA MANAGE	编辑数据
	TEMP. &PRES. SET	设置温度和气压
	LAST CALIB. DATE	显示上次校准的日期和时间
	TIME ADJUST	设置时间
	UNIT SET	设置单位
	TILT 0 ADJUST	调整倾斜传感器安装误差

4. 三维激光扫描仪的靶标

为了完整地扫描测量一个物体，一般需要对该物体进行多图幅的扫描，相邻图幅的相对定向和拼接必须依靠扫描区域内事先设置的一些公共靶标来实现。三维激光扫描仪的靶标一般有球形标和平面标之分，图 5-17 是与 GLS－1500 三维激光扫描仪配套使用的大小两个平面靶标，平面靶标又分磁性贴片和普通贴片两种。

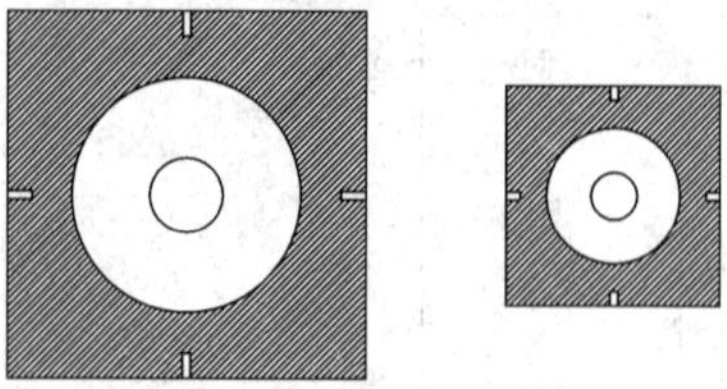

图 5-17

5. **三维激光扫描仪的技术参数**

三维激光扫描仪有多种品牌型号，例如，瑞士 Leica(徕卡)公司的 ScanStation2 和 HDS6000、美国 Trimble(天宝)公司的 GX、加拿大 Optech 公司的 ILRIS－3D、德国 Callidus 公司的 CP3200 等，它们的技术参数有所不同，但总体上大同小异，下面以日本 Topcon(拓普康)公司的 GLS－1500 为例，介绍三维激光扫描仪的技术参数(见表 5-4)。

表 5-4

Topcon GLS－1500 三维激光扫描仪的技术参数

扫描仪主机	最大扫描距离	90% 反射率：330 m；18% 反射率：150 m
	最小扫描距离	1 m
	单点精度	距离：4 mm / 150 m；角度(水平/竖直)：6″
	扫描速度(最大)	30 000 点/秒
	扫描分辨率	光斑大小：<6 mm / 40 m；最大采样密度：1 mm / 100 m
	扫描角度范围	水平：360°；竖直：70°
激光		类型：脉冲式；波长：1 535 nm(不可见、保护眼睛)
数码摄像机		视场：22°(V)/ 16.5°(H)；像素：200 万
倾斜补偿		类型：双轴补偿；补偿范围：±6′
显示		类型：LCD；屏幅：20 字符 ×4 行
电源		锂电池/5 Ah；电压：12 VDC；连续工作时间：4 h
物理特性		尺寸：299(D) ×240(W) ×566(H)mm；重量：16 kg

5.5.3 三维激光扫描仪的使用方法

下面以 GLS－1500 为例，介绍三维激光扫描仪的使用方法。

1. **仪器使用前的准备工作**

(1)装入内置电池或外接电源(12 V)。

(2)为了使仪器与计算机进行无线通信，必须插入无线网卡(内置 WiFi 无线路由器)：

①用无线网卡(内置 WiFi 无线路由器)时，必须使计算机的设置参数与仪器的设置参数保持一致(包括 IP 地址、子网掩码、仪器的 SSID 等)；

②用 USB 电缆(F－25)连接时，计算机可以自动识别，并且显示“PC CONTROL MODE”(计算机控制模式)。

(3)为了将项目信息、测站信息、扫描数据都记录在 SD 存储卡内，在扫描之前，必须插入 SD 存储卡。注意：当仪器显示“SCANNING IN PROGRESS”(正在扫描)或“PAUSING”(暂停)时，不要取出 SD 存储卡，否则，数据可能会被毁坏。

2. **基本操作步骤**

(1)安置、对中、整平仪器。

(2)开机。

(3)项目设置:一般情况下,为了完整地测量某一物体,必须从多个方向(多个测站)对此物体进行扫描,所有的扫描数据在同一个项目中管理和保存,每个扫描的测站信息保存在相同的项目中。当开始对一新物体进行扫描测量时,则新建一个项目;如果是继续扫描相同的物体,或者控制已有的数据,则选择已有的项目。项目数据保存在SD存储卡中。

(4)测站设置:要获得扫描物体相对于已知点的坐标,则必须设置测站点名和后视点名。

输入测站点名、仪器高、后视点名、靶标名称;照准后视点;开始靶标扫描,记录后视数据。

(5)扫描靶标:靶标扫描可以获取扫描区域内各靶标中心的坐标,这对于数据后处理时对多个测站的3D扫描数据进行定向和拼接是必需的,因此,设置靶标时必须确保在下一站也能够可视。安置靶标在扫描物体上,或者在扫描物体附近,然后开始扫描。

(6)3D扫描:先确定扫描区域,设置与扫描相关的各种参数。如果要使用靶标扫描数据,需确保扫描区域包含公共的靶标。

①确定扫描区域:照准要扫描区域的左上角和右下角,内置相机将拍摄指定区域的影像。

②设置扫描密度:设置扫描区域内在垂直方向和水平方向的扫描密度。可以用下列三种方法之一设置:输入仪器到目标的概略水平距离(1 ~ 300 m)和扫描点之间的间距(竖直0.1 ~ 1 000 mm,水平0.1 ~ 1 000 mm);输入扫描区域内的总点数(竖直10 ~ 129 600点,水平10 ~ 25 200点);输入扫描点之间的夹角(竖直0.002 7° ~ 10°,水平0.002 7° ~ 10°)。

(7)关机。

(8)搬站。

(9)重复上述第(1) ~ (8)步。

3. 内业数据处理

通过外业扫描测量,获取了被测物体的点云数据,然后采用三维激光扫描仪自带的专用软件(例如GLS-1500的专用软件为ScanMaster),对外业获取的数据进行后处理。外业数据的后处理一般包含如下步骤。

1)目标物提取

激光扫描获取的数据往往包含被测目标物数据和非目标物数据。目标物提取的目的就是为了将目标物与其周围非目标物分离开来,为后续处理提供有用的基础数据。目标物可能是建筑物,也可能是地形。目标物与非目标物分离的方法是:以二者的交线为界,交线的一侧视为目标物,则另一侧视为非目标物。

2)去噪滤波

对点云数据进行去噪滤波,是为了去除位于三维激光扫描仪与被测目标物体之间的遮挡物,例如树木、行人、车辆等在点云中形成的散乱点或者空洞等噪声。去噪滤波的方法是:根据激光扫描的回波信号强度进行辨别,设定一个阈值,当回波信号强度低于(或高于)此阈值时,则所测得的相应距离值无效;利用中值滤波,剔除奇异点;利用曲面拟合,去除被测物体的前端遮挡物。

3)重采样

由于扫描时是采用一定点距(例如2 mm)进行的,点比较密集。扫描测量的目的主要是为了获取反映被测物几何形体特征的点,例如边界点、转角点等,重采样是指从点云数据中挖掘探测出被测物的特征点,通过提取特征点,由特征点构建特征线和特征面,从而获得能反映被测物表面几何特征的有用点的三维坐标。通过数据的重采样，可以大大降低数据的总量，减少计算时间。

4）相对定向和拼接

多图幅相邻之间采用公共靶标进行衔接，运用 ScanMaster 软件完成对多图幅数据的相对定向和拼接。为了保证每一图幅都能精确拼接，相邻两图幅的点云中至少有 3 个以上不在同一直线上的同名点（靶标）作为拼接控制点。

5）坐标变换

一个完整的被测物体往往需要在多个测站上扫描才能完成，因此必须将各站扫描的点云数据配准到同一坐标系中。在激光扫描的同时，采用其他测量方法（例如 GPS 定位或电子全站仪测量）获得每幅扫描图中控制点的绝对坐标，然后通过图幅的旋转、平移、缩放等数学变换，可以得到被测物的点云数据在统一的绝对坐标系中的坐标。

习 题

1. 水准测量所测得的高程、全站仪所测得的高程和 GPS 所测得的高程三者依据的各是什么基准面？请解释这三种基准面。

2. 全站仪一般有哪几种测量模式？试简述全站仪的基本操作步骤。

3. 采用全站仪测量地面点的坐标时，假设测站点 A 的坐标为（0，0，0），现测得 P 点的坐标为（120.743，49.582，6.219），然后改用 GPS-RTK 测得 P 点的坐标为（704 903.288，227 425.193，7.604），试求 P 点的水准高程和高程异常值。（上述各坐标值的单位均为 m。已知地球的半径为 6 371 km。）

4. GPS 系统由哪几部分组成？试简述 GPS 定位测量的工作原理。

5. GPS 的卫星信号可分成哪几种码？每种码的作用是什么？

6. GPS 的定位方式有哪几种？试比较它们的优缺点。

7. 何谓 GPS 测量的初始化？为什么需要初始化？

8. GPS 测量的精度因子可分为哪些种？GPS 测量的精度与精度因子是什么关系？影响精度因子大小的主要因素是什么？

9. GPS 测量的主要误差来源有哪些？如何消除或减弱这些误差？

10. 何谓“点云”？试简述三维激光扫描仪的外业基本操作和内业数据处理的步骤。

5.1 南方 NTS-310 全站仪使用说明书

5.2 海星达 ATS-320 全站仪使用说明书

5.3 全站仪 GTS-330N 操作模拟器

5.4 时间基准

第 6 章　测量误差的基本理论

6.1　误差概述

6.1.1　误差的来源

在各项测量工作中，无论观测得多么仔细，也无论采用多么精密的仪器进行观测，只要重复几次测量，都能发现观测值之间总是存在着一定的差异。例如采用测回法观测水平角，对某个水平角进行几个测回的观测后，就会发现各测回所得的水平角值各不相同；又如进行一条闭合路线的水准测量，水准路线上各段高差之和的理论值应等于零，但实际上各段实测高差之和往往并不等于零。这一现象在测量工作中是普遍存在的，其产生的原因是由于观测结果中不可避免地存在着测量误差。为什么观测结果中会存在测量误差呢？经过分析总结，误差主要来源于下列三个方面。

1. 观测者

观测者是通过自己的感觉器官来进行工作的，由于受生理条件的限制，在进行仪器的安置、瞄准、读数等操作工作时，都会产生一定的误差。与此同时，观测者的技术水平、工作态度也会使观测结果产生大小不同的误差。

2. 仪器

任何测量仪器都具有一定的精密度，因而使得观测结果的精度也是有限的。例如使用只有厘米刻划的钢尺进行距离丈量，就难以保证估读厘米位以下的尾数（毫米位）的准确性，即使采用有毫米刻划的钢尺量距，那估读毫米位以下的尾数时的准确性又难以保证了。另外，经过长期使用，仪器本身也会带有一定的误差，例如水准仪的视准轴不平行于水准管轴、经纬仪的横轴不垂直于竖轴等等，显然，使用这些仪器进行测量时也会不可避免地给观测结果带来误差。

3. 外界

任何测量都是在一定的外界自然环境中进行的，因此各种自然环境因素，例如地形、温度、湿度、气压、日照、风力等都会对观测结果产生种种影响，而且这些环境因素随时都在变化，由此对观测结果产生的影响也随之变化，这就必然给观测结果带来误差。

综上所述，观测者、仪器和外界这三方面是引起测量误差的主要来源，总称“观测条件”。故不论观测条件如何，观测结果都必然含有误差。

6.1.2　误差的种类

根据测量误差的性质，可将测量误差分为如下两大类。

1. **系统误差**

在相同的观测条件下，对某个固定量进行一系列的观测，如果观测误差的符号及大小表现出一致性，即按一定的规律变化或不变，这类误差称为系统误差。例如用一把名义长度为 20 m 而实际比 20 m 长出 Δl 的钢尺进行距离丈量，测量结果为 D'，则 D' 中含有因尺长不准确而产生的误差$\frac{\Delta l}{20}D$，这种误差的大小，与所量距离的长度成正比，而正负号始终一致，所以这种误差属于系统误差。系统误差具有累积性，因此对观测结果的危害性很大，但由于它有一定的规律性，故可以设法将它消除或减弱。例如上述钢尺量距，可对观测结果进行尺长改正，从而消除尺长误差的影响。又如在水准测量中，可以采用前后视距相等的方法来消除由于仪器视准轴不平行于水准管轴的误差影响。

2. **偶然误差**

在相同的观测条件下，对某个固定量进行一系列的观测，如果观测误差的符号和大小都没有表现出某种一致性，即表面上看不出有任何规律性，这种误差称为偶然误差。例如读数时的估读误差，其大小和符号都是随机的，无任何明显的规律性，因此估读误差属于偶然误差。

由于误差来源是多方面的，因此在观测过程中，系统误差和偶然误差往往是同时产生的：当观测结果中有显著的系统误差，而偶然误差处于次要地位时，则测量误差就呈现出“系统”的性质；反之，当观测结果中系统误差处于次要地位时，则测量误差就呈现出“偶然”的性质。

由于系统误差在观测结果中具有累积性，对观测结果的影响显著，但有规律可循，所以在测量工作中总是根据系统误差的规律性采取各种方法来消除或减弱其影响，使它处于次要地位。偶然误差不像系统误差具有直观的、函数的规律性，因此，研究如何处理观测数据中的偶然误差，是测量学的重要课题之一。

在测量中，除不可避免地会产生误差(error)之外，还可能发生错误(mistake)。例如在观测时读错数、记录时记错数据等等，这些都是由于观测者的疏忽大意产生的。在观测结果中是不允许存在错误的，一旦发现错误，必须及时加以更正，不过只要观测者认真负责和细心地工作，错误是可以避免的。

6.1.3 偶然误差的特性

综上所述，系统误差可根据其规律性采取各种方法加以消除或减弱，而偶然误差是不可避免的，因此测量误差的理论主要研究如何处理偶然误差，并根据观测结果求出未知量的值，评定观测结果的精度。下面进一步探讨偶然误差的特性。

首先介绍一个测量中的例子：在相同的观测条件下，独立观测了 217 个三角形的全部内角。由于观测结果中存在着偶然误差，使得三角形的三个内角观测值之和一般不等于三角形内角和的理论值(即 180°，也称真值)。设各三角形内角和的观测值为 L_i，三角形内角和的真值为 X，则各三角形内角和的真误差(简称误差，在这里这个误差称为三角形的闭合差)为

$$\Delta_i = L_i - X \qquad (i = 1, 2, \cdots, 217) \tag{6-1}$$

现将 217 个真误差按每 3″为一区间，根据误差值的大小和符号，分别统计出误差值出现在各误差区间内的个数 v 以及占有率 $v/217$(亦称频率)，其结果见表 6-1。

从表 6-1 中可以看出，小误差出现的频率比大误差出现的频率要大；绝对值相等的正负误差出现的频率基本相等；最大的误差不超过某一个定值(本例为 27″)。以上的规律性并非巧

合,如果再次测量,其结果也会如此,而且在其他测量结果中也反映出上述同样的规律。大量的实验结果表明,当观测次数足够多时,偶然误差具有如下的统计特性:

(1)在一定的观测条件下,偶然误差的绝对值不会超过一定的限值;

(2)绝对值小的误差比绝对值大的误差出现的概率大;

(3)绝对值相等的正误差与负误差出现的概率相等;

(4)当观测次数无限增多时,偶然误差的算术平均值趋近于零。

上述第四个特性是由第三个特性导出的:从第三个特性可知,在大量的偶然误差中,正误差与负误差出现的概率相等,因此在求全部误差总和时,正的误差与负的误差就有互相抵消的可能。当误差个数无限增大时,它们的算术平均值将趋于零。

表 6-1

误差区间(3″)	正误差		负误差		正负误差的合计	
	个数 v	频率 $\frac{v}{n}$	个数 v	频率 $\frac{v}{n}$	个数 v	频率 $\frac{v}{n}$
0 ~ 3	30	0.138	29	0.134	59	0.272
3 ~ 6	21	0.097	20	0.092	41	0.189
6 ~ 9	15	0.069	18	0.083	33	0.152
9 ~ 12	14	0.065	16	0.073	30	0.138
12 ~ 15	12	0.055	10	0.046	22	0.101
15 ~ 18	8	0.037	8	0.037	16	0.074
18 ~ 21	5	0.023	6	0.028	11	0.051
21 ~ 24	2	0.009	2	0.009	4	0.018
24 ~ 27	1	0.005	0	0	1	0.005
27 以上	0	0	0	0	0	0
各区间的累积	108	0.498	109	0.502	217	1.000

实践表明,对于在相同条件下独立观测所得的一组观测误差来说,不论其观测条件如何,也不论是对一个量还是对多个量进行观测,这组观测误差必然具有上述四个特性,而且当观测的个数越多时,这种特性就表现得越明显。从统计学的角度看,具有上述特性的偶然误差是一个随机变量,且服从数学期望(即算术平均值)为零的正态分布规律。

6.2　精度指标

6.2.1　精度的概念

前面已经介绍,偶然误差是一随机变量,且服从数学期望为零的正态分布。不难理解,如果偶然误差的分布较为密集(偶然误差都集中在数学期望零的附近),即离散度较小,则表示该组观测质量较好,也就是说,这一组观测值精度较高;反之,如果分布的离散度较大,则表示该组观测质量较差,也就是说,这一组观测精度较低。

由此可知,所谓精度,是指误差分布的密集或离散的程度,也就是指离散度的大小。精度是一个集体共有的指标值,并非特指某个偶然误差值的大小。对于两组观测成果,如果它们误差的分布相同,则离散度的大小相等,这两组观测成果的精度相同;反之,若误差分布不同,则精度也就不同。

在相同的观测条件下所进行的一组观测,由于它们对应着同一种误差分布,因此,对于这一组中的每一个观测值,都称为等精度的观测值。例如表6-1中的217个观测结果是在相同观测条件下测得的,各个结果的真误差尽管大小不同,但它们彼此是同精度的,也就是说,在这一组真误差中,值为3″的真误差并不比值为20″的真误差的精度更高,它们都是精度相等的真误差。反过来,如果有两个大小相同的误差值是在不同的观测条件下取得的,尽管它们的值相等,但它们的精度却不同。

6.2.2 几种常用的精度指标

1. 方差和中误差

由上节知,测量误差Δ是数学期望为零且服从正态分布的随机变量,根据数理统计的理论,Δ的概率密度函数

$$f(\Delta)=\frac{1}{\sqrt{2\pi}\sigma}e^{-\frac{\Delta^2}{2\sigma^2}} \tag{6-2}$$

式中,σ^2是误差分布的方差,由下式求得

$$\sigma^2=D(\Delta)=E(\Delta^2)=\int_{-\infty}^{+\infty}\Delta^2 f(\Delta)\,\mathrm{d}\Delta \tag{6-3}$$

而σ就是中误差(亦称标准差或均方差),即

$$\sigma=\sqrt{E(\Delta^2)} \tag{6-4}$$

式(6-3)和式(6-4)是连续型随机变量方差和中误差的计算公式。由于测量误差Δ通常是离散型随机变量,因此不能直接用式(6-3)和式(6-4)来计算测量的方差和中误差,还必须将这二式变形。设在相同的观测条件下得到了一组独立的观测误差$\Delta_1,\Delta_2,\cdots,\Delta_n$,由式(6-3)并根据定积分的定义式可写出:

$$\begin{aligned}\sigma^2&=\int_{-\infty}^{+\infty}\Delta^2 f(\Delta)\,\mathrm{d}\Delta\\&=\lim_{n\to\infty}\sum_{k=1}^{n}\Delta_k^2 f(\Delta_k)\,\mathrm{d}\Delta\\&=\lim_{n\to\infty}\sum_{k=1}^{N}\frac{v_k\Delta_k^2}{n}\\&=\lim_{n\to\infty}\sum_{k=1}^{n}\frac{\Delta_k^2}{n}\end{aligned}$$

即

$$\sigma^2=\lim_{n\to\infty}\frac{[\Delta\Delta]}{n} \tag{6-5}$$

或

$$\sigma = \lim_{n\to\infty}\sqrt{\frac{[\Delta\Delta]}{n}} \tag{6-6}$$

上两式中，$[\Delta\Delta] = \Delta_1^2 + \Delta_2^2 + \cdots + \Delta_n^2$。显然，方差 σ^2 和中误差 σ 是当观测次数 $n\to\infty$ 时 $\frac{[\Delta\Delta]}{n}$ 和 $\sqrt{\frac{[\Delta\Delta]}{n}}$ 的极限值，它们都只是理论上的数值，实际上观测个数 n 总是有限的，由有限个观测值的真误差只能求得方差和中误差的估(计)值。在数理统计中，方差 σ^2 和中误差 σ 的估值分别用符号 $\hat{\sigma}^2$ 和 $\hat{\sigma}$ 表示，而在测量中，常用 m^2 和 m 来表示方差和中误差的估值，即

$$m^2 = \hat{\sigma}^2 = \frac{[\Delta\Delta]}{n} \tag{6-7}$$

$$m = \hat{\sigma} = \pm\sqrt{\frac{[\Delta\Delta]}{n}} \tag{6-8}$$

上两式是根据一组等精度真误差 $\Delta_1, \Delta_2, \cdots, \Delta_n$ 计算方差和中误差估值的基本公式。本书后续的章节中在不需特别强调"估值"意义的情况下，也将"中误差的估值"简称为"中误差"。

例 6-1　已知某段距离的长度为 49.982 m(可视为真值)，现用长度为 50 m 的钢尺丈量了 6 次，观测值列于表 6-2 中，试求用该钢尺丈量该距离一次的观测值中误差。

表 6-2

观测次序	观测值(m)	Δ (mm)	ΔΔ	计算
1	49.988	+6	36	$m = \pm\sqrt{\frac{[\Delta\Delta]}{n}}$ $= \pm\sqrt{\frac{131}{6}}$ $= \pm 4.7$ mm
2	49.975	−7	49	
3	49.981	−1	1	
4	49.978	−4	16	
5	49.987	+5	25	
6	49.984	+2	4	
Σ			131	

从表 6-2 的计算结果来看，该组等精度观测值的中误差 $m = \pm 4.7$ mm。中误差与真误差不同，它只是表示上述的一组观测值的精度指标，它是一个统计值，并不等于任何观测值的真误差。由于是等精度观测，故每个观测值的精度均相等，它们的中误差皆为 $m = \pm 4.7$ mm。

下面探讨中误差的几何意义：由测量误差的概率密度函数(见式(6-2))可以看出，当 $\Delta = 0$ 时，$f(0) = \frac{1}{\sigma\sqrt{2\pi}}$。从概率分布曲线(图 6-1)看，$f(0)$ 代表误差概率分布曲线的峰值。设有不同精度的两组观测值，对应的参数为 σ_1 和 σ_2，并设 $\sigma_1 < \sigma_2$，则 $\frac{1}{\sigma_1\sqrt{2\pi}} > \frac{1}{\sigma_2\sqrt{2\pi}}$，它们所对应的误差概率分布曲线为图 6-1 中的(Ⅰ)和(Ⅱ)。σ_1 对应的曲线(Ⅰ)的峰值 $f(0) = \frac{1}{\sigma_1\sqrt{2\pi}}$ 比较高，曲线陡峭，这说明曲线(Ⅰ)对应的小误差较密集地集中分布在原点(即零点)附近，其

观测精度好；σ_2 对应的曲线峰值 $f(0)=\frac{1}{\sigma_2\sqrt{2\pi}}$ 较矮，曲线平缓，这说明曲线（Ⅱ）对应的误差分布离散度大，其观测精度较差。故 σ 值越小观测精度越高。

进一步讨论中误差的概率含义：由微积分的理论知，若对式(6-2)的误差概率分布曲线函数求 Δ 的二阶导数，并令其为零，则解得的 Δ 值即为曲线拐点的横坐标值，即

$$f''(\Delta)=\frac{1}{\sqrt{2\pi}\sigma^3}\left(\frac{\Delta^2}{\sigma^2}-1\right)e^{-\frac{\Delta^2}{2\sigma^2}}=0$$

上式中，由于 $\sigma>0$，而 $e^{-\frac{\Delta^2}{2\sigma^2}}$ 不为零，故由上式只能得出

$$\frac{\Delta^2}{\sigma^2}-1=0$$

即

$$\Delta=\pm\sigma \tag{6-9}$$

由式(6-9)可知，σ（中误差）正是误差概率分布曲线上的两个拐点 a、b 的横坐标值（见图 6-2）。

由概率学的理论知，误差 Δ 落在区间 $[-\sigma,\sigma]$ 之内的概率值 $p\{-\sigma<\Delta<\sigma\}$ 等于图 6-2 中的阴影部分的面积：

$$\begin{aligned}p\{-\sigma<\Delta<\sigma\}&=\int_{-\sigma}^{\sigma}f(\Delta)\mathrm{d}\Delta\\&=\frac{1}{\sqrt{2\pi}\sigma}\int_{-\sigma}^{\sigma}e^{-\frac{\Delta^2}{2\sigma^2}}\mathrm{d}\Delta=0.683（不做推导）\end{aligned} \tag{6-10}$$

因此中误差 σ 的概率含义是：对任意一个观测值 l_i，它的真误差 Δ_i 落在由它的中误差 σ 组成的区间 $[-\sigma,\sigma]$ 内的概率是 0.683，或者说，当 $n=100$ 时，落在区间 $[-\sigma,\sigma]$ 内的真误差的个数约有 68 个。

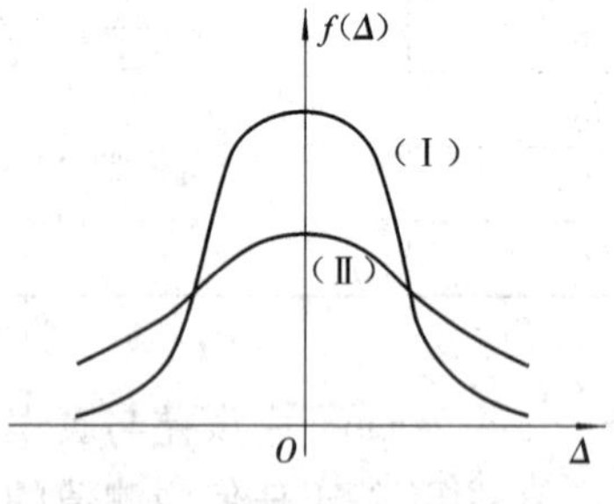

图 6-1

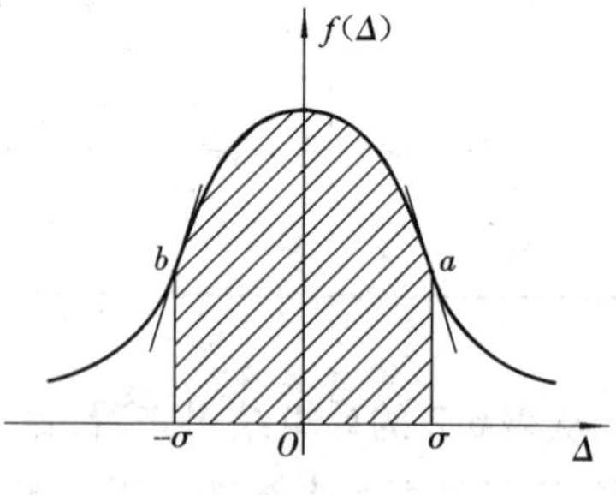

图 6-2

2. 相对误差

在衡量观测值精度时，仅用方差或中误差的大小有时还不能完全表达精度的高低。例如，分别丈量了长度为 100 m 和 1 000 m 的两段距离，其中误差皆为 ±0.02 m，但在感觉上似乎后者比前者的精度要好，此时，为了更客观地反映实际精度的优劣，还必须引入相对误差的概念。相对误差 K 是中误差的绝对值与相应观测值之比，它是一个无量纲的数，常用分子为 1 的分数来表示，即

$$K=\frac{|m|}{D}=1/\frac{D}{|m|} \tag{6-11}$$

式中，m 为距离 D 的中误差；K 称为相对中误差或简称为相对误差。因此，在上例中，

$$K_1=\frac{|m_1|}{D_1}=\frac{0.02}{100}=\frac{1}{5\ 000}$$

$$K_2=\frac{|m_2|}{D_2}=\frac{0.02}{1\ 000}=\frac{1}{50\ 000}$$

用相对误差来衡量精度，就很容易地看出，后者比前者精度高。

在距离测量中，常用往返测量结果的相对较差来进行检核，相对较差为

$$\frac{|D_{往}-D_{返}|}{D_{平均}}=\frac{|\Delta D|}{D_{平均}}=1/\frac{D_{平均}}{|\Delta D|}$$

相对较差是真误差的相对误差，它反映了往返测量的符合程度，以作为检核。显然，相对较差越小，观测结果越可靠。

还应该指出，用经纬仪测角时，不能用角度的相对误差来衡量测角精度，因为测角误差与角度的大小无关。

与相对误差对应，真误差、中误差等也可称为绝对误差。

3. 极限误差

由偶然误差的第一个特性可知，在一定的观测条件下，偶然误差的绝对值不会超过一定的限值，这个限值就是极限误差。怎样估计出极限误差呢？我们知道，观测值的中误差只是衡量观测精度的一种指标，它并不能代表某一观测值的真误差的大小，但从统计意义上来讲，它们却存在着一种事实上的联系，通过上述讨论中误差 σ 的概率含义我们已经知道，真误差 Δ 落在区间[$-\sigma,\sigma$]内的概率为(见式(6-10))

$$p\{-\sigma<\Delta<\sigma\}=\frac{1}{\sqrt{2\pi}\sigma}\int_{-\sigma}^{\sigma}e^{-\frac{\Delta^2}{2\sigma^2}}d\Delta=0.683$$

同理还可得(不作推导)

$$p\{-2\sigma<\Delta<2\sigma\}=\frac{1}{\sqrt{2\pi}\sigma}\int_{-2\sigma}^{2\sigma}e^{-\frac{\Delta^2}{2\sigma^2}}d\Delta=0.955 \tag{6-12}$$

$$p\{-3\sigma<\Delta<3\sigma\}=\frac{1}{\sqrt{2\pi}\sigma}\int_{-3\sigma}^{3\sigma}e^{-\frac{\Delta^2}{2\sigma^2}}d\Delta=0.997 \tag{6-13}$$

上述三式的结果可以这样理解：在一组等精度观测值中，真误差的绝对值大于一倍中误差 σ 的个数约占整个误差个数的 32%，大于两倍中误差 σ 的个数约占 4.5%，大于三倍中误差 σ 的个数只占 0.3%。

由于大于三倍中误差 σ 的真误差的个数只占全部的 0.3%，即 1 000 个真误差中，只有三个绝对值可能超过三倍中误差 σ 的真误差，从数理统计学的角度讲，这种小概率事件为实际上的不可能事件，故通常以三倍中误差为真误差的极限误差，即

$$\Delta_{极}=3\sigma\approx3|m| \tag{6-14}$$

在测量规范中，常要求观测值不容许存在较大的误差，并以三倍中误差作为偶然误差的容许值，称为容许误差，即

$$|\Delta_{容}|=3\sigma\approx3|m| \tag{6-15}$$

如果要求更严一些，也可以用两倍中误差作为偶然误差的容许值，即

$$|\Delta_{容}|=2\sigma\approx2|m| \tag{6-16}$$

如果观测值中出现了大于容许误差的偶然误差，则认为该观测值的这个偶然误差不再是误差，而是错误，应舍去不用或返工重测。

6.3 误差传播定律

6.3.1 误差传播定律

在实际测量工作中，某些未知量不可能或不便于直接进行观测，这些未知量需要由另一些直接观测量根据一定的函数关系计算出来。例如，为了测量高程不相等的两点之间的水平距离 D，可以首先用光电测距仪测出两点之间的倾斜距离 S，并用经纬仪测量两点之间的竖直角 a，然后用函数关系 $D=S\cdot\cos a$ 来推算出水平距离 D。显然，在此情况下，函数 D 的中误差与观测量 S 及 a 的中误差之间必定有一定的关系，阐述这种观测量与其函数之间精度关系的定律，称为误差传播定律。下面以一般函数关系来推导误差传播定律。

设有一般函数

$$z=F(x_1,x_2,\cdots,x_n) \tag{6-17}$$

式中，自变量 $x_1,x_2,\cdots,x_n$ 为可直接观测的互相独立的未知量，函数 z 为不便于直接观测的未知量，已知 $x_1,x_2,\cdots,x_n$ 的中误差分别为 $m_1,m_2,\cdots,m_n$，欲求 z 的中误差 m_z。

假定观测量 $x_1,x_2,\cdots,x_n$ 的近似值为 $x_1^0,x_2^0,\cdots,x_n^0$，则可将式(6-17)按泰勒级数在点 x_1^0，$x_2^0,\cdots,x_n^0$ 处展开，即

$$\begin{aligned}z=&F(x_1^0,x_2^0,\cdots,x_n^0)+\left(\frac{\partial F}{\partial x_1}\right)_0(x_1-x_1^0)+\left(\frac{\partial F}{\partial x_2}\right)_0(x_2-x_2^0)+\cdots\\&+\left(\frac{\partial F}{\partial x_n}\right)_0(x_n-x_n^0)+(\text{二次以上的项})\end{aligned} \tag{6-18}$$

式中，$\left(\frac{\partial F}{\partial x_i}\right)_0$ 是函数对各个变量所取的偏导数，并以近似值 x_i^0（可用实际观测值代替）代入后所算得的数值，它们都是常数，因 x_i^0 与 x_i 比较接近，式(6-18)中二次以上的项为高阶无穷小，故可以略去不计。因此可将式(6-18)改写为

$$z=\left(\frac{\partial F}{\partial x_1}\right)_0x_1+\left(\frac{\partial F}{\partial x_2}\right)_0x_2+\cdots+\left(\frac{\partial F}{\partial x_n}\right)_0x_n+F(x_1^0,x_2^0,\cdots,x_n^0)-\sum_{i=1}^{n}\left(\frac{\partial F}{\partial x_i}\right)_0x_i^0 \tag{6-19}$$

令 $k_i=\left(\frac{\partial F}{\partial x_i}\right)_0,k_0=F(x_1^0,x_2^0,\cdots,x_n^0)-\sum_{i=1}^{n}\left(\frac{\partial F}{\partial x_i}\right)x_i^0$

则

$$z=k_1x_1+k_2x_2+\cdots+k_nx_n+k_0 \tag{6-20}$$

这样，就将一般函数式(6-17)化成了线性函数式(6-20)。下面再引入数理统计中方差的几个重要性质。

(1) 如果 k 为常数，则 k 的方差 $D(k)=0$。

(2) 如果 k 为常数，x 为随机变量，则

$$D(kx)=k^2D(x)$$

(3)如果 x、y 为互相独立的随机变量,则

$$D(x+y)=D(x)+D(y)$$

根据以上方差的三个重要性质,对式(6-20)两边取方差,得

$$D(z)=k_1^2D(x_1)+k_2^2D(x_2)+\cdots+k_n^2D(x_n) \tag{6-21}$$

如果采用方差的估值,则有

$$m_z^2=k_1^2m_1^2+k_2^2m_2^2+\cdots+k_n^2m_n^2 \tag{6-22}$$

将 $k_i=\left(\frac{\partial F}{\partial x_i}\right)_0$ 代入式(6-22),得

$$m_z=\pm\sqrt{\left(\frac{\partial F}{\partial x_1}\right)_0^2m_1^2+\left(\frac{\partial F}{\partial x_2}\right)_0^2m_2^2+\cdots+\left(\frac{\partial F}{\partial x_n}\right)_0^2m_n^2} \tag{6-23}$$

式(6-23)即为计算观测量的函数中误差的一般形式,亦即误差传播定律的表达式。当函数式为线性时,直接用各自变量 x_i 的系数 k_i 取代式(6-23)中的 $\left(\frac{\partial F}{\partial x_i}\right)_0$;当函数式为非线性时,首先对函数式求各自变量 x_i 的偏导数得 $\frac{\partial F}{\partial x_i}$,然后将各自变量 x_i 的观测值 l_i 作为近似值 x_i^0 代入 $\frac{\partial F}{\partial x_i}$ 中即得 $\left(\frac{\partial F}{\partial x_i}\right)_0$。应用式(6-23)时,还必须注意:各自变量必须是相互独立的,当然,如果各自变量 x_i 均有自己的直接观测值 l_i,则可以认为各自变量必定是相互独立的。

6.3.2 误差传播定律的应用

例6-2 在比例尺为1/500的地形图上,量得 A、B 两点间的距离 $s_{ab}=23.4$ mm,其中误差 $m_{s_{ab}}=\pm0.2$ mm,试求 A、B 间的实地距离 s_{AB} 及其中误差 $m_{s_{AB}}$。

解:$s_{AB}=500s_{ab}=500\times23.4=11\ 700$ mm $=11.7$ m

对上式应用误差传播定律,得

$$m_{s_{AB}}=\pm\sqrt{500^2m_{s_{ab}}^2}=\pm500\ m_{s_{ab}}=\pm100\ \text{mm}=\pm0.1\ \text{m}$$

则 A、B 间的实地距离 s_{AB} 及其中误差 $m_{s_{AB}}$ 可写为:$s_{AB}=11.7$ m ±0.1 m。

例6-3 以同精度观测得三角形三内角 α、β、γ,其中误差 $m_\alpha=m_\beta=m_\gamma=m$,三内角之和不等于180°,产生闭合差:$\omega=\alpha+\beta+\gamma-180°$,为了消除闭合差,将闭合差以相反的符号平均分配至各角,得各内角的最后结果为:$\hat{\alpha}=\alpha-\frac{1}{3}\omega$,$\hat{\beta}=\beta-\frac{1}{3}\omega$,$\hat{\gamma}=\gamma-\frac{1}{3}\omega$,试求 ω 及 $\hat{\alpha}$ 的中误差 m_ω 及 $m_{\hat{\alpha}}$。

解:三内角均为独立观测值,闭合差与三内角的函数关系为 $\omega=\alpha+\beta+\gamma-180°$,由误差传播定律有

$$m_\omega^2=m_\alpha^2+m_\beta^2+m_\gamma^2=3m^2$$

故 $\quad m_\omega=\pm\sqrt{3}\ m$

又因 $\quad \hat{\alpha}=\alpha-\frac{1}{3}\omega=\alpha-\frac{1}{3}(\alpha+\beta+\gamma-180°)=\frac{2}{3}\alpha-\frac{1}{3}\beta-\frac{1}{3}\gamma+60°$,由误差传播定律,有

$$m_{\hat{\alpha}}^2=\left(\frac{2}{3}\right)^2m_\alpha^2+\left(\frac{1}{3}\right)^2m_\beta^2+\left(\frac{1}{3}\right)^2m_\gamma^2=\frac{2}{3}m^2$$

则 $m_{\hat{\alpha}} = \pm\sqrt{\frac{2}{3}}m$

例 6-4 已知函数关系式 $h = D\tan\alpha$，其中 $D = 118.093\ \text{m} \pm 0.007\ \text{m}$，$\alpha = 57°28'32'' \pm 40''$，试求 h 值及其中误差 m_h。

解：$h = D\tan\alpha = 118.093 \times \tan 57°28'32'' = 185.194\ \text{m}$

偏导数 $\frac{\partial h}{\partial D} = \tan\alpha = 1.568\ 209$，$\frac{\partial h}{\partial \alpha} = D\sec^2\alpha = 408.516\ 592$

应用误差传播定律的计算式，得

$$m_h = \pm\sqrt{\left(\frac{\partial h}{\partial D}\right)^2 m_D^2 + \left(\frac{\partial h}{\partial \alpha}\right)^2 \left(\frac{m_\alpha}{\rho}\right)^2}$$

$$= \pm\sqrt{(1.568\ 209)^2 \times (0.007)^2 + (408.516\ 592)^2 \times \left(\frac{40}{206\ 265}\right)^2}$$

$$= \pm 0.006\ 2\ \text{m}$$

上式中，$\rho = \frac{180° \times 3\ 600''}{\pi}$。故 h 值及其中误差 m_h 可写为：$h = 185.194\ \text{m} \pm 0.006\ \text{m}$。

例 6-5 设用长度为 l 的钢卷尺量距，共丈量了 n 个尺段，已知每尺段量距的中误差都为 m，求全长 s 的中误差 m_s。

解：已知每尺段 l 的中误差为 m，对全长 $s = l + l + \cdots + l$（此式为 n 个 l 之和）应用误差传播定律的计算式，得

$$m_s = \pm\sqrt{m^2 + m^2 + \cdots + m^2} = \pm\sqrt{n \cdot m^2} = \pm\sqrt{n}m$$

从此例可以看出，全长的量距中误差为各尺段量距中误差的 $\sqrt{n}$ 倍（n 为尺段数）。

例 6-6 在相同的测量条件下，对某段距离共测量了 n 次，因此各观测值 $l_1, l_2, \cdots, l_n$ 相互独立且精度相等，已知它们的中误差均为 m，试求其算术平均值 L 的中误差 M。

解：算术平均值

$$L = \frac{l_1 + l_2 + \cdots + l_n}{n} = \frac{1}{n}l_1 + \frac{1}{n}l_2 + \cdots + \frac{1}{n}l_n$$

显然，$\frac{\partial L}{\partial l_1} = \frac{\partial L}{\partial l_2} = \cdots = \frac{\partial L}{\partial l_n} = \frac{1}{n}$，根据误差传播定律的计算式，有

$$M = \pm\sqrt{\frac{1}{n^2}m^2 + \frac{1}{n^2}m^2 + \cdots + \frac{1}{n^2}m^2} = \pm\sqrt{\frac{1}{n^2} \cdot n \cdot m^2} = \pm\frac{m}{\sqrt{n}}$$

从此例可以看出，n 次等精度直接观测值的算术平均值的中误差是一次观测值中误差的 $\frac{1}{\sqrt{n}}$。

例 6-7 已知观测量 x 的中误差为 m_x，且

$$\begin{cases} y = 4x + 3 & (1) \\ z = 9x^2 - 1 & (2) \\ F = -2y + 5z & (3) \end{cases}$$

试求 y、z、F 的中误差 m_y、m_z、m_F。

解：对式(1)(2)求偏导数，有

$$\frac{\partial y}{\partial x}=4,\frac{\partial z}{\partial x}=18x$$

再将式(1)(2)代入式(3),得

$$F=45x^2-8x-11$$

求上式的偏导数,有

$$\frac{\partial F}{\partial x}=90x-8$$

根据误差传播定律,得

$$m_y=\pm\sqrt{\left(\frac{\partial y}{\partial x}\right)^2\cdot m_x^2}=4m_x$$

$$m_z=\pm\sqrt{\left(\frac{\partial z}{\partial x}\right)^2\cdot m_x^2}=18x\cdot m_x$$

$$m_F=\pm\sqrt{\left(\frac{\partial F}{\partial x}\right)^2\cdot m_x^2}=(90x-8)m_x$$

注意:此题在求 m_F 时,如果直接对式(3)应用误差传播定律,有

$$\frac{\partial F}{\partial y}=-2,\frac{\partial F}{\partial z}=5$$

$$\begin{aligned}m_F&=\pm\sqrt{\left(\frac{\partial F}{\partial y}\right)^2m_y^2+\left(\frac{\partial F}{\partial z}\right)^2m_z^2}\\&=\pm\sqrt{(-2)^2\times(4m_x)^2+5^2\times(18x\cdot m_x)^2}\\&=m_x\cdot\sqrt{8\,100x^2+64}\end{aligned}$$

这样求出的 m_F 是不正确的。(为什么?)

6.4　等精度直接平差

平差是测量学中用于数据处理的一个专业术语。所谓平差,指的是:①对一系列带有误差的观测值运用数理统计的方法来消除它们之间的不符值,求出未知量的最可靠值;②评定测量成果的精度。本节所介绍的平差是对一个未知量的平差,至于对多个未知量同时进行平差的问题本书不予讨论。

6.4.1　等精度直接观测值的最可靠值

现对一未知量进行了一系列等精度观测,观测值分别为 $l_1,l_2,\cdots,l_n$,设其真值为 X,相应的真误差为 Δ_1、Δ_2、Δ_n,则

$$\begin{cases}\Delta_1=l_1-X\\\Delta_2=l_2-X\\\quad\vdots\\\Delta_n=l_n-X\end{cases}$$

将上列各式左右分别求和再除以观测次数 n,得

$$\frac{[\Delta]}{n}=\frac{[l]}{n}-X=L-X$$

式中 L 为算术平均值，显然，

$$L=X+\frac{[\Delta]}{n}$$

再对上式两边取极限：

$$\begin{aligned}\lim_{n\to\infty}L&=\lim_{n\to\infty}\left(X+\frac{[\Delta]}{n}\right)\\&=X+\lim_{n\to\infty}\frac{[\Delta]}{n}\end{aligned} \tag{6-24}$$

根据偶然误差的第四个特性，当观测次数无限增多时，偶然误差的算术平均值趋近于零，即

$$\lim_{n\to\infty}\frac{[\Delta]}{n}=0 \tag{6-25}$$

将式(6-25)代入式(6-24)，得

$$\lim_{n\to\infty}L=X \tag{6-26}$$

从式(6-26)可以看出，当观测次数 n 趋于无穷大时，其算术平均值 L 就等于未知量的真值 X。因此，对于实际上有限的观测次数 n，通常取算术平均值作为未知量的最可靠值。

6.4.2 等精度直接观测值的中误差

根据式(6-8)计算观测值的中误差 m，需要知道观测值 l_i 的真误差 Δ_i，由于观测值的真值往往是不知道的，因此真误差也就无法知道。在实际应用中，多采用观测值的改正数 v_i 计算观测值的中误差。由于算术平均值 L 与观测值 l_i 之差即为观测值的改正数 v_i，即

$$L-l_i=v_i \tag{6-27}$$

而观测值 l_i 与真值 X 之差应等于真误差 Δ_i，即

$$l_i-X=\Delta_i \tag{6-28}$$

将式(6-27)与式(6-28)相加，得

$$L-X=\Delta_i+v_i \tag{6-29}$$

式(6-29)左边的算术平均值 L 与真值 X 之差可理解为算术平均值的真误差，即

$$L-X=\Delta_L \tag{6-30}$$

联立式(6-29)和式(6-30)，得

$$\Delta_L=\Delta_i+v_i$$

亦即

$$\Delta_i=\Delta_L-v_i \tag{6-31}$$

将式(6-31)两边取平方后再求和，得

$$[\Delta\Delta]=n\cdot\Delta_L^2+[vv]-2\cdot\Delta_L\cdot[v]$$

上式中，

$$[v]=\sum_{i=1}^{n}(L-l_i)=nL-[l]=n\cdot\frac{[l]}{n}-[l]=0$$

故

$$[\Delta\Delta]=n\cdot\Delta_L^2+[vv] \tag{6-32}$$

如果将算术平均值作为一个虚拟的观测值,那么算术平均值的方差为(参见式(6-7))

$$m_L^2 = \frac{[\Delta_L \Delta_L]}{n_L} = \Delta_L^2 \qquad (n_L = 1) \tag{6-33}$$

另外,如果对算术平均值的计算式 $L = \frac{l_1 + l_2 + \cdots + l_n}{n}$ 两边取方差,可得

$$m_L^2 = \frac{1}{n^2}(m^2 + m^2 + \cdots + m^2) = \frac{1}{n^2} \cdot n \cdot m^2 = \frac{m^2}{n} \tag{6-34}$$

联立式(6-33)和式(6-34),得

$$\Delta_L^2 = \frac{m^2}{n} \tag{6-35}$$

将式(6-35)代入式(6-32),得

$$[\Delta\Delta] = n \cdot \frac{m^2}{n} + [vv]$$

再将上式两边除以 n,得

$$\frac{[\Delta\Delta]}{n} = \frac{m^2}{n} + \frac{[vv]}{n}$$

将上式左边与式(6-8)对比,得

$$m^2 = \frac{m^2}{n} + \frac{[vv]}{n}$$

解之,得

$$m = \pm\sqrt{\frac{[vv]}{n-1}} \tag{6-36}$$

式(6-36)即为利用观测值的改正数 v_i 计算观测值中误差 m 的公式,亦称为白塞尔公式。由于算术平均值以及观测值的改正数容易求得,因此式(6-36)比式(6-8)更实用。

例 6-8　设用经纬仪测量一个水平角,共测 6 个测回,观测值列于表 6-3 中的第二列,试求观测值的中误差及算术平均值的中误差。

表 6-3

编号	观测角	v	vv
1	52°18′29″	+1″	1
2	52°18′32″	−2″	4
3	52°18′25″	+5″	25
4	52°18′30″	0	0
5	52°18′33″	−3″	9
6	52°18′31″	−1″	1
	L = 52°18′30″	$[v] = 0$	$[vv] = 40$

解:首先求出六个观测值的算术平均值,再求出各观测值的改正数及改正数的平方,计算结果列于表 6-3 中,最后根据式(6-36)计算观测值的中误差,即

$$m = \pm \sqrt{\frac{[vv]}{n-1}} = \pm \sqrt{\frac{40}{6-1}} = \pm 2.8''$$

再根据式(6-34)(两边开方)得算术平均值的中误差为

$$m_L = \frac{m}{\sqrt{n}} = \pm \sqrt{\frac{[vv]}{n(n-1)}} = \pm \sqrt{\frac{40}{6(6-1)}} = \pm 1.2''$$

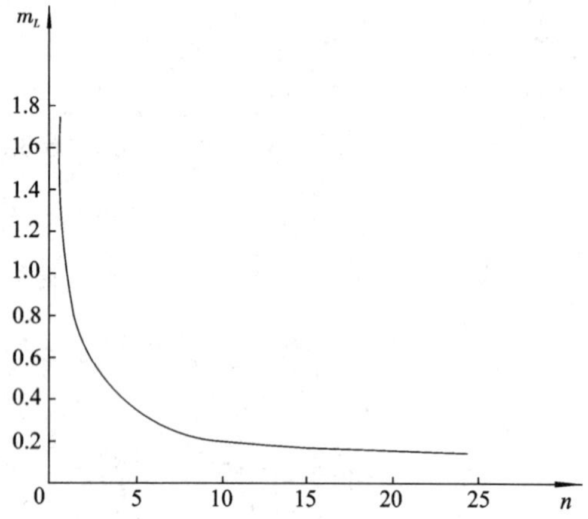

图 6-3

由上式可知,算术平均值的中误差 m_L 是观测值中误差 m 的$\frac{1}{\sqrt{n}}$倍,故增加观测次数(即做多余观测)不仅可以及时发现错误,而且还可以提高算术平均值的精度。例如,设观测值的中误差 $m=1$,则算术平均值的中误差 m_L 与观测次数 n 的关系 $m_L=\frac{1}{\sqrt{n}}$可用如图 6-3 所示的曲线来表示。从图中可以看出,当观测次数 n 增加时,算术平均值的中误差 m_L 迅速减小。但当观测次数达到一定数值后(例如 $n=10$),图中的曲线就较平缓了,这时如果再增加观测次数,工作量增加,而提高精度的效果就不太明显了。故不能仅以增加观测次数来提高测量成果的精度,还应设法提高观测值本身的精度(即减小 m),例如提高观测水平、使用更精密的测量仪器或在良好的外界条件下进行观测等。

习 题

1. 测量误差的主要来源有哪些？测量误差分哪两类？它们的区别是什么？

2. 偶然误差有哪些特性？试根据偶然误差的第四个特性,说明等精度直接观测值的算术平均值就是该观测值的最可靠值。

3. 何谓精度？试解释作为衡量精度指标的中误差、极限误差的概率含义。

4. 设有一 n 边形,各内角的观测中误差为 m,试求该 n 边形内角和的中误差。

5. 现测量一个圆的半径 $R=31.3$ mm,其中误差为 ± 0.3 mm,试求圆面积及其中误差。

6. 用经纬仪观测水平角时,一测回角值的中误差为 $\pm 20''$,若需角值精度达到 $\pm 10''$,至少应测几个测回取平均值,其精度才能满足要求？

7. 采用测回法观测水平角 $\angle AOB$,已知观测 A 目标和 B 目标的方向读数的中误差均为 $\pm 6''$,容许误差为中误差的三倍,试求上下两半测回角值之差的容许误差和各测回角值之差的容许误差。

8. 对一距离测量了 6 次,观测结果分别为:246.535 m、246.548 m、246.520 m、246.529 m、246.550 m、246.537 m,试计算其算术平均值、算术平均值的中误差及相对误差。

9. 某水平角以等精度观测 4 个测回,观测值分别为 55°40′47″、55°40′40″、55°40′42″、

55°40′46″,试求各观测值的一测回的中误差、算术平均值及其中误差。

10. 如图 6-4 所示,采用全站仪测得 $a = 150.112$ m ± 0.005 m,$\angle A = 55°32'08'' \pm 6''$,$\angle B = 61°29'47'' \pm 6''$,试计算边长 c 及其中误差。

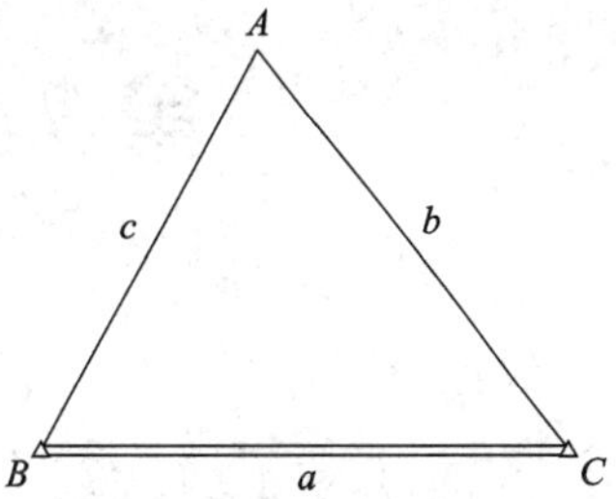

图 6-4

6.1　最小二乘法

6.2　测量平差

第7章　小区域控制测量

7.1　控制测量概述

在工程测量和地形测量中，为了限制误差的累积，保证测图或施工精度，也为了能同时分区开展测量工作，应遵循“从整体到局部、先控制后碎部”的原则进行。即在测区先建立控制网，然后根据控制网进行碎部测量或测设。

控制网按范围的大小可分为国家控制网、城市控制网和小区域控制网等。国家控制网是在全国范围内建立的控制网，这种网用于全国各种比例尺测图的基本控制，并为确定地球的形状和大小提供研究资料；城市控制网是在国家控制网的基础上，根据城区大小布设成的不同等级的控制网，用于城市规划建设、地形测量等；小区域控制网是在小于 10 km^2 的范围内建立的控制网，它直接用于各种工程建设。

控制网按功能可分为平面控制网和高程控制网两种。测定控制点平面位置(X,Y)的工作，称为平面控制测量；测定控制点高程(H)的工作，称为高程控制测量。

7.1.1　平面控制测量

国家平面控制网的常规布设方法主要有三角网和导线网两种。三角网按其精度分成一、二、三、四等，参见图7-1。一等三角网又称为一等三角锁，其精度最高，密度最低。它在全国范围内，沿经纬线方向布设，是国家平面控制网的骨干。它除作扩展低等级平面控制网的基础之外，还为研究地球的形状和大小提供精确数据。二等三角网布设于一等三角锁环内，是国家平面控制网的全面基础。三、四等网是在二等网的基础上进一步加密，以满足测图和各项工程建设的需要。在某些局部地区，如果采用三角测量有困难时，也可布设成同等级的导线，其中一、二等导线测量又称为精密导线测量。

城市平面控制网的布设分为二、三、四等三角网(亦即上述国家平面控制的二、三、四等)和一、二级小三角网或一、二、三级导线网，再布设直接为测绘大比例尺图所用的图根小三角和图根导线。

小区域平面控制网，应尽量与国家(或城市)已建立的高级控制网连测，将高级控制点的坐标作为起算数据。如果附近没有高级控制点，也可建立独立控制网。根据测区面积的大小，小区域平面控制可以分级建立首级控制和图根控制。直接用于测图的控制点称为图根控制点，简称图根点。测量图根点位置的工作，称为图根控制测量。图根控制测量可在高级控制点的控制下，布设图根小三角或图根导线，若测区面积较大，可布设两级图根点。在小区域范围内，可将水准面视为水平面，不需将测量成果归算到高斯平面上，可直接在平面上计算平面直角坐标。小区域平面控制，其首级控制与图根控制的关系参见表7-1。图根点的密度取决于测图比例尺和地形的复杂程度，平坦地区不低于表 7-2 中规定的点数。

表 7-1

测区面积(km^2)	首级控制	图根控制
1 ~ 10	一级小三角或一级导线	两级图根
0.5 ~ 2	二级小三角或二级导线	两级图根
0.5 以下	图根控制	

表 7-2

测图比例尺	图根点密度(点/km^2)
1:5 000	5
1:2 000	15
1:1 000	50
1:500	150

7.1.2　高程控制测量

国家高程控制网的建立主要采用水准测量的方法。国家水准网按精度同样可分为一、二、三、四等。图 7-2 是国家水准网布设示意图，一等水准网是国家高程控制网的骨干，它除作为扩展低等高程控制的基础外，还为科学研究提供依据；二等水准网是一等水准网的加密，是国家高程控制的全面基础；三、四等水准网是在二等水准网的基础上进一步的加密网，直接为各种测区提供必要的高程控制。

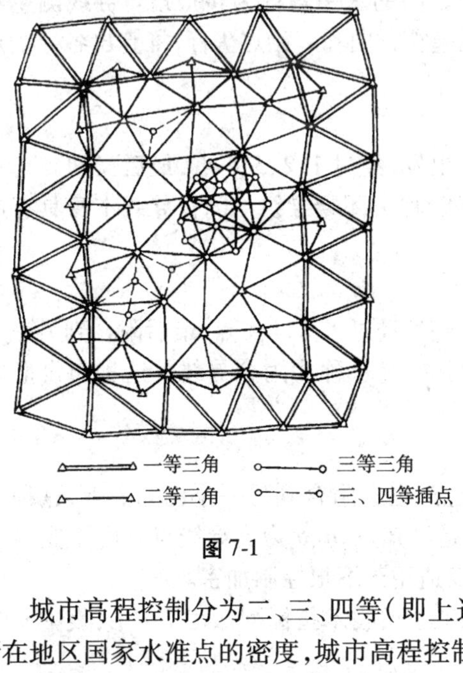

图 7-1

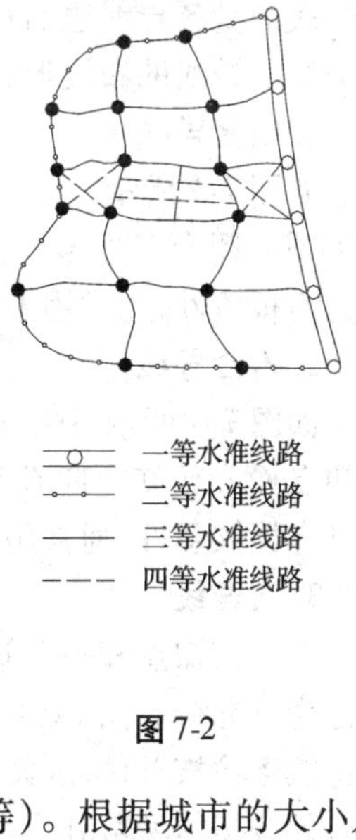

图 7-2

城市高程控制分为二、三、四等(即上述国家水准网的二、三、四等)。根据城市的大小及所在地区国家水准点的密度，城市高程控制可从某一个等级开始布设，其主要技术指标参见表 7-3，表中 L 为水准路线长度，以 km 为单位，n 为测站数。

表 7-3

等级	每公里高差中误差(mm)	附合路线长度(km)	水准仪级别	往返较差或环线闭合差	
				平地	山地
二	±2	400	DS_1	$\pm 4\sqrt{L}$	
三	±6	45	DS_3	$\pm 12\sqrt{L}$	$\pm 4\sqrt{n}$
四	±10	15	DS_3	$\pm 20\sqrt{L}$	$\pm 6\sqrt{n}$

根据测区面积的大小和工程建设的需求,小区域高程控制网可采用分级建立的方法。例如,以国家(或城市)水准点为基础,在整个测区建立三、四等水准网,再以三、四等水准点为基础,测定图根点的高程。对于山区或局部困难地区,还可采用三角高程测量的方法建立高程控制。水准点之间的距离,一般地区为 2 ~ 3 km,城市建筑区为 1 ~ 2 km,工业区小于 1 km。为了相互检核,在一个测区至少应设立三个水准点。

本章主要介绍用导线测量建立小区域平面控制网的方法,用三、四等水准测量和三角高程测量建立小区域高程控制网的方法,用经纬仪交会法进行单个平面控制点加密的方法,以及全球定位系统(GPS)在控制测量中的应用。

7.2 导线测量

7.2.1 导线的布设形式

将测区内相邻控制点连成直线而构成的连续折线,称为导线。导线上的控制点,称为导线点。相邻导线点之间的距离称为导线边,相邻导线边之间的水平角称为转折角。导线测量就是依次测量各导线边的长度和各转折角值,然后根据起算方向和起始点坐标,推算出各导线点的坐标。导线的布设形式有下列三种。

1. 闭合导线

如图 7-3 所示,从一个已知点 B 和已知方向 BA 出发,经过 1、2、3、4 点,最后又回到起点 B,形成一闭合多边形。这种起止于同一已知点的导线,称为闭合导线。闭合导线本身具有严密的检核条件,通常用于测区的首级控制。

2. 附合导线

如图 7-4 所示,从一个已知点 A 和已知方向 AB 出发,经过 1、2、3、4 点,最后附合到另一个已知点 C 和已知方向 CD。这种布设在两个已知点间的导线,称为附合导线。这种布设形式也具有检核条件,通常用于加密控制。

3. 支导线

由一已知点和一已知方向出发,既不回到原起始点,也不附合到另一个已知点上,这种导线称为支导线。图 7-3 中的 $3-a-b$ 就是支导线,3 是已知点,a、b 为支导线点。由于支导线自身缺乏检核条件,故其边数一般不得超过四条,它仅适用于图根控制加密。

导线按精度可分为一、二、三级导线和图根导线,其主要技术指标列入表 7-4 中,表中 n 为导线转折角的个数。

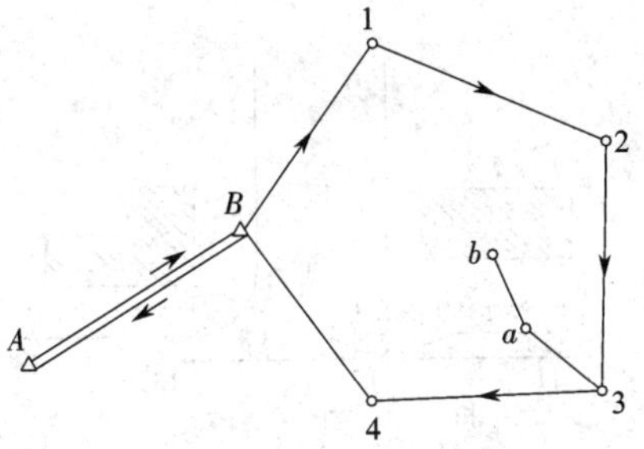

图 7-3

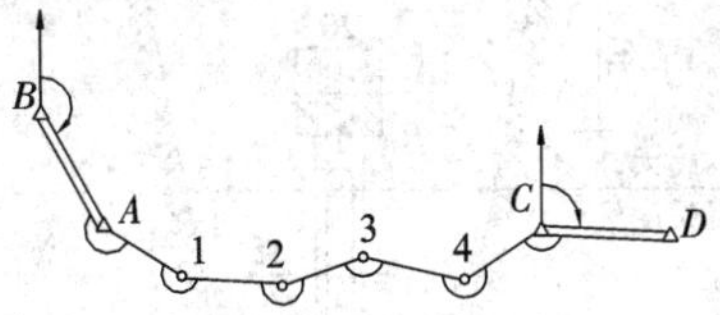

图 7-4

表 7-4

等级	测图比例尺	导线长度（m）	平均边长（m）	往返丈量较差相对误差	测角中误差（″）	导线全长相对闭合差	测回数		角度闭合差（″）
							DJ_2	DJ_6	
一		2 500	250	1/20 000	±5	1/10 000	2	4	$\pm 10\sqrt{n}$
二		1 800	180	1/15 000	±8	1/7 000	1	3	$\pm 16\sqrt{n}$
三		1 200	120	1/10 000	±12	1/5 000	1	2	$\pm 24\sqrt{n}$
图根	1/500 1/1 000 1/2 000	500 1 000 2 000	75 110 180	1/3 000	±20	1/2 000		1	$\pm 60\sqrt{n}$

7.2.2　导线测量的外业

导线测量的外业工作包括：选点、测边、测角和连测。

1. 选点

选点前，首先调查搜集测区已有地形图和控制点的成果资料，将控制点展绘在地形图上，然后在地形图上拟定导线的布设方案，最后到野外去踏勘，实地核对、修改、落实点位和建立标志。如果测区没有地形图资料，则需详细踏勘现场，根据已知控制点的分布、测区地形条件及测图和施工需要等具体情况，合理地选定导线点的位置。

实地选点时，应注意以下几点。

(1) 相邻点间要通视良好，地势较平坦，便于测量。

(2) 点位应选在土质坚实处，便于保存标志和安置仪器。

(3) 视野应开阔，便于施测碎部。

(4) 导线各边的长度应尽量接近表 7-4 中的平均边长。

(5) 导线点应有足够的密度，分布较均匀，便于控制整个测区。

导线点选定后，要及时做好标志，对于永久性的点，还要埋设混凝土桩或石桩，桩顶刻“十”字。(参见图 7-5) 导线点应统一编号。为了便于寻找，应绘制点之记，如图 7-6 所示。

2. 测边

导线边长一般采用测距仪或全站仪测定。对于图根导线，往返各测一次，取其平均值作为成果，并要求其相对误差不大于 1/3 000。

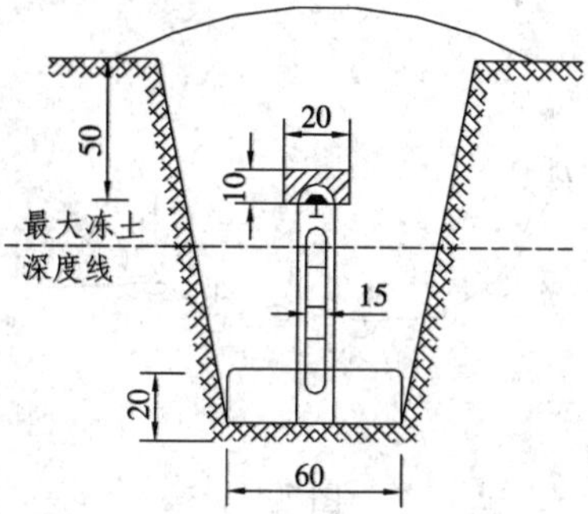

图 7-5

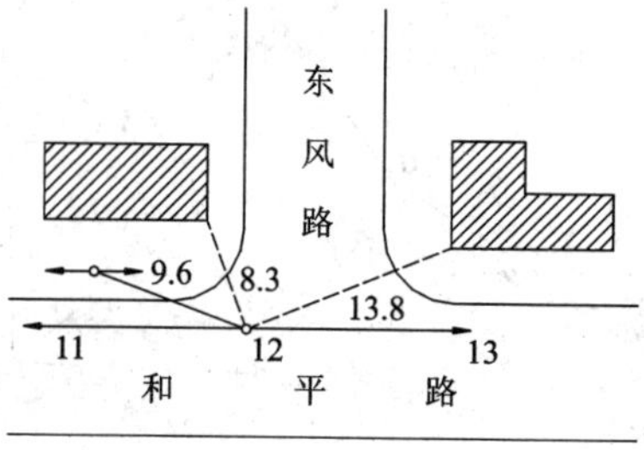

图 7-6

3. 测角

用测回法施测导线的各转折角。对于图根导线，一般用 DJ_6 级经纬仪或全站仪测一个测回，要求盘左、盘右测得角值的较差不超过 40″。

4. 连测

导线连测是指导线与高级控制点连接，测量其连接角、连接边，作为传递坐标方位角和坐标之用，如图 7-7 所示。如果附近无高级控制点，则应用罗盘仪施测导线起始边的磁方位角，并用起始点的假定坐标作为起算数据。

7.2.3 导线测量的内业

导线内业所要做的工作是，根据已知的起算数据和外业的观测成果，通过误差调整，计算出各导线点的平面坐标。

1. 闭合导线的内业计算

1）准备工作

首先绘制出所要计算的导线略图，将各项数据标注在图中（如图 7-8 所示），然后将核对过的外业观测数据及起算数据填入“闭合导线坐标计算表”中（参见表 7-5，起算数据用黑体字标明）。对于图根导线，内业计算过程中数字的取位，角值取至秒，边长及坐标取至厘米或毫米。

图 7-7

图 7-8

表 7-5

点号	观测角(左角)((°)(′)(″))	改正数(″)	改正角((°)(′)(″))	坐标方位角α((°)(′)(″))	距离 D(m)	坐标增量 Δx(m)	坐标增量 Δy(m)	改正后坐标增量 Δx(m)	改正后坐标增量 Δy(m)	坐标值 x(m)	坐标值 y(m)	点号
1	2	3	4	5	6	7	8	9	10	11	12	13
1										**800.00**	**800.00**	1
				125 30 00	105.23	−2 −61.11	+2 +85.67	−61.13	+85.69			
2	107 48 28	+13	107 48 41							738.87	885.69	2
				53 18 41	80.17	−2 +47.90	+2 +64.29	+47.88	+64.31			
3	73 00 17	+12	73 00 29							786.75	950.00	3
				306 19 10	129.35	−3 +76.61	+2 −104.22	+76.58	−104.20			
4	89 33 53	+12	89 34 05							863.33	845.80	4
				215 53 15	78.15	−2 −63.31	+1 −45.81	−63.33	−45.80			
1	89 36 32	+13	89 36 45							800.00	800.00	1
				125 30 00								
2												2
总和	359 59 10	+50	360 00 00		392.90	+0.09	−0.07	0.00	0.00			

辅助计算：

$\sum \beta_{测} = 359°59'10''$

$-\sum \beta_{理} = 360°00'00''$

$f_\beta = -50''$

$f_x = \sum \Delta x_{测} = +0.09\ \text{m}\quad f_y = \sum \Delta y_{测} = -0.07\ \text{m}$

$f_D = \pm\sqrt{f_x^{\ 2} + f_y^{\ 2}} = \pm 0.11\ \text{m}$

$K = 0.11/392.90 \approx 1/3500 \quad K_{容} = 1/2\ 000$

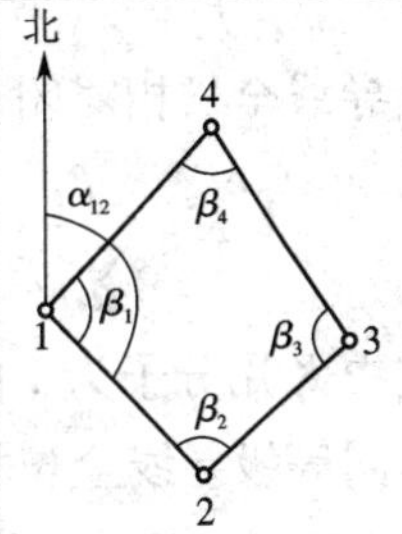

2）角度闭合差的计算与调整

闭合导线内角和的理论值为

$$\sum \beta_{理} = (n-2)\cdot 180° \tag{7-1}$$

式中 n 为导线边数。由于观测角不可避免地含有误差，致使实测的闭合导线内角和 $\sum \beta_{测}$ 不等于理论值，而产生角度闭合差，即

$$f_\beta = \sum \beta_{测} - \sum \beta_{理} \tag{7-2}$$

各级导线角度闭合差的容许值 $f_{\beta容}$ 可参见表 7-4。若 $f_\beta > f_{\beta容}$，则必须返工重测；若 $f_\beta \leqslant f_{\beta容}$，则可将闭合差反符号平均分配到各观测角中。改正后的内角和应为 $(n-2)\cdot 180°$，以此作为检核。

3）坐标方位角的推算

根据起始边的已知坐标方位角及改正后的各角度值，按下列公式推算其他各导线边的坐标方位角（参见式(4-22)）：

$$\alpha_{前} = \alpha_{后} \pm \beta\left(^{左}_{右}\right) \pm 180° \tag{7-3}$$

这里要注意，式(7-3)中是加 180°还是减 180°，要以 $\alpha_{前}$ 的取值在 0 ~ 360°的范围内为准。另外，最后还可以推算出起始边的坐标方位角，它应与原有的已知值相等，否则推算有误。

4）坐标增量的计算及其闭合差的调整

设导线点 i、j 之间的边长为 D_{ij}，方位角为 α_{ij}，则 i、j 两点之间的坐标增量

$$\left.\begin{aligned}\Delta x_{ij} &= D_{ij}\cos\alpha_{ij}\\ \Delta y_{ij} &= D_{ij}\sin\alpha_{ij}\end{aligned}\right\} \tag{7-4}$$

因闭合导线从起点经若干点后又回到起点，显然其坐标增量之和的理论值应为零，即

$$\left.\begin{aligned}\sum \Delta x_{理} &= 0\\ \sum \Delta y_{理} &= 0\end{aligned}\right\} \tag{7-5}$$

而实际上，由于测边的误差和角度闭合差调正后的残余误差，使得坐标增量也带有误差，即坐标增量之和的实测值 $\sum \Delta x_{测}$、$\sum \Delta y_{测}$ 往往不等于零，这就是坐标增量闭合差 f_x、f_y，即

$$\left.\begin{aligned}f_x &= \sum \Delta x_{测}\\ f_y &= \sum \Delta y_{测}\end{aligned}\right\} \tag{7-6}$$

进而可算得导线全长闭合差 f_D，即

$$f_D = \pm\sqrt{f_x^{\,2} + f_y^{\,2}} \tag{7-7}$$

及导线全长相对闭合差 K，即

$$K = \frac{f_D}{\sum D} = \frac{1}{\sum D/f_D} \tag{7-8}$$

式中 K 用分子为 1 的一个分数表示。导线测量的精度是用导线全长相对闭合差 K 来衡量的，不同等级导线全长相对闭合差的容许值 $K_{容}$ 可参见表 7-4，图根导线的容许值为 1/2 000。

若 $K \leqslant K_{容}$，表明测量结果符合精度要求，则可将坐标增量闭合差反号后按与边长成正比的方法分配到各坐标增量上去，即

$$\left.\begin{aligned}\Delta x'_{ij} &= \Delta x_{ij} + V_{x_{ij}}\\ \Delta y'_{ij} &= \Delta y_{ij} + V_{y_{ij}}\end{aligned}\right\} \tag{7-9}$$

式(7-9)中 $V_{x_{ij}}$、$V_{y_{ij}}$ 称为坐标增量改正数，即

$$\left.\begin{aligned}V_{x_{ij}} &= -\frac{f_x}{\sum D}\cdot D_{ij}\\ V_{y_{ij}} &= -\frac{f_y}{\sum D}\cdot D_{ij}\end{aligned}\right\} \tag{7-10}$$

另外，坐标增量改正数之和应满足下式（检核用）：

$$\left.\begin{aligned}\sum V_x &= -f_x\\ \sum V_y &= -f_y\end{aligned}\right\} \tag{7-11}$$

5）各导线点的坐标计算

根据起始点的已知坐标及各改正后的坐标增量 $\Delta x'_{ij}$、$\Delta y'_{ij}$，则可依次计算各导线点的坐标，即

$$\left.\begin{aligned}x_j &= x_i + \Delta x'_{ij}\\ y_j &= y_i + \Delta y'_{ij}\end{aligned}\right\} \tag{7-12}$$

最后还可将起始点的坐标推算出来，推算值应与已知值相同（以此作检核）。

2. 附合导线的内业计算

附合导线的内业计算步骤与闭合导线相同，所不同的是二者的角度闭合差及坐标增量闭合差的计算不一样。

1）角度闭合差的计算

附合导线首尾各有一条已知方位角的边，这里称之为始边和终边。根据始边的方位角及测得的导线各转折角，可以推算出终边的方位角，则终边推算的方位角值 $\alpha'_{终}$ 与其已知值 $\alpha_{终}$ 之差，即为附合导线的角度闭合差 f_β，即

$$f_\beta = \alpha'_{终} - \alpha_{终} \tag{7-13}$$

式(7-13)中，$\alpha'_{终}$ 的推算方法可参见式(7-3)。

2）坐标增量闭合差的计算

附合导线的首尾各有一个已知坐标值的点，这里称之为始点和终点，根据始点的坐标值及各条边的坐标增量，可以推算出终点的坐标值，则终点推算的坐标值 $x'_{终}$、$y'_{终}$ 与其已知值 $x_{终}$、$y_{终}$ 之差，即为附合导线的坐标增量闭合差 f_x、f_y，即

$$\left.\begin{aligned} f_x &= x'_{终} - x_{终} \\ f_y &= y'_{终} - y_{终} \end{aligned}\right\} \tag{7-14}$$

式(7-14)中，$x'_{终}$、$y'_{终}$ 按下式计算：

$$\left.\begin{aligned} x'_{终} &= x_{始} + \sum \Delta x_{测} \\ y'_{终} &= y_{始} + \sum \Delta y_{测} \end{aligned}\right\} \tag{7-15}$$

式(7-15)中的 $\sum \Delta x_{测}$、$\sum \Delta y_{测}$ 为附合导线实测的坐标增量（计算方法可参见式(7-4)）之和。

表 7-6 为附合导线内业计算全过程的一个算例。

表 7-6

点号	观测角(右角)((°)(′)(″))	改正数(″)	改正角((°)(′)(″))	坐标方位角 α((°)(′)(″))	距离 D(m)	坐标增量		改正后坐标增量		坐标值		点号
						Δx(m)	Δy(m)	Δx(m)	Δy(m)	x(m)	y(m)	
1	2	3	4	5	6	7	8	9	10	11	12	13
A												A
				157 00 36								
B	192 14 24	−6	192 14 18							299.82	303.80	B
				144 46 18	139.03	+3 −113.57	−3 +80.20	−113.54	+80.17			
1	236 48 36	−6	236 48 30							186.28	383.97	1
				87 57 48	172.57	+4 +6.13	−3 +172.46	+6.17	+172.43			
2	170 39 24	−6	170 39 18							192.45	556.40	2
				97 18 30	100.07	+2 −12.73	−2 +99.26	−12.71	+99.24			
C	180 00 42	−6	180 00 36							179.74	655.64	C
D				97 17 54								D
总和	779 43 06	−24	779 42 42		411.67	−120.17	+351.92	−120.08	+351.84			

点号	观测角(右角)((°)(′)(″))	改正数(″)	改正角((°)(′)(″))	坐标方位角α((°)(′)(″))	距离 D(m)	坐标增量		改正后坐标增量		坐标值		点号
						Δx(m)	Δy(m)	Δx(m)	Δy(m)	x(m)	y(m)	
辅助计算	$\alpha'_{CD}=\alpha_{AB}+4\times180°-\sum\beta_{测}$ $=157°00'36''+720°-779°43'06''$ $=97°17'30''$ $f_\beta=\alpha'_{CD}-\alpha_{CD}$ $=97°17'30''-97°17'54''$ $=-24''$ $f_{\beta容}=\pm60''\sqrt{4}$ $=\pm120''$				$X_C'=X_B+\sum\Delta x_{测}$ $=299.82-120.17$ $=179.65\ m$ $f_x=X_C'-X_C$ $=-0.09\ m$ $f_D=\pm\sqrt{f_x^2+f_y^2}$ $=\pm0.12\ m$ $K_{容}=1/2\,000$			$Y_C'=Y_B+\sum\Delta Y_{测}$ $=303.80+351.92$ $=655.72\ m$ $f_y=Y_C'-Y_C$ $=+0.08\ m$ $K=f_D/\sum D$ $=0.12/411.67$ $\approx1/3\,400$		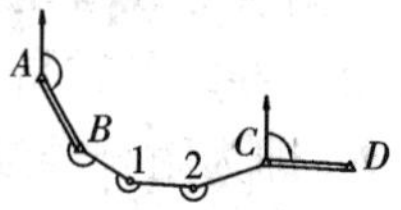		

7.3 三、四等水准测量

小区域高程控制测量,一般采用三、四等水准测量的方法。若地面起伏较大,水准测量困难时,还可采用三角高程测量。

7.3.1 技术要求

三、四等水准测量起算点的高程一般引自国家一、二等水准点;若测区没有国家水准点,也可建立独立的水准网,采用相对高程。

三、四等水准路线一般沿坡度较小、便于施测的道路布设。对于其布设形式,如果是作为测区的首级控制,一般布设成闭合环线;如果是加密,可采用附合路线和节点网,其点位的选定及埋设可参阅第2章。水准点的间距一般为2~4 km,一个测区一般至少应埋设三个以上的水准点。三、四等及图根水准测量的技术要求参见表7-7。

表7-7

等级	路线长度(km)	水准仪	视线长度(m)	视线高度(m)	水准尺	观测次数		往返较差、闭合差	
						与已知点连测	附合或环线	平地(mm)	山地(mm)
三	45	DS_{05}、DS_1	80	≥0.3	铟瓦	往返各一次	往一次	$\pm12\sqrt{L}$	$\pm4\sqrt{n}$
		DS_3	65		双面		往返各一次		
四	15	DS_1	100	≥0.3	铟瓦	往返各一次	往一次	$\pm20\sqrt{L}$	$\pm6\sqrt{n}$
		DS_3	80		双面				
图根	8	DS_3	100	不限	单面	往返各一次	往一次	$\pm40\sqrt{L}$	$\pm12\sqrt{n}$

注:计算往返较差时,表中的 L 为水准点间的路线长度(km);而计算附合和环线闭合差时,L 为附合和环线的路线长度(km);表中 n 为相应的测站数。

7.3.2 施测方法

采用双面尺法观测，其在每一站上的技术要求参见表7-8。下面以一个测站为例介绍观测的程序，其记录与计算参见表7-9。

表7-8

等级	视线长度(m)	视线高度(m)	前后视距差(m)	前后视距累积差(m)	红黑面读数差(mm)	红黑面所测高差之差(mm)
三	≤65	≥0.3	≤3	≤6	≤2	≤3
四	≤80	≥0.2	≤5	≤10	≤3	≤5

表7-9

测站编号	点号	后尺 上丝 / 下丝 后视距(m) 视距差(m)	前尺 上丝 / 下丝 前视距(m) 视距累积差(m)	方向及尺号	水准尺读数 黑面	水准尺读数 红面	K=黑-红 $K_{01}=4.787$ $K_{02}=4.687$	高差平均值(m)
		(1) (2) (9) (11)	(4) (5) (10) (12)	后 前 后—前	(3) (6) (15)	(8) (7) (16)	(14) (13) (17)	(18)
1	BM_1 | TP_1	1 403 1 174 22.9 -1.4	1 344 1 101 24.3 -1.4	后01 前02 后—前	1 290 1 222 +0.068	6 074 5 911 +0.163	+3 -2 +5	+0.065 5
2	TP_1 | TP_2	1 461 1 051 41.0 +2.0	1 952 1 562 39.0 +0.6	后02 前01 后—前	1 261 1 762 -0.501	5 951 6 550 -0.599	-3 -1 -2	-0.500 0
3	TP_2 | BM_2	1 662 1 162 50.0 0.0	1 796 1 296 50.0 +0.6	后01 前02 后—前	1 413 1 541 -0.128	6 201 6 226 -0.025	-1 +2 -3	-0.126 5

1. 观测顺序

观测顺序如下。

(1)后视黑面尺，读取上、下、中丝读数：(1)、(2)、(3)。

(2)前视黑面尺，读取上、下、中丝读数：(4)、(5)、(6)。

(3)前视红面尺，读取中丝读数：(7)。

(4)后视红面尺，读取中丝读数：(8)。

上述这四个步骤简称为“后—前—前—后”，这样做可消除或减弱仪器和尺垫下沉误差的影响。对于四等水准测量，还可采用“后—后—前—前”，这种步骤要简便些。

2. 计算与检核

1)视距计算

$$\left.\begin{array}{l}\text{后视距}(9)=[(1)-(2)]\times 100\\ \text{前视距}(10)=[(4)-(5)]\times 100\end{array}\right\}\text{:三等}\leqslant 65\ \text{m},\text{四等}\leqslant 80\ \text{m}$$

前后视距差(11)=(9)-(10):三等≤3 m,四等≤5 m

前后视距累积差(12)=本站(11)+上站(12):三等≤6 m,四等≤10 m

2)读数检核

$$\left.\begin{array}{l}(13)=(6)+K-(7)\\ (14)=(3)+K-(8)\end{array}\right\}\text{:三等}\leqslant 2\ \text{mm},\text{四等}\leqslant 3\ \text{mm}(K=4.687\ \text{m 或 }4.787\ \text{m},\text{为红黑面尺的零点差})$$

3)高差计算与检核

黑面高差(15)=(3)-(6)

红面高差(16)=(8)-(7)

$$\left.\begin{array}{l}\text{红黑面高差之差}(17)=(15)-(16)\\ \text{或}(17)=(14)-(13)\end{array}\right\}\text{:三等}\leqslant 3\ \text{mm},\text{四等}\leqslant 5\ \text{mm}$$

$$\text{高差平均值}(18)=\frac{1}{2}\{(15)+[(16)\pm 0.100\ \text{m}]\}:$$

若前后尺的 K 值不同,相差 0.1 m 时,则(15)与(16)也相差约 0.1 m。那么当(15)比(16)小约 0.1 m 时,则(16)减 0.1 m;当(15)比(16)大约 0.1 时,则(16)加 0.1 m。

四等水准测量成果计算与误差调整的方法可参见第 2 章。

7.4 经纬仪交会法

7.4.1 交会形式

当进行平面控制测量时,如果控制点的密度不能满足测图或工程需要时,还可采用经纬仪交会法进行单点加密。

经纬仪交会法分前方交会、侧方交会和后方交会三种形式。图 7-9 为前方交会,它是在两个已知点 A、B 上安置经纬仪,测出水平角 α、β,从而算得 P 点的坐标;图 7-10 为侧方交会,它是在被测点 P 上和其中一个已知点(例如点 A)上安置经纬仪,测出水平角 α、γ,从而算得 P 点的坐标;图 7-11 为后方交会,它是在被测点 P 上安置经纬仪,照准三个已知点 A、B、C,测出水平角 α、β,从而算得 P 点的坐标。

具体采用哪一种交会形式观测,需视实际情况而定。如果在已知点易于安置仪器,即可选用前方交会;否则可考虑采用侧方交会或后方交会。

为了提高交会精度,在选用交会法的同时,还要注意交会图形的结构强度。一般情况下,当交会角(即被测点与已知点所成的水平角,如图 7-12 中 $\angle APB$)在 90° ~ 110°之间时,其交会精度最高。另外,对于后方交会,如果被测点 P 恰好位于由三个已知点 A、B、C 所决定的圆周上时,如图 7-12 所示,则 P 点的坐标将无法解算出(因在这个圆周上的任意一点与这三个已

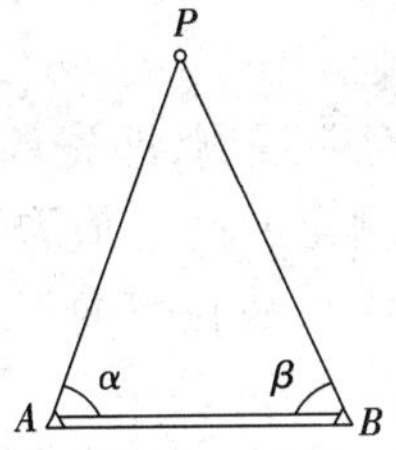

图 7-9

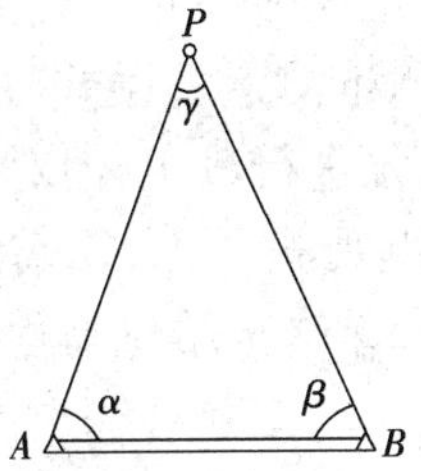

图 7-10

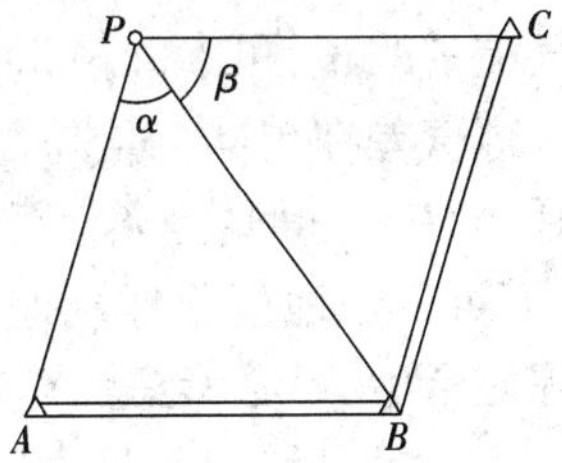

图 7-11

知点构成的水平角,即圆周角都等于 α、β),因此这个圆被称为危险圆。故在选择后方交会图形时,应尽量避开此圆。

这里需要特别说明的是,目前全站仪的使用已很普及,采用全站仪极坐标法(在一个控制点上对目标点同时测一水平角和水平距离)即可达到上述经纬仪交会法的目的,且更简单方便。因此在许多场合,全站仪极坐标法可以替代经纬仪交会法。

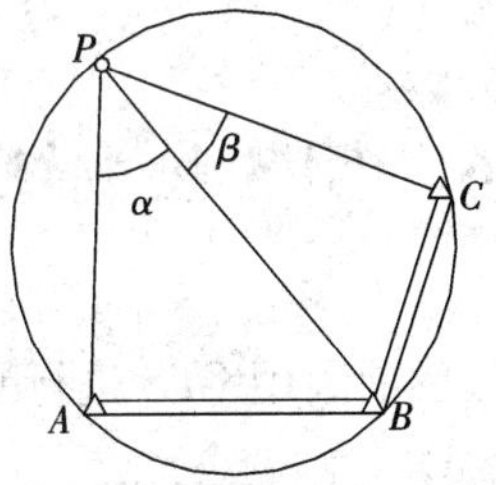

图 7-12

7.4.2　前方交会的计算公式(不作推导)

如图 7-9 所示,交会点 P 的坐标为

$$x_P=\frac{x_A\text{ctan }\beta+x_B\text{ctan }\alpha+(y_B-y_A)}{\text{ctan }\alpha+\text{ctan }\beta} \tag{7-16}$$

$$y_P=\frac{y_A\text{ctan }\beta+y_B\text{ctan }\alpha+(x_B-x_A)}{\text{ctan }\alpha+\text{ctan }\beta} \tag{7-17}$$

7.5　三角高程测量

当地面高低起伏较大,若用水准测量进行高程控制测量时,困难大且速度也慢,这时可考虑采用三角高程测量。

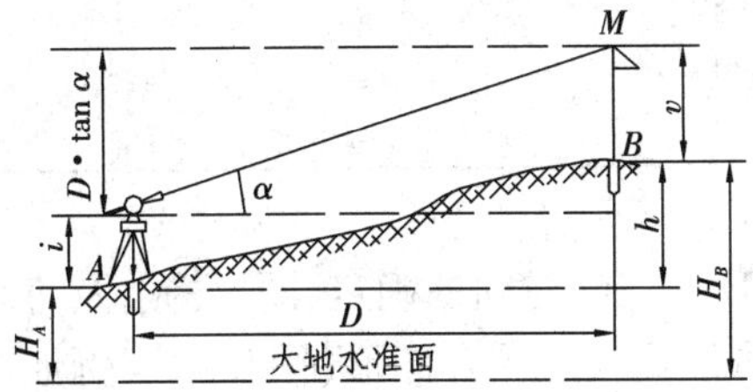

图 7-13

三角高程测量是通过测量两点间的水平距离(水平距离也可以是已知的)和竖直角来计算这两点间的高差。如图 7-13 所示,已知点 A 的高程 H_A,现欲测量点 B 的高程 H_B。在点 A 安置经纬仪(或全站仪),在点 B 立目标(或反射镜),测出目标的竖直角 α,同时量出点 A 至仪器横轴的高度 i,点 B 至所瞄目标的高度 v,另外,若已知(或测出)A、B 两点间的水平距离 D,则 A、B 两点间的高差

$$h=D\cdot\tan\alpha+i-v \tag{7-18}$$

那么 B 点的高程

$$\begin{aligned}H_B&=H_A+h\\&=H_A+D\cdot\tan\alpha+i-v\end{aligned} \tag{7-19}$$

在进行三角高程测量时，还需注意地球曲率和大气折光的影响，这里简称为球气差。关于球气差的改正，可参阅第2.3.4中的“水准测量的误差”。

球气差在单向三角高程测量中，必须进行改正，但对于双向观测（又称对向观测，即先从A点观测B点，得高差h_{AB}，然后再从B点观测A点，得高差h_{BA}），若将往返测得的高差值取平均，即可很好地消除球气差（参阅5.2.5节“全站仪高程与水准高程的差异”），故在双向三角高程测量中，不必考虑计算球气差的改正。

这里需要特别说明的是，目前全站仪的使用已很普及，无论两点间的水平距离是否已知，采用全站仪均可以直接测出两点间的高差，而不需要分别测水平距离和竖直角，非常简单方便。

7.6 GPS控制测量

目前利用GPS进行平面控制测量已逐渐成为一种主要手段。

7.6.1 GPS平面控制网的布设

GPS平面控制网的布设应当明确精度指标和网的图形。精度指标通常以网中相邻点之间的距离误差表示，其形式为

$$\sigma = a + (b \cdot d \cdot 10^{-6}) \tag{7-20}$$

式中，σ为标准差，mm；a为固定误差，mm；b为比例误差系数；d为相邻点间距离，mm。

国家测绘局发布的《全球定位系统（GPS）测量规范》中，对GPS测量按其精度划分为AA、A、B、C、D、E级。表7-10列出了各级GPS网应达到的精度指标。

表7-10

级别	固定误差a(mm)	比例误差系数b
AA	≤3	≤0.01
A	≤5	≤0.1
B	≤8	≤1
C	≤10	≤5
D	≤10	≤10
E	≤10	≤20

当网点位置和接收机台数确定后，网的设计主要体现在观测时间的确定、图形构造及每个设站点观测的次数等。一般要求GPS网根据独立同步观测边构成闭合图形（同步环），例如三角形、大地四边形等，以增加检核条件，提高网形的可靠性。各点观测次数的确定，通常应遵循“网中每点至少独立设站观测两次”的基本原则。

GPS布网方案确定之后，即可在实地进行选点和建立GPS观测标志。通常选点时，要选在交通方便、易于安置接收机的位置，最好能方便地与常规控制网连测和加密。另外，GPS点还须避开对电磁波接收有强烈吸收、反射等干扰影响的金属及其他障碍物，如高压线、电台、电视台、高层建筑及大面积水面等。点位选定之后，应按《全球定位系统（GPS）测量规范》中的

要求埋石做标志,并绘制点之记、测站环视图和 GPS 网选点图。

7.6.2　GPS 基线测量

GPS 基线测量的作业过程包括:天线安置、接收机操作和观测记录等。安置天线对观测精度至关重要,必须做到天线与观测点对中、仪器整平、准确定向并量取天线的安置高度。GPS 接收机操作通常只要按照仪器使用说明书很容易完成各项操作。观测记录由接收机自动完成,并存储在机载存储器中,供随时调用和处理。

《全球定位系统(GPS)测量规范》中规定:C 级及以下各级 GPS 网基线解算及 B 级 GPS 网基线预处理可采用随接收机配备的商用软件,AA、A、B 级 GPS 网基线精处理须采用专门的软件,计算结果中应包括相对定位坐标和协方差阵等平差所需的元素。

7.6.3　GPS 基线向量网的平差

按上述模型解算得到的同步观测基线向量组成的网称为 GPS 基线向量网。GPS 基线向量网的平差就是以 GPS 基线向量为观测值,以其方差阵之逆阵为权,进行平差计算求定各 GPS 网点的坐标并进行精度评定。

GPS 基线向量网的平差可以三维模式进行,也可以二维模式进行。当进行二维平差时,应首先将三维 GPS 基线向量及其方差阵转换至二维平差计算面(椭球面或高斯投影平面等)。

GPS 基线向量网的平差过程,大致可分为数据准备、平差计算、成果分析。

1. 数据准备

GPS 基线向量观测值由前述方法求得。对于由 m 台接收机观测的同步图形来说,总共可以算得 $m(m-1)/2$ 条基线结果,但其中只有 $m-1$ 条基线是独立的,因而存在基线向量观测值的选择问题。选择基线向量的基本原则如下。

(1) 只选择独立基线。

(2) 独立基线向量构成的环闭合差应在一定的容许范围之内。理论上绕环线一周各基线向量坐标各分量的代数和应为零,但由于各种误差的影响,实际上可能不为零,这样就得到所谓的环线坐标分量闭合差。

按照以上原则选择确定参加平差的独立基线向量后,应将各基线的向量坐标及其方差、协方差阵从各基线处理结果文件中提取出来,存入基线向量观测值文件。若要进行二维平差,则应将三维基线向量及方差、协方差阵转换成二维基线向量及方差、协方差阵。

2. 平差计算

各类数据文件化后就可以调用平差程序进行计算。解算所需的软件选用及各级网所应达到的解算精度等有关要求,参见《全球定位系统(GPS)测量规范》。

3. 成果分析

成果分析的主要内容有以下两方面。

(1) GPS 基线向量网成果的内精度。主要考察基线向量观测值改正数分布是否有明显异常的大误差,平差后各点坐标中误差、点位中误差以及 GPS 基线向量边的方位精度和边长相对精度是否符合要求。

(2) 平差成果的外部检核。通常这种外部检核是通过高精度激光测距边来进行的,借以检测平差成果的真实精度水平。

习 题

1. 小区域测量平面控制网和高程控制网各有哪几种布设形式？各在什么条件下采用？

2. 导线测量外业踏勘选点时应注意哪些问题？

3. 经纬仪交会法有哪几种形式？什么叫危险圆？

4. 导线的布设形式有哪几种？它们各用在什么情况下？

5. 简述三、四等水准测量的施测步骤。在一个测站上一共需要观测哪些数据？算出哪些数据？

6. 三角高程测量时，如何消除地球曲率和大气折光的影响？

7. 布设 GPS 平面控制网时，如何进行网形的设计？实地选点时，有哪些注意事项？

8. 闭合导线（逆时针编号）12341 的已知数据为 X_1 = 4 032.20 m，Y_1 = 4 537.16 m，α_{12} = 95°58′00″；观测数据为 β_1 = 125°52′14″，β_2 = 82°46′25″，β_3 = 91°08′28″，β_4 = 60°13′52″，D_{12} = 100.28 m，D_{23} = 78.95 m，D_{34} = 137.23 m，D_{41} = 78.97 m。试列表计算 2、3、4 点的坐标（不需顾及全长相对闭合差的容许值）。

9. 试根据图 7-14 中的已知数据和观测数据，列表计算附合导线中 1、2 两点的坐标。

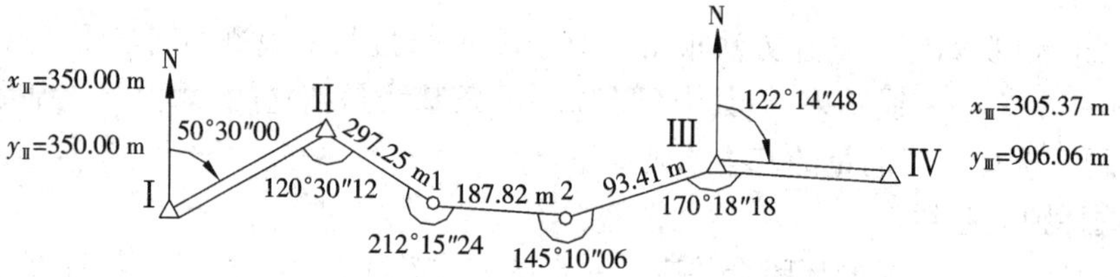

图 7-14

7.1 2000 国家大地控制网

7.2 工程测量规范（GB50026—2007）

第 8 章　地形图的基本知识及测绘

8.1　地形图的基本知识

地球表面上的地形可分为两大类:地物和地貌。地面上天然和人工的各种固定物体,称为地物,例如房屋、道路、河流等;地球表面高低起伏的形态,称为地貌,例如高山、平原、沟壑等。按一定的比例尺和投影方式,用规定的符号将地面上地物和地貌的平面位置和高程缩绘在相应的介质上而得到的图形称为地形图,如图 8-1 所示。

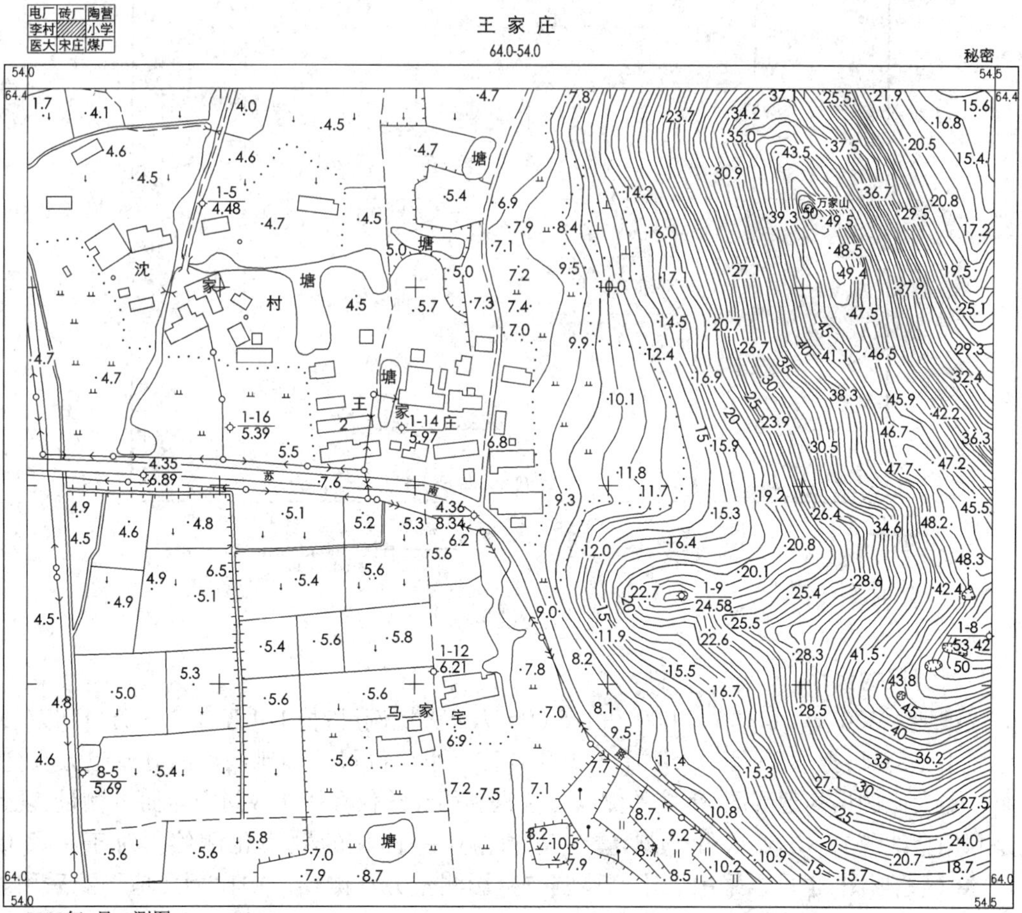

2000年 月 测图
任意直角坐标系:坐标起点以“地方”为原点起算　　1:1 000
1985年国家高程基准,等高距为1 m
1996年版图式

图 8-1

8.1.1 地形图的比例尺

1. 比例尺的表示方法

地形图上任意一线段长度 l 与相应实际地面水平长度 L 之比,称为地形图的比例尺。比例尺在地形图上可用数字和图式两种形式表示。数字比例尺表示形式为

$$\frac{l}{L}=\frac{1}{M} \tag{8-1}$$

图式比例尺是在图中用一条分有若干个单位长度的直线段与数字比例尺同比例地表示实际地面水平长度,如图 8-2 所示。图式比例尺一般绘制在地形图图廓下方,随图纸同样伸缩,用它在同一图上量测距离,可消除因图纸伸缩引起的量度误差。

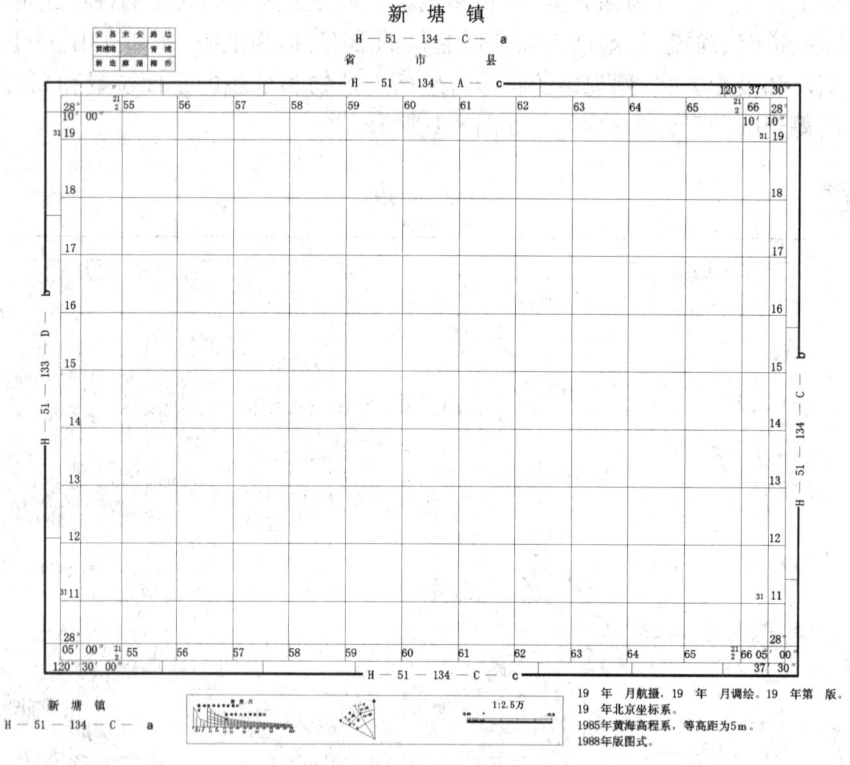

图 8-2

2. 比例尺的大小

我国把1∶500、1∶1 000、1∶2 000 和1∶5 000 称为大比例尺;把1∶1万、1∶2.5 万、1∶5万、1∶10 万称为中比例尺;把1∶25 万、1∶50 万、1∶100 万称为小比例尺。即比例尺的分母越大,比例尺越小。对大比例尺的地形图,传统的测绘方法是利用经纬仪和平板仪进行全野外测量,现代方法是利用全站仪或 GPS,从野外测量、计算到内业一体化的数字化测绘。对于 1∶2 000、1∶5 000 的地形图,也可以采用大比例尺航空摄影测量方法测绘。中比例尺地形图采用航空摄影测量或航天遥感数字摄影测量方法测绘。一般地,中小比例尺地形图是以同测区的大比例尺地形图为基础,采用编绘的方法完成的。中小比例尺地形图又简称为地图。

在城市和工程的总体规划、分区规划、详细规划、初步和项目设计到施工过程中,通常采用

1:5万至1:500各种不同比例尺的地形图。对于诸如地下建筑、大桥选址及水坝等特种工程，还要测绘1:200比例尺的地形图。

3. 比例尺的精度

正常人眼在图上可分辨的最小距离为0.1 mm，实地距离若小于相应值时，在图上将无法表达与分辨。因此将图上0.1 mm所对应的实地水平距离，称为比例尺精度。例如，1:2 000的比例尺精度为0.2 m。显而易见，比例尺的大小决定了比例尺精度，而比例尺精度又决定了实测地形图时的精度要求和地形图的概括程度。

8.1.2　地形图的分幅和编号

当测区面积较大时，需对地形图进行分幅和编号，以便于编图和应用。地形图的分幅有两种形式，即梯形分幅和矩形分幅。梯形分幅的地形图图廓线是经纬线，因而呈梯形，主要适用于中、小比例尺地形图。矩形分幅的地形图图廓线是矩形，与平面直角坐标系轴平行，主要适用于大比例尺地形图。

1. 梯形分幅与编号

地形图编号可以采用自然序数式、行列式、行列－自然序数式方法。自然序数编号法是按自然数字顺序编排，如1，2，3，4，…。行列式编号法是将制图区域中行和列分别赋予数字和字母并组合成编号，如G12，是指第G行第12列图。行列－自然序数编号法是将行列式法和自然序数法相结合的编号方法，如G12—5，是指G12图中的第5幅图。

我国于1991年重新制定了《国家基本比例尺地形图分幅和编号》的新国家标准。它仍以作为国际上统一的1:100万比例尺地形图分幅编号为基础，后接相应比例尺图的行和列代码，并附有比例尺代码，所有基本比例尺编号均由5个元素10位码组成。

1)1:100万地形图的分幅与编号

1:100万地形图的分幅与编号是国际上统一的。它按经差6°和纬差4°进行分幅，整个地球椭球南北半球各分成22行60列。行从赤道开始，向南北按字母A，B，C，…顺序进行编号，列从180°经线开始，自西向东按自然序数1，2，3，…编号，因而1:100万地形图采用行列式编号法，行在前，列在后，例如G12。1:100万地形图的分幅和编号如图8-3所示，其中在纬度60°～76°之间经差为12°，在纬度76°～88°之间经差为24°，88°以上为一幅。

2) 1:50万～1:5 000地形图的分幅和编号

1:50万至1:5 000基本比例尺地形图，均以1:100万图为基础，将其分成若干行和列，行列分别以所在行列自然顺序数编码，采用三位数字，不足三位时前取0，并附有比例尺代码。基本比例尺图编码均由5个元素10位码组成，各代码所占据的顺序和位数，如图8-4所示。图家基本比例尺地形图的比例尺代码如表8-1所示。国家基本比例尺地形图的行列划分和编号如图8-5所示。例如，编号G12C002003的地形图属于1:25万比例尺的地形图，在编号为G12的1:100万比例尺地形图之中，其行号为2，列号为3。编号G12G081054的地形图属于1:1万比例尺地形图，在编号为G12的1:100万比例尺地形图之中，其行号为81，列号为54。

表8-1

比例尺	1:50万	1:25万	1:10万	1:5万	1:2.5万	1:1万	1:5 000
代　码	B	C	D	E	F	G	H

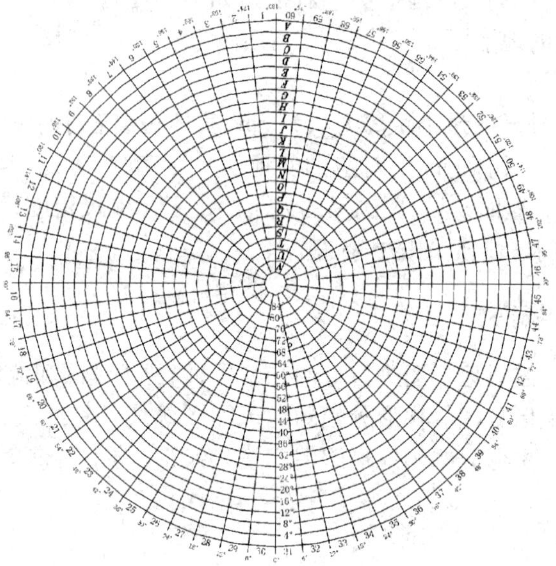

图 8-3

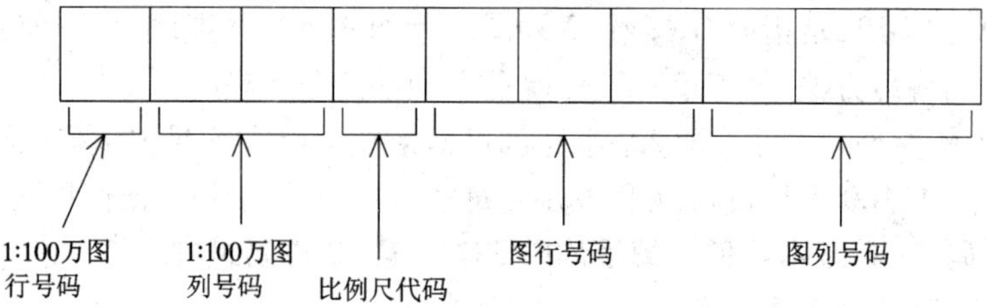

图 8-4

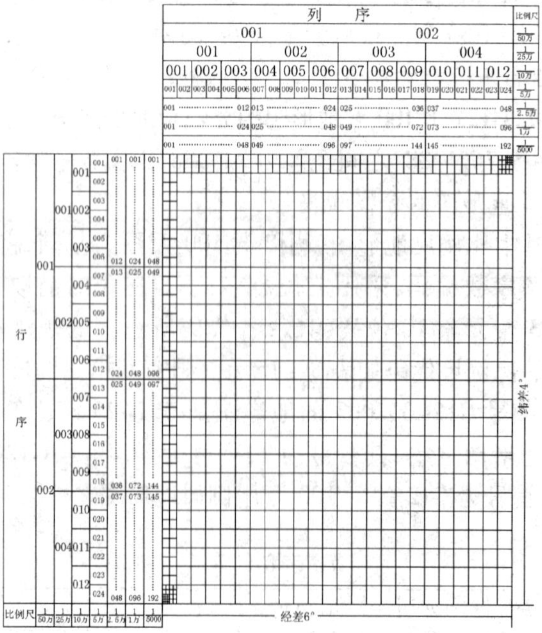

图 8-5

2. 矩形分幅与编号

大比例尺图，例如 1∶500、1∶1 000、1∶2 000 以及为工程设计施工用的 1∶5 000 比例尺地形图，一般采用矩形分幅法进行分幅和编号，它以平行于平面直角坐标系轴的整千米或百米线作为图廓线。通常 1∶5 000 地形图的图幅大小为 40 cm×40 cm，1∶2 000、1∶1 000、1∶500 地形图的图幅大小为 50 cm×50 cm。它们之间的关系如表 8-2 所示。

表 8-2

比例尺	图幅大小(cm)	实地面积(km^2)	一幅 1∶5000 图所含图幅数
1∶5 000	40×40	4	1
1∶2 000	50×50	1	4
1∶1 000	50×50	0.25	16
1∶500	50×50	0.062 5	64

矩形图幅的编号以 1∶5 000 比例尺图为基础。1∶5 000 比例尺图的编号取图幅西南角坐标公里数作为其编号，而其他比例尺图在其后加上罗马数字进行编号，如图 8-6 所示。例如编号为 20－30－Ⅰ－Ⅱ－Ⅰ、20－30－Ⅱ－Ⅲ的图，其图幅为图 8-6 中的阴影部分。可以看出 20－30－Ⅰ－Ⅱ－Ⅰ编号的图为 1∶500 比例尺地形图，而 20－30－Ⅱ－Ⅲ编号的地形图为 1∶1 000 比例尺地形图。矩形图幅的地形图编号，也可以采用前面叙述的其他编号方法，以使用与管理方便为主，不作硬性规定。

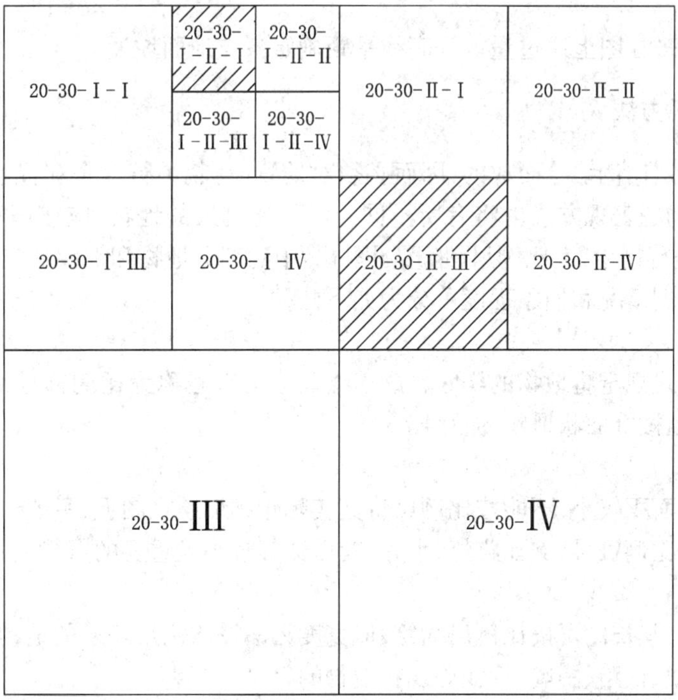

图 8-6

8.1.3 地形图的图外注记

地形图图廓线外的文字、符号、图形说明等称为地形图图外注记。它可以对地形图起补充说明的作用,便于图的使用和管理。它包括图名、图号、接图表、比例尺、坡度尺、三北方向线、坐标格网注记、图例、测图及编图方法、投影方式、图式版本、坐标及高程系统等。下面对部分图外注记作简要说明。(参见图8-2)

1. 图名、图号、接图表

图名即图的名字,一般取图内显著的地物或地貌名作为图名,图名一般标在图廓正上方。图号是指图的编号,图号标在图名和上图廓之间。接图表表示本图幅与四邻图幅的邻接关系,接图表绘在上图廓的左上方,用来标明相邻图的图名或图号。

2. 图廓和坐标格网

图廓分为内图廓和外图廓。内图廓线较细,是图幅的范围线;外图廓线较粗,是图幅的装饰线。矩形图幅的内图廓是坐标格网线,在内外图廓之间和图内绘有坐标格网交点短线,图廓的四角注记有坐标。梯形图幅的内图廓是经纬线,图廓的四角注记有经纬度,内外图廓间还有分图廓,在内图廓线与分图廓线间的短线,标明了高斯直角坐标系中的坐标值(以km计),分图廓线与外图廓线间的短线,标明了经纬度值。

3. 三北方向线

三北方向线标明真子午线、磁子午线和坐标纵轴间的相互关系,即表明了图中磁偏角和子午线收敛角的平均值。

4. 坡度比例尺

坡度比例尺用来在图上通过量取等高线平距确定各点地面坡度。

8.1.4 地物的表示方法

地形图是按一定比例缩绘而成的,因而必须对地物、地貌进行取舍和概括。显而易见,当比例尺不同时,地物的表现方式也将有所不同。不同比例尺的地物,应按国家统一标准(《地形图图式》)规定进行描绘,大比例尺《地形图图式》中的部分地物和地貌如表8-3所示。

地物符号按比例情况和抽象程度可分为如下几种。

1. 比例符号

按比例尺和图式规定将地物的实际轮廓缩绘而成的符号称为比例符号,例如地面上的建筑物、湖泊、农田、植被等面状地物的符号。

2. 非比例符号

由于地物占地面积较小,不能按比例尺将其实际轮廓缩绘在图上,只能依照特殊规定绘制的地物符号称为非比例符号,例如路灯、水井、变压器等较小且重要的点状地物的符号。

3. 半比例符号

对于某些地物,其长度可按比例尺缩绘,但宽度无法按比例尺缩绘的地物符号称为半比例符号,例如高压电线、铁路、围墙、管线等线状地物的符号。

4. 注记符号

对地物用文字、数字和特殊符号加以注明或补充说明,例如建筑物名称和层数,河流名称、水深和流向,山脉名称等。

表 8-3

编号	符号名称	图例
1	坚固房层 4—房层层数	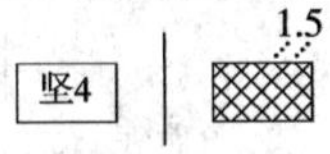
2	普通房层 2—房屋层数不清	
3	窑洞 1. 住人的 2. 不住人的 3. 地面下的	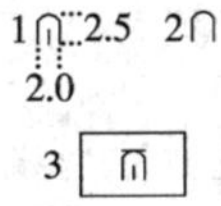
4	台阶	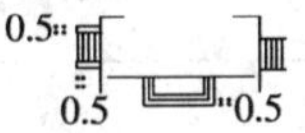
5	花圃	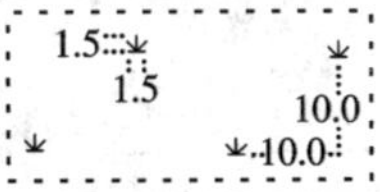
6	草地	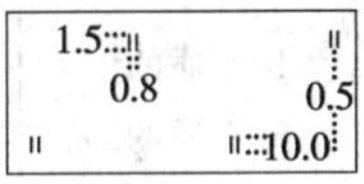
7	经济作物地	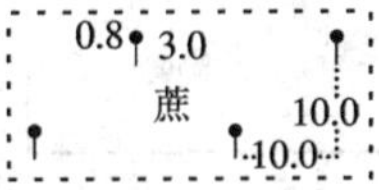
8	水生经济作物地	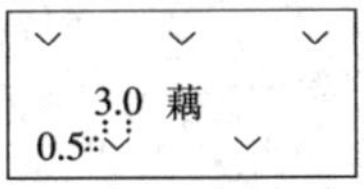
9	水稻田	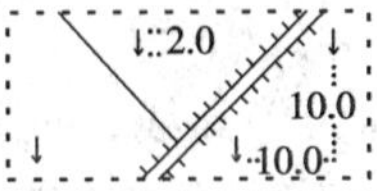
10	旱地	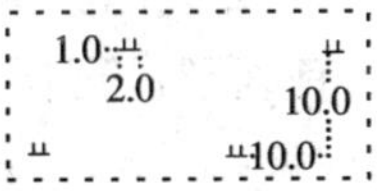
11	灌木林	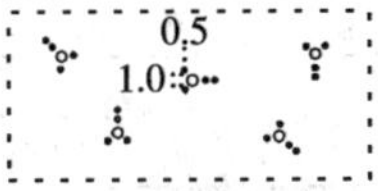
12	菜地	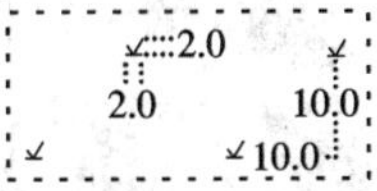
13	高压线	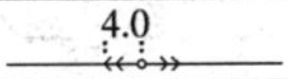
14	低压线	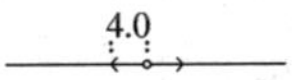
15	电杆	
16	电线架	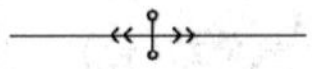
17	砖、石及混凝土围墙	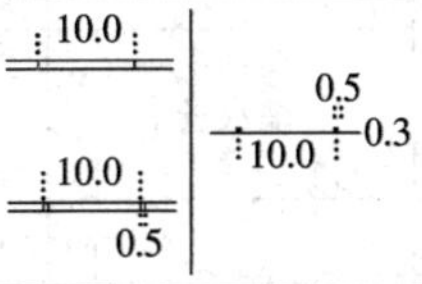
18	土围墙	
19	栅栏、栏杆	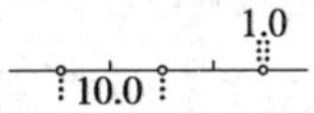
20	篱笆	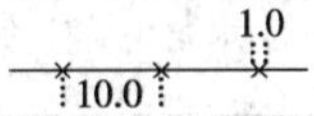
21	活树篱笆	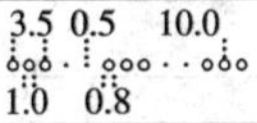
22	沟渠 1. 有堤岸的 2. 一般的 3. 有沟堑的	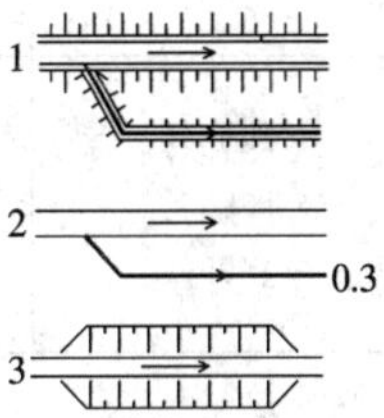
23	公路	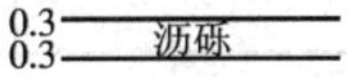
24	简易公路	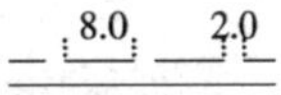
25	大车路	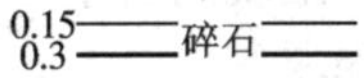
26	小路	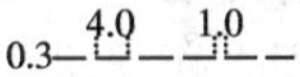
27	三角点 凤凰山—点名 394. 486—高程	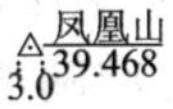
28	图根点 1. 埋石的 2. 不埋石的	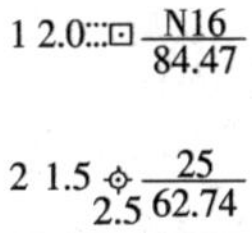
29	水准点	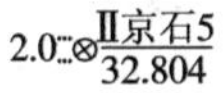
30	旗杆	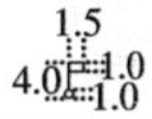
31	水塔	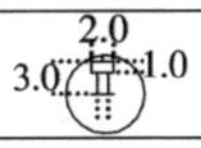
32	烟囱	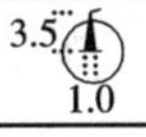

续表

编号	符号名称	图例	编号	符号名称	图例
33	气象站(台)	4.0 3.0 1.2	41	等高线 1. 首曲线 2. 计曲线 3. 间曲线	0.15 87 1 0.1 85 2 0.15 6.0 1.0 3
34	消火栓	1.5 2.0 2.0			
35	阀门	1.5 1.5 2.0	43	高程点及其注记	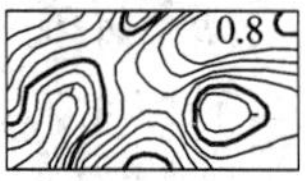 05•163.2 75.4
36	水龙头	3.5 2.0 1.2			
37	钻孔	3.0 1.0	44	滑坡	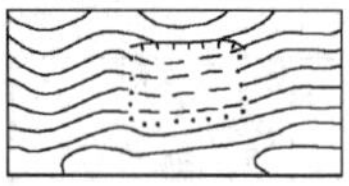
38	路灯	3.5 1.0			
39	独立树 1. 阔叶 2. 针叶	1.5 1 3.0 0.7 2 3.0 0.7 0.3	45	陡岸 1. 土质的 2. 石质的	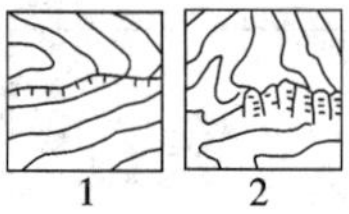 1 2
40	岗亭、岗楼	90° 3.0 1.5	46	冲沟	2 1.5

8.1.5 地貌的表示方法

1. 等高线

地面上高程相等的相邻各点连接的闭合曲线,称为等高线,如图 8-7 所示。地貌可以用地貌模型、晕渲法、分层设色法、等高线法等表示。由于等高线能够精确地描述地貌特征,能够对地貌进行准确量测,因而应用最为广泛,并且等高线有利于进行概括和取舍,但缺点是缺乏立体感。

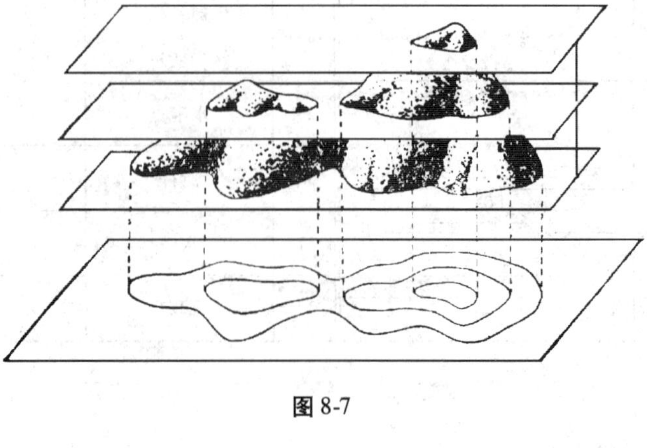

图 8-7

2. 等高距和等高线平距

相邻两条等高线间的高差称为等高距，用 h 表示。同一幅地形图中只能有一个等高距。通常按测图比例尺和测区地形类别来决定测图的等高距，如表 8-4 所示。相邻等高线之间的水平距离称为等高线平距，用 d 表示。等高线平距越小，则地面坡度越陡；反之，等高线平距越大，则地面坡度越缓，故坡度与等高线平距成反比。

表 8-4

地形倾斜角	等高距(m)			
	1:500	1:1 000	1:2 000	1:5 000
6°以下	0.5	0.5	1	2
6°～15°	0.5	1	2	5
15°以上	1	1	2	5

3. 等高线的种类

等高线的种类如下。

(1)首曲线或基本等高线：按基本等高距绘制的等高线。

(2)计曲线或加粗等高线：为了高程计数的方便，通常每隔四条首曲线加粗的一条等高线。

(3)间曲线或半距等高线：当地表面坡度较小，首曲线不能充分描绘地貌特征时，所绘制的一种等高距为 1/2 基本等高距的等高线。间曲线不必闭合，并用虚线表示。

4. 典型地貌

地貌的形态变化多样，但我们可以把它看成是由一些基本的典型地貌组合而成的。这些典型地貌包括山顶与凹地、山脊与山谷、鞍部及陡崖、悬崖等。

1) 山顶与凹地

这二者的等高线完全相同，其特征都是一簇闭合曲线。为了区分这二者的等高线，可在其等高线上加注示坡线或高程值。示坡线是垂直于等高线的短线，用以指示坡度下降的方向。示坡线由里向外表示的是山顶，由外向里表示的是凹地。高程注记由外向里递增的表示山顶，由里向外递增的表示凹地(如图 8-8(a)和(b)所示)。

2) 山脊与山谷

二者的等高线形状都呈 U 字形，其中山脊等高线的 U 字凹向高处，山谷等高线的 U 字凹向低处。山脊最高点连成的棱线称为山脊线或分水线，山谷最低点连成的棱线称为山谷线或集水线。山脊线和山谷线统称为地性线，它们都与等高线正交(如图 8-8(c) 和(d)所示)。

3) 鞍部

两相邻山头间的低凹部分，呈马鞍形，用两簇相对的山脊和山谷的等高线表示(如图 8-8(e)所示)。

4) 陡崖与悬崖

由于陡崖(包括梯田和冲沟)的地面坡度过于陡峭，等高线密度太大，不好表示，因此采用专门的地貌符号表示(如图 8-9 所示)。悬崖的凹入部分投影到平面上后与其他的等高线相交，应采用虚线表示(如图 8-8(f)所示)。

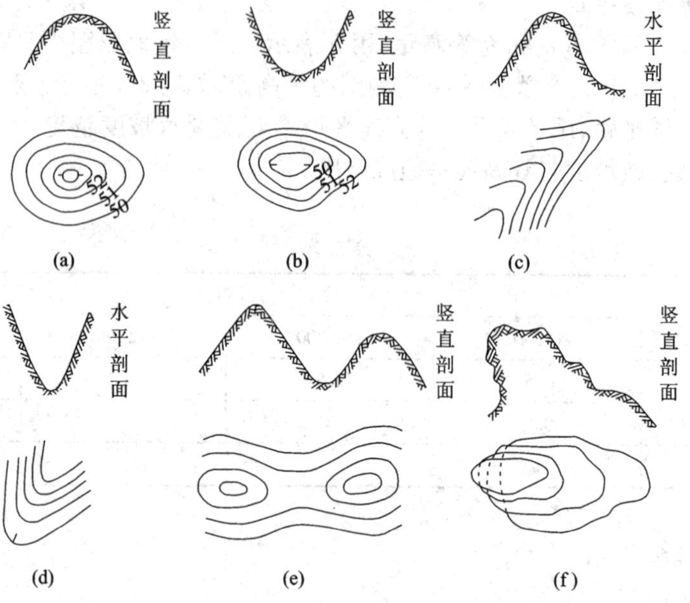

图 8-8

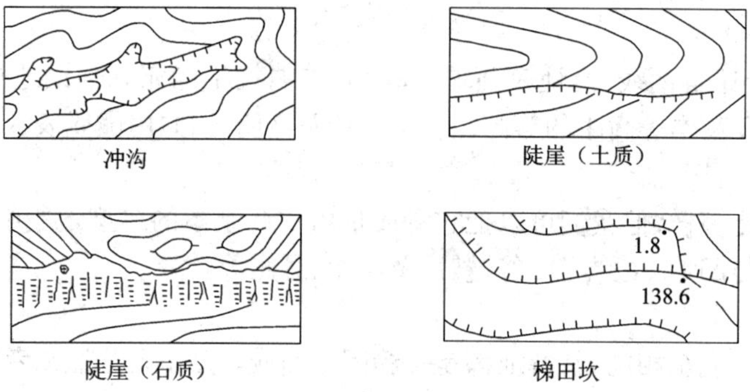

图 8-9

5. 等高线的特性

等高线具有如下特性：

(1)同一条等高线上各点的高程相等；

(2)等高线是连续的闭合曲线，因图幅限制或遇到地物符号时才被中断；

(3)除陡崖与悬崖以外，等高线通常不能相交或重叠；

(4)等高线与山脊线和山谷线正交；

(5)在同一幅地形图上等高距是唯一的，因此等高线密度越大(平距越小)，则地面坡度越陡；反之，等高线密度越小(平距越大)，则地面坡度越缓。

8.2　大比例尺地形图的测绘

大比例尺地形图的测绘称为碎部测量，直接用于测绘地形图的控制点称为图根控制点。为了保证测图精度，必须布设足够密度的图根控制点，限制最大视距，其具体要求见表 8-5。

表 8-5

测图比例尺	最大视距（m）		地形点间距（m）	每幅图的图根点数	每 km^2 的图根点数	备注
	主要地物	次要地物和地貌				
1:5 000	300	350	100	20	5	测 1:500 图，在建筑区和平坦区，主要地物距离应用皮尺实量，长度不宜超过 50 m，若用电磁波测距，则测距长度和控制点数不受此表限制
1:2 000	120 ~ 180	200 ~ 250	50	15	15	
1:1 000	80 ~ 100	120 ~ 150	30	12 ~ 13	50	
1:500	40 ~ 50	70 ~ 100	15	9 ~ 10	150	

8.2.1　测图前的准备工作

1. 图纸准备

图纸有纸质图纸和聚酯薄膜两种。现今测绘部门大多采用聚酯薄膜作为绘图的图纸。聚酯薄膜伸缩率小，不怕水，但易折易燃。聚酯薄膜的一面为光面，另一面为毛面，毛面为绘图面。

2. 绘制坐标格网

图纸选好后，应绘制坐标格网。大比例尺地形图坐标格网为 10 cm 间隔。坐标格网既可以用专用尺或仪器绘制，也可以用直尺绘制。这里介绍用直尺绘制的方法：首先从图纸四角绘两条对角线，以交点为圆心，在对角线上量取等边长四点 A、B、C、D，并连接 AB、BC、CD、DA，如图 8-10(a) 所示。再以 10 cm 为间隔，在 AB 和 DC 边、AD 和 BC 边对应地量取并作标记，然后将两对边上相应的标记连接，便绘好了直角坐标格网。坐标格网线粗不应超过 0.1 mm。坐标格网绘好后，应检查其精度，其中各小方格边长与理论值之差不应超过 0.2 mm，各小方格对角线长度与理论值之差不应超过 0.3 mm，如超限，则应重新绘制。

3. 展绘控制点

展绘控制点之前，首先要确定本幅图的图幅位置，并将坐标格网对应的坐标值标在图廓线外侧。如图 8-10(b) 所示，西南角坐标格网值为 $X = 1\ 000$ m，$Y = 500$ m。某控制点的坐标为 $X_3 = 1\ 075.25$ m，$Y_3 = 552.32$ m，则在相应方格内量取坐标值中不足 50 m 的部分，即 25.25 m 和 2.32 m，并作标记 a，b、c、d。ab 相连，cd 相连，其交点即为控制点，并按图式规定在该点处标注控制点的符号、编号和高程。然后进行检查，要求图上量得控制点相邻之间的距离与利用控制点坐标算得的距离之差不应超过图上 0.3 mm，否则应查明原因并重新展绘。

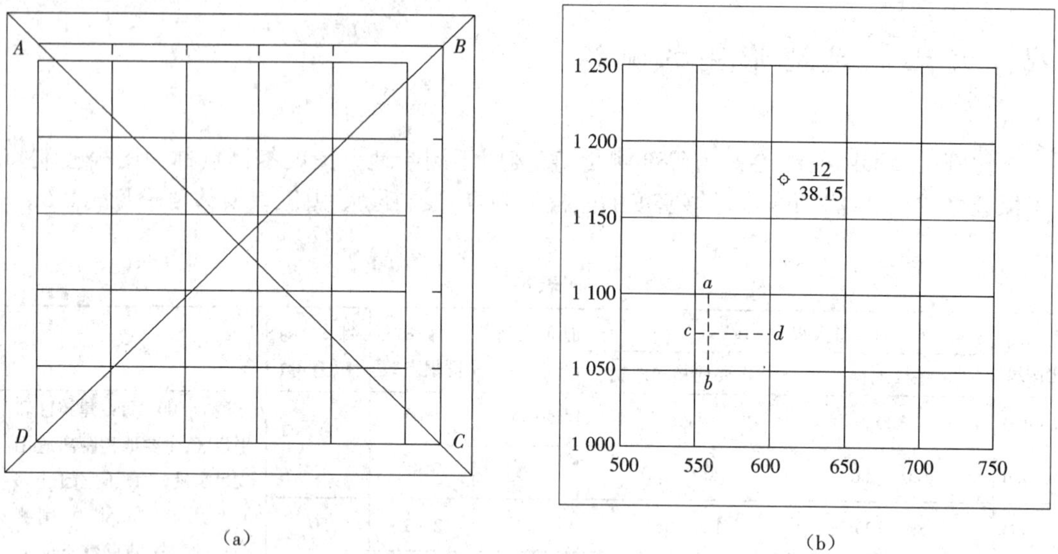

图 8-10

8.2.2 经纬仪测绘法测碎部

1. 碎部点的选择

碎部点的选择直接关系到测图的速度和质量,因此碎部点应该选在能反映地物和地貌特征的点位上。

对于地物,能反映其特征的点为地物轮廓线和边界线的拐角点或交叉点。例如建筑物、农田等面状地物的拐角点,道路、河流、围墙等线状地物的交叉点,电线杆、独立树、井盖等点状地物的几何中心等。如果地物形状不规则,一般规定主要地物凸凹部分在图上大于 0.4 mm 时均应表示出来;若小于 0.4 mm,则可用直线连接。

对于地貌,能反映其特征的点为山脊线、山谷线、山脚线上坡度或方向的变化点。尽管地貌形态各不相同,但地貌的表面都可以近似地看成是由各种坡面组成的。只要选择这些地性线和轮廓线上的特征点(包括坡度转折点、方向转折点、最高点、最低点),就能把不同走向、不同坡度的地性线测绘出来,以此内插勾绘等高线,就能形象地把地貌描绘在地形图上。

2. 碎部测量

用经纬仪测绘法测碎部是采用视距测量法测(参见第 4.2 节),采用极坐标法绘:将经纬仪安置在一个图根控制点上,测出仪器至碎部点的水平距离和高差以及仪器至碎部点连线与一已知方向的水平夹角,然后在图上按比例尺缩绘碎部点,并标注其高程,如图 8-11 和图 8-12 所示。具体操作步骤如下。

(1)在测站点 1,即图根控制点上安置经纬仪,并量取仪器高。

(2)利用盘左瞄准另一图根控制点 2,并设置水平度盘读数为 0°00′00″。

(3)立尺员将水准尺立到地物、地貌的特征点上,如图中的 *A*、*B* 等点。

(4)观测员瞄准水准尺,并先读取上中下丝读数,然后再读取水平度盘读数和竖直度盘读数,水平度盘读数可以只读取到分。

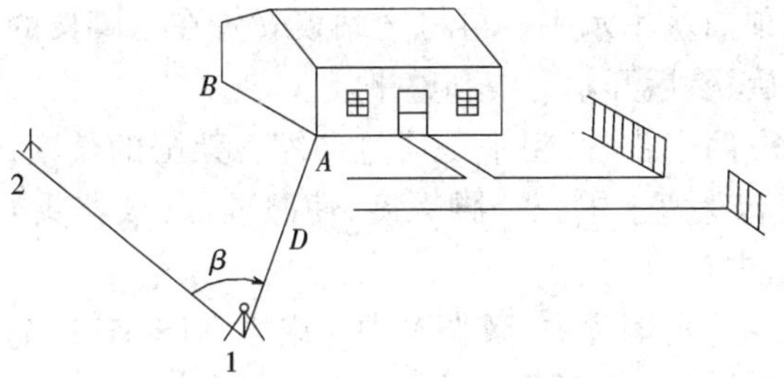

图 8-11

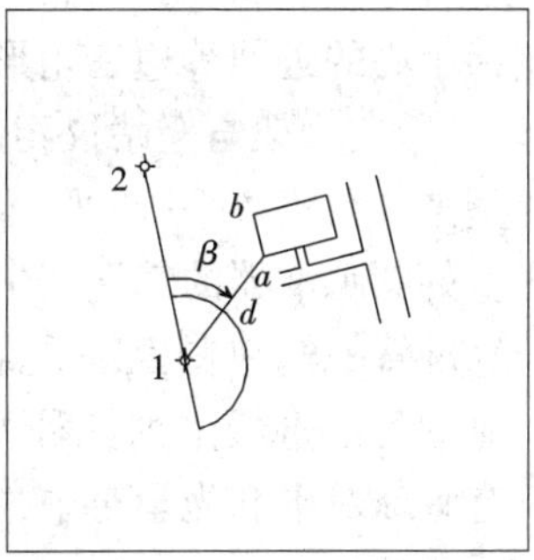

图 8-12

(5)记录员将观测数据记录下来,对特殊地物、地貌应加以注解说明,并用视距测量公式计算仪器至碎部点的水平距离和高差。

(6)绘图员采用量角器和比例尺将碎部点的位置展绘到图纸上,需要时在其右侧注明高程。

原则上地物、地貌应在现场边测边绘,因为碎部点只用盘左测一次,自身无法检核,只能靠绘出的图形检查测量的对错与准确程度。当需要与相邻图幅拼接时,应测出图廓线外 5 mm。

8.2.3　全站仪数字化测图

利用全站仪进行数字化测图,不仅精度高,减轻了劳动强度,而且由于利用计算机进行绘图,因此图形美观,减少了手工绘图过程中的烦琐工作。此外,由于制作的是数字化地形图,可以方便地转化成其他数字化产品,如数字地面模型、地理信息系统数据等,有利于拓展地形图的应用领域。

利用全站仪进行数字化测图时,可分成野外数据采集和绘图两个步骤。

(1) 野外数据采集。现场测量碎部点的三维坐标或二维坐标,并存储于全站仪内接或外接设备(如便携式计算机),同时应输入地形编码,一同存储,并绘制地形草图。

(2) 绘图。根据野外采集和存储的数据,在室内利用绘图软件进行自动绘图,并根据草图进行修改和编辑。也可以是野外数据采集和绘图同时完成,即现场将测量数据和编码实时传输给计算机,实时显示图形并进行编辑。

当利用计算机自动绘图时,对于每一个碎部点应进行编码。所谓碎部点的编码,指其属性和几何相关性以及所对应的计算机识别代码。例如,碎部点是房屋拐角点还是道路边的点,房屋拐角点与其他的点连接关系如何,以及编码说明。

此外,在计算机图形图像处理中,经常用到层的概念。所谓层,是指将不同种类的图形图像数据进行分类,并分别存储、处理和显示的一种数据存储结构。这给图形图像的处理带来了很大的方便。例如,地形图的数据可以分成树木层、建筑物层、道路层等。利用其数据制作地籍图时,就可以把等高线层予以关闭。

下面以海星达 ATS-320R 全站仪和南方 NTS-312B 全站仪为例,详细介绍全站仪直角坐标法测绘地形图的野外数据采集的操作步骤。

1. 对中和整平

在测站上安置全站仪,首先将三脚架的三条腿的伸缩螺旋拧松,使三条腿的长度伸至等长，且略低于观测者的肩高，然后拧紧伸缩螺旋，张开架腿，使三条架腿的着地点形成一个以测站点为中心的近似等边三角形，这样三脚架的顶面基本水平。再将全站仪安置在三脚架的顶面上，拧紧三脚架与全站仪相连的中心固定螺旋，然后开始对中和整平。

整平分粗略整平（粗平）和精确整平（精平）两个步骤：粗平是通过伸缩各架腿的长度，使基座上的圆水准器的气泡居中；精平是通过旋转基座上的三个脚螺旋，使照准部（仪器头）上的长水准管的气泡在相互垂直的两个位置上居中。

对中可以选用下列三种方式之一：垂球对中、光学对中、激光对中。南方 NTS-312B 全站仪只有垂球对中和光学对中，海星达 ATS-320R 全站仪只有垂球对中和激光对中。

1）垂球对中

采用垂球对中很直观简单，且与整平相互不影响，在此忽略不述（参见教材第 3 章中的“经纬仪的基本操作”）。

2）激光对中（以海星达 ATS-320R 全站仪为例）

（1）按⊙键：开机。

（2）按★键。

（3）按 F2 键：激光光斑投射到地面上。

（4）若要关闭激光光斑，按 ESC 键；若要再次打开激光光斑，重复上述步骤（2）（3）。

接下来的步骤与下述的光学对中的（1）~（5）步骤完全相同，二者的区别在于：光学对中是从对中器的目镜观看对中器的中心与地面测站点的标志重合，而激光对中是直接观看激光光斑与地面测站点的标志重合。

3）光学对中

（1）观测者两手把握两架腿，通过移动架腿的着地点（移动轨迹大致平行于另两架腿着地点的连线），使对中器的中心（或激光光斑）与地面上测站点的标志重合。

（2）伸缩各架腿的长度（切勿挪动架腿的着地位置）使基座上的圆水准器的气泡居中（粗平），此步骤基本不破坏对中。

（3）旋转基座上的三个脚螺旋使照准部（仪器头）上的长水准管的气泡在相互垂直的两个位置上居中（精平）（参见教材第3 章中的“经纬仪的基本操作”），此精平过程会稍微破坏上述全站仪的光学对中。

（4）松开中心固定螺旋，前后左右平移（勿旋转）仪器头，使对中器的中心（或激光光斑）与地面上测站点的标志精确重合，然后拧紧中心固定螺旋，此过程基本不会破坏精平。

（5）再检查长水准管的气泡是否居中，若不居中，可重复上述步骤（3）（4）。

2. 建立坐标系统

在全站仪对中和整平之后，为了使全站仪所测碎部点的坐标直接为测站点（图根控制点）所属的控制测量坐标系统中的坐标，在碎部测量之前还必须建立坐标系统，如表 8-6。

3. 测量碎部点

在上述仪器对中和整平以及建立坐标系统都完成以后，就可以正式测量碎部点，进行批量的野外测量数据采集了，如表 8-7。

表 8-6

<table>
<tr><th colspan="2">步骤</th><th>海星达 ATS-320R 全站仪</th><th>南方 NTS-312B 全站仪</th></tr>
<tr><td rowspan="7">输入测站点数据、仪器高、棱镜高</td><td>1</td><td>按⊙键:开机</td><td>按⊙键:开机</td></tr>
<tr><td>2</td><td>按 MENU 键:进入“菜单”界面</td><td>按 M 键:进入“菜单(1/2)”界面</td></tr>
<tr><td>3</td><td>仪器默认“1. 数据采集”,按 ENT 键:进入“数据采集”</td><td>按 F1(数据采集)键:屏幕出现“选择一个文件 FN:”</td></tr>
<tr><td>4</td><td>仪器默认“1. 选取文件”(按 ENT 键:进入“选取文件”界面,选择或新建一个测量文件),或者忽略默认,按▼键:至“2. 设置测站点”,按 ENT 键</td><td>按 F3(数字)键或按 F2(调用)键,命名或选择一个文件,用于后续碎部点测量数据的存储。然后按 ENT 键:进入“数据采集(1/2)”界面</td></tr>
<tr><td>5</td><td>按 F1(输入)键,分别输入测站点的点名、N(北)坐标(或 X 坐标)、E(东)坐标(或 Y 坐标)、Z 坐标(或高程),按 ENT 键</td><td>按 F1(输入测站点)键,继续按 F3(测站)键,输入测站点名(按 F3 键可做数字或字母输入的转换),然后按 F4(坐标)键,再分别输入测站点的坐标 N、E、Z,最后按 ENT 键</td></tr>
<tr><td>6</td><td>按▼键:至“仪器高”,按 F1(输入)键,分别输入仪器高(仪器电池盒上的水平线(或横轴)至地面的高度)和目标高(对中杆上棱镜的高度),按 ENT 键</td><td>按▼键:至“仪高”,按 F1(输入)键,然后输入仪器高(过仪器竖盘中心的水平线(或横轴)至地面的高度),按 ENT 键</td></tr>
<tr><td>7</td><td>按 ESC 键:回到“数据采集”界面</td><td>按 ESC 键:回到“数据采集(1/2)”界面</td></tr>
<tr><td rowspan="3">输入后视点数据</td><td>8</td><td>按▼键:至“3. 设置后视点”,按 ENT 键</td><td>按 F2(输入后视点)键,再按▼键:至“镜高”,按 F1(输入)键,然后输入棱镜高</td></tr>
<tr><td>9</td><td>按 F1(输入)键,分别输入用于标定全站仪基准方向的后视点(即另一相邻的控制点)的点名、N(北)坐标(或 X 坐标)、E(东)坐标(或 Y 坐标)、Z 坐标(或高程),按 ENT 键</td><td>按 ENT 键,回到“输入后视点”界面,继续按 F3(后视)键,输入用于标定全站仪基准方向的后视点(即另一相邻的控制点)的点名,然后按 F4(坐标)键,再分别输入后视点的坐标 N、E,最后按 ENT 键</td></tr>
<tr><td>10</td><td>再按 ENT 键,屏幕上会出现“请瞄准后视点”,此时在后视点上竖立一支笔,笔尖对准后视点的地面标志,将仪器望远镜中十字丝竖丝与笔尖精确重合,按 ENT 键</td><td>屏幕上会出现“照准后视点 照准?”,此时在后视点上竖立一支笔,笔尖对准后视点的地面标志,将仪器望远镜中十字丝竖丝与笔尖精确重合,按 F4(是)键</td></tr>
</table>

表 8-7

步骤	海星达 ATS-320R 全站仪	南方 NTS-312B 全站仪
1	按⊙键:开机	按⊙键:开机
2	按 MENU 键:进入“菜单”界面	按 M 键:进入“菜单(1/2)”界面
3	仪器默认“1. 数据采集”,按 ENT 键:进入“数据采集”界面	按 F1(数据采集)键:选择一个文件 FN,然后按 ENT 键:进入“数据采集(1/2)”
4	按▼键:至“5. 采集数据”,按 ENT 键	按 F3(测量)键:进入“输入观测点”,然后按 F1(输入)键:输入点名,按 ENT 键,按 F2(返回)键
5	将仪器望远镜十字丝交点瞄准选取的碎部点处竖立着的对中杆棱镜,按 F3(测存)键,即可测量和保存这个碎部点的数据(将此碎部点的点名、平面坐标和高程保存在上述建立坐标系统时选择或新建的测量文件中)	按 F3(测量)键,将仪器望远镜十字丝交点瞄准选取的碎部点处竖立着的对中杆棱镜,再按 F3(坐标)键,即可测量这个碎部点的数据(点名、平面坐标和高程),然后按 F4(记录)键,即可将这个碎部点的数据保存在上述建立坐标系统时命名或选择的文件中
6	重复步骤 5,即可测量和保存下一个碎部点的数据(点名、平面坐标和高程)	重复步骤 5,即可测量和保存下一个碎部点的数据(点名、平面坐标和高程)

8.2.4 GPS-RTK 实时动态测图

关于 GPS-RTK 实时动态定位测量的原理，详见第 5.4 节。这里介绍美国 Trimble5700 接收机的相关性能指标和功能。利用 Trimble5700 接收机进行实时动态定位，采用同步模式时，其水平方向精度可以达到 1 cm + 1 ppm，垂直方向精度达到 2 cm + 2 ppm。选择低延迟模式时，水平方向精度可达到 2 cm + 2 ppm，垂直方向精度达到 3 cm + 2 ppm。测量距离范围可以达到 10 km。当采用后处理模式时测量距离可以达到 50 km。数据修正率为 1 ~ 10 Hz，延迟率为 0.02 ~ 5 s 之间，接收机间数据传输率为 2 400(byte)以上。

当数据采集工作结束后，可以将数据输入计算机当中，利用 Trimble 公司的附加绘图软件绘制地形图。Trimble 绘图软件具有层功能和 CAD 功能，可以很方便地绘制大比例尺地形图。其绘图功能如下。

(1)层功能——将不同类型数据组织和存储在一起，并可以进行修改和删除。

(2)CAD 功能——可以将点、直线、曲线、地物符号、注记添加到所需要的位置上，并进行修改和删除。

(3)注记功能——可以将各种注记符号添加到点、直线、曲线上，并进行修改和删除。

用户也可以自定义上面的层、CAD 模型和注记符号。除了用 CAD 方式绘图外，Trimble 绘图软件还可以利用编码进行自动绘图，并且还可以把数据转换成其他文件格式，如 Auto CAD 文件格式和 GIS 文件格式，以便进一步处理。

8.2.5 地形图的绘制

地形图的绘制包括地物和地貌的绘制、检查、拼接及整饰等。

1. 地物的绘制

根据所测地物的特征点勾绘地物轮廓线，并用规范的图式符号或文字标明地物类别和名称，做到随测随绘，逐渐展绘局部直至全幅地物图。

2. 等高线的勾绘

在测定地貌点的同时，应勾连出地性线(山脊线和山谷线)。如图 8-13 所示，设地面某局部范围的地貌特征点已经测定在图上，连接出各条地性线 ba、bc、bd、be 等，其中实线为山脊线，虚线为山谷线，然后根据等坡线上平距与高差成正比的特性，在同一坡度的两端点间用目估的方法内插出各条等高线通过的点，标注高程值，参照实际地貌勾绘等高线。需要注意的是，在内插高程点时，只有在同一条地性线的相邻特征点间(即等坡段)才能内插，不允许越线越点内插。

3. 地形图的检查、拼接与整饰

1)检查

地形图检查的方式包括：图面检查、巡视检查和仪器设站检查。

图面检查主要检查控制点展绘是否符合规范，地物、地貌的位置和形状绘制是否正确，图式符号使用是否恰当，等高线和地形点的高程是否存在矛盾，是否有遗漏。一旦发现问题，先检查记录、计算和展绘有无错误，如果不是由于记录、计算和展绘所造成的错误，不得随意修改，待野外检查后再确定。

巡视检查是将地形图与实际地形对照，核对各地物和地貌的表示是否合理，是否存在遗

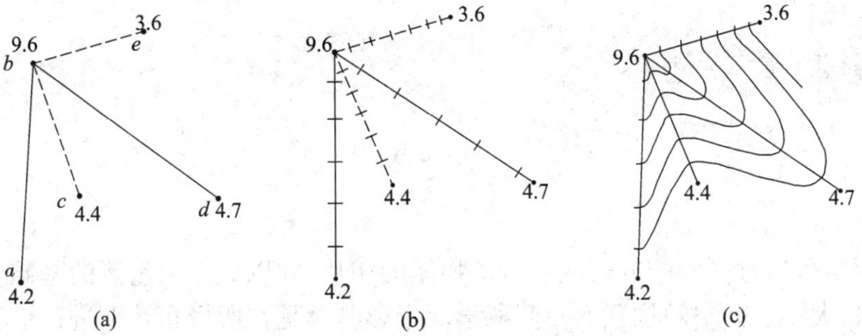

图 8-13

漏、错误等。对上述图面检查发现的疑问必须重点检查。

仪器设站检查是检查在图面和巡视检查时发现的重大疑问,找出问题后再进行修改。对漏测和漏绘的,补测后再填入图中。为了检验地形图的测绘精度,仪器设站检查量不应少于测图总量的 10% 。

2) 拼接

由于测量误差的影响,相邻图幅拼接时,接图边上的地物和等高线一般会出现接边误差,如图 8-14 所示。若接边误差小于表 8-8 规定值的 $2\sqrt{2}$ 倍时,两幅图才可以拼接;若超过此限值,必须用仪器检查,纠正图上的错误后再拼接。

拼接时,先用宽 5 cm 的透明纸蒙在相邻的图幅上,将图内的坐标线、地物、地貌等用铅笔透绘到透明纸上。再把透明纸蒙在被接边的图幅上,使透明纸与底图的坐标线对齐,透绘地物、地貌。若接边误差不超限,则将接边误差平均分配给接边的这两幅图,然后各自修改图内的地物和地貌。

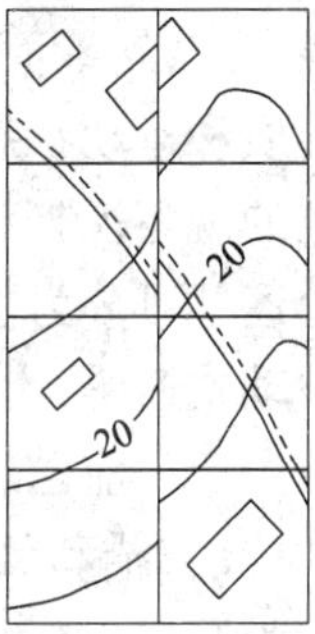

图 8-14

3) 整饰

经过检查、拼接后的原图还需要进行清绘整饰,使图清晰、整洁、美观。整饰的顺序是“先图内后图外,先地物后地貌,先注记后符号”。

整饰的具体做法是擦去多余的线条,如坐标格网线,只保留交点处纵横 1.0 cm 的“ + ”字,靠近内图廓保留 0.5 cm 的短线,擦去山脊线和山谷线,擦去多余的碎部点,只保留制高点、河岸重要的转折点、道路交叉点等重要的碎部点。

清绘地物轮廓线和等高线,加粗计曲线并在计曲线上注记高程。按照图式的要求填注符号和注记,等高线通过注记和符号时必须断开。绘制图廓,填写图名、图号、接图表、比例尺、等高距、坐标及高程系统、图式版本、施测单位、测量者、测量日期等。

表 8-8

地区	地物点定位中误差(mm)		等高线高程中误差(等高距)		
	主要地物	次要地物	坡度 0°～6°	坡度 6°～15°	坡度 15°以上
一般地区	0.6	0.8	1/3	1/2	1
城建区	0.4	0.6	1/3	1/2	1

8.3 摄影测量与遥感

8.3.1 概述

摄影测量学是通过摄影的方式获得所摄物体的相片,并以此作为量测的基础,研究如何确定物体的形状、大小及其空间位置的一门科学。摄影测量是在所摄相片上进行量测和判读,无须接触物体本身,很少受自然和地理条件的限制。影像客观、真实地反映着目标,所含信息丰富。

摄影测量按摄影距离可分为航天摄影测量、航空摄影测量、地面摄影测量、近景摄影测量及显微摄影测量;按影像获取及处理方式可分为模拟法摄影测量、解析法摄影测量和数字摄影测量。

遥感指从远距离、高空乃至外层空间,利用可见光、红外线、微波等电磁波段,通过摄影或扫描方式,对地面目标的信息进行感应、传输和处理,从而确定地面目标的位置、识别地面目标的性质和运动状态。遥感是在摄影测量学的基础上发展形成的一门新兴技术学科,它开拓了人类的观察视野和观测领域。

遥感可分为主动式和被动式两种形式。凡遥感装置接收的信号是直接来自目标物的,称为被动式遥感;由遥感装置主动发射电磁波且又接收目标物反射波信号的,称为主动式遥感。

由于目前已经能够获取通过黑白、彩色、彩红外、全景等摄影技术和红外扫描、多光谱扫描、CCD 扫描和数字摄影及合成孔径侧视雷达等多种方法得到的影像,使摄影测量与遥感技术成为国土、农业、林业、气象、环境、地质、矿产、海洋、城市建设、国防等领域监测、管理、规划和决策的重要手段。本节对航空摄影测量与遥感的基本知识作一简要介绍。

8.3.2 航摄相片的基本知识

1. 像幅与重叠度

航摄相片影像的大小称作像幅,常用的像幅有 18 cm × 18 cm、23 cm × 23 cm、30 cm × 30 cm 三种。在像幅四周每条边框的中央或四角各有一个框标,四个框标对角连线的交点可用作像平面坐标系的原点,此点又称为像主点。

为了能构成立体像对,在室内建立地面立体模型进行立体观测,要求相邻的航摄相片及相邻航线的相片之间必须有一定的重叠。在航空摄影测量学中,同一航线上两张相邻相片的重叠称为航向重叠,用 p 表示(如图 8-15 所示),通常航向重叠度要求为 60% ~65%;相邻两条航线间相片的重叠称为旁向重叠,用 q 表示,旁向重叠度要求为 30% ~35%。

2. 相片比例尺

航摄相片比例尺是航摄相片上的影像长度与对应的实地水平距离之比。因为航摄相片与地形图不同,地形图属于正射投影(投影光线彼此平行且与投影面垂直正交),而航摄相片属于中心投影(所有投影光线均通过一个固定点后与投影面相交),一般情况下航摄相片上影像的比例尺不是唯一的,只有地面为水平面,且像平面也呈水平状态时,相片比例尺才是唯一的,实际上这是不可能的。如图 8-16 所示,当航高不变且像平面水平时,相片比例尺等于摄影机

焦距 f 与航高 H 之比。由于地面的高低起伏，地面点到摄影中心的距离等于航高 H 与地面点到起始面的高差 h 之差，因此航摄相片的比例尺实际为

$$\frac{1}{m}=\frac{f}{H-h} \tag{8-2}$$

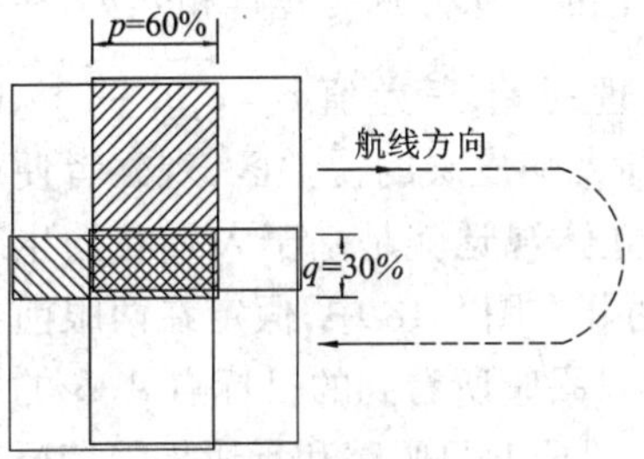

图 8-15

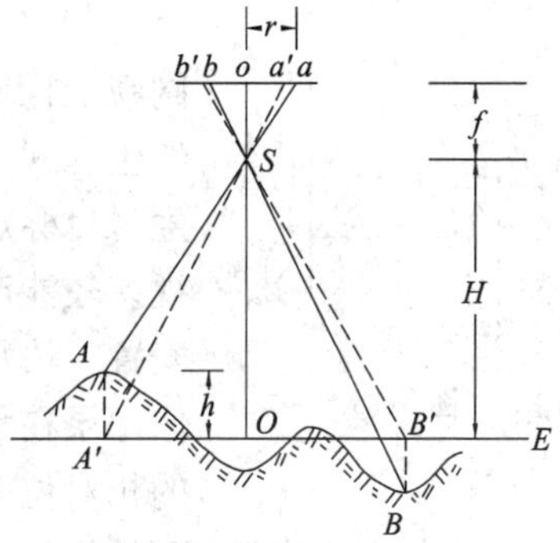

图 8-16

3. **投影误差**

因地形起伏在航空相片上引起的像点位移称为投影误差。如图 8-16 所示，地面上 A、B 点的投影在同一水平面 E 上为 A'、B'，它们在相片上的正确位置应该是 a'、b'。但是由于相片属于中心投影，地面上的 A、B 点因地形起伏，实际构像为 a、b，使得点位在相片上产生投影误差 δ_{ha} 和 δ_{hb}。根据相似三角形的关系可以导出

$$\delta_h=\frac{h\cdot r}{H} \tag{8-3}$$

式中，h 为地面点与起始面的高差；r 为像点至像主点 O 的距离。

4. **倾斜误差**

因相片倾斜在航摄相片上引起的像点位移称为倾斜误差。如图 8-17 所示，当航摄相片倾斜角为 α 时，在水平相片上的点 a_0、b_0、c_0、d_0 将变成 a、b、c、d，h_0h_0 为等比线，O 为等角点。当 $\alpha<3°$ 时产生的最大倾斜误差

$$\delta_\alpha=\frac{r^2}{f}\sin\varphi\sin\alpha \tag{8-4}$$

式中，r 是相片上像点到等角点的距离；f 是摄影机焦距；φ 是等比线 h_0h_0 和等角点 O 至像点方向线间的夹角，按顺时针方向计算。

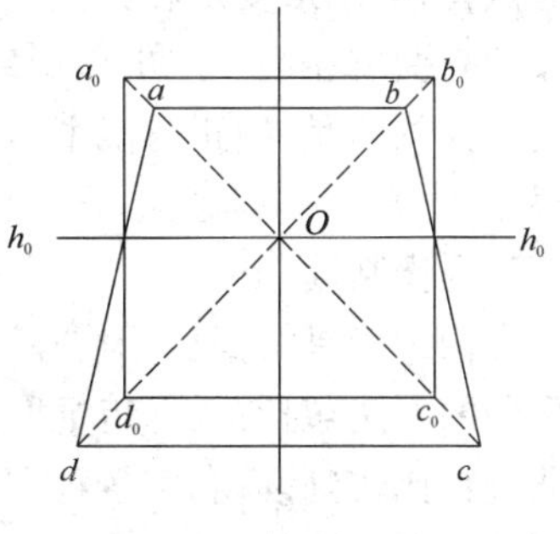

图 8-17

5. **航摄相片的辐射特征**

任何物体都具有反射、发射、散射和透射电磁波的辐射特性。在航摄相片上不同的灰度、亮度及色度等反映着目标物的辐射特征，从这些特征中可以识别目标物的物理性质。由于在不同的电磁波波段目标物有着不同的辐射特性，因此可分别利用目标物对紫外、可见光、红外、微波波段辐射特征的差异来区分各种目标物。摄影测量及遥感除应用影像数据的几何特性进行空间定位及测量外，还充分应用光谱辐射特性进行目标物类别区分和物理量的计算及测量。

8.3.3 影像立体观察的原理

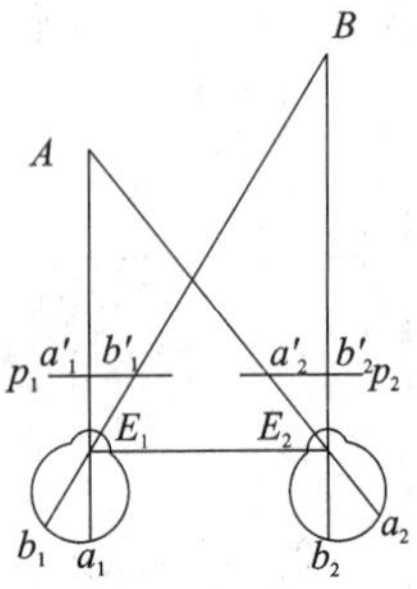

图 8-18

人眼观察物体能自然地分辨出远近和高低,是由于双眼观察时,同一物体在左、右眼视网膜上的构像不同所形成的。如图 8-18 所示,远近不同的两点 A、B,在左右眼视网膜上的成像分别为 a_1b_1 和 a_2b_2,在视网膜上构成的弧长 $\widehat{a_1b_1}$ 与 $\widehat{a_2b_2}$ 称为生理视差,其差值 $p=\widehat{a_1b_1}-\widehat{a_2b_2}$ 叫作生理视差较。这种生理视差较传到大脑皮层的视觉区,观察者便产生对目标点 A、B 的远近感觉。人造立体视觉就是基于人具有的生理视差较能产生立体视觉的原理建立的。在图 8-18 中,假定在两眼前各安置一块承影板 p_1 和 p_2,并把左右两只眼睛所看到的目标点 A、B 的影像记录在承影板上,然后移开目标点,只要两只眼睛和承影板保持原有的相对位置,仍会产生直接观测 A、B 点的视觉效果,分辨目标点的远近。由于这时所看到的不是物体本身,而是目标点按一定的投影方法所成的影像,故称为人造立体视觉。根据这个原理,如果从两个不同位置(相当于两眼的位置)对同一物体拍摄两张相片,按照相应空间位置恢复摄影光束,就可以建立所摄物体的立体视觉。

综上所述,建立人造立体视觉的条件为:在不同位置对同一目标物摄取两幅相片,即立体像对;观察立体像对时,两只眼睛同时各看不同相片上的同名像点;安放相片时,两幅影像上同名像点的连线与眼基线保持平行;两幅影像的比例尺基本相等。

8.3.4 影像的纠正、判读和调绘

1. 影像纠正

无论是摄影测量还是遥感,都不能保证影像平面严格水平,因而导致在像平面上的构像产生像点位移、图形变形和比例尺不一致。影像纠正就是把像平面倾斜的影像,在室内经过投影转换使它变成相当于水平摄影或扫描的影像,并使纠正后的影像比例尺符合所规定的比例尺。这里需注意的是,纠正只能消除因像平面倾斜引起的倾斜误差,不能消除因地形起伏产生的投影误差。

2. 影像判读

影像判读是根据目标物在影像上成像的规律和特征来识别目标的位置、性质和范围。判读采用的方法包括:根据特征明显的目标进行直接判读;按照已知目标或具有标准意义的影像特征进行比较判读;利用各种现象之间的关系进行专业逻辑判读。在室内判读工作完成之后,必须进行野外检核,以修改和补充判读的不足。

3. 影像调绘

影像调绘是在上述影像判读的基础上,对影像上不能反映的其他信息,如地名、类别等作进一步的调查,并描绘和注记在影像上。对于地形测绘而言,影像调绘的内容主要包括:测量控制点、独立地物、居民区、道路、水系、管线与垣栅、境界、地貌及土质、植被、地理名称和注记等。

8.3.5 航测成图方法

根据使用的仪器及其地形条件的不同,摄影测量的成图方法可分为模拟测图法、解析测图

法和数字测图法。

1. 模拟测图法

1)综合法

首先在室内用纠正仪消除影像倾斜误差,并限制投影误差在允许范围内,把目标物的中心投影转换为正射投影,同时将其归化到规定的比例尺,确定目标物的平面位置,然后在野外进行影像调绘,用地形测绘的方法在影像图上测绘地貌。它适用于平坦地区,用单幅近似垂直的影像进行图解测图。

2)分工法

在外业控制测量和影像调绘的基础上进行电算加密。首先利用立体量测仪测绘地貌,所获得的曲线仍是中心投影,然后用投影转绘仪对曲线按照规范要求垂直分带进行转绘,对其进行影像纠正,消除倾斜误差,按高差分带限制投影误差,使中心投影的地物和地貌变换为正射投影的地形图。由于此测图过程是把目标物的高程和平面位置用两种仪器分两道工序完成,因此称为分工法,适用于丘陵地区。

3)全能法

在外业控制测量、影像调绘和内业电算加密的基础上,用精密测图仪在室内建立与实地相似的缩小模型,利用影像控制点和地面测量坐标系将影像模型归化到规定比例尺,参照影像调绘结果,在模型上一次完成地形图的测绘,此方法适用于丘陵、山地以及高山地区。

2. 解析测图法

解析测图法是在模拟测图法的基础上,将精密立体坐标量测仪、计算机、数控绘图仪等集成到一起,直接解算测点坐标,自动生成数字地图或纸质地图。

3. 数字测图法

数字测图法是解析测图法的进一步发展,它采用数字摄影影像或数字化影像,在计算机上利用立体观测系统,构成数字立体模型,从而进行各种数值、图形和图像处理,根据目标的几何和物理特性,直接获得各种形式的地图产品,如数字地图、数字高程模型、测量数据库、地理信息系统等的数字化产品和断面图、透视图、正射影像图及动画地图等可视化产品。

8.3.6 卫星遥感系统

卫星遥感系统主要由卫星、传感器、地面控制中心和跟踪站、地面遥测数据收集站、遥感数据接收站和数据中继卫星、数据处理中心等子系统组成。

1. 卫星

卫星是遥感的主要工作平台,目前世界上许多国家都有自己的遥感卫星。例如美国的Landsat,欧洲空间局的ERS,法国的SPOT,中国的CBERS(资源一号)等。遥感卫星的技术参数主要有:轨道高度H、轨道倾角i、运行周期(绕地球一圈所需的时间)T、重复周期(完全覆盖地球一次所需的时间)D等,例如我国资源一号卫星的$H=778$ km,$i=98.5°$,$T=100.26$ min,$D=26$天。

2. 传感器

传感器是获取遥感数据的关键设备,由于设计和获取数据的特点不同,传感器可分为摄影类(画幅式、航带式)、扫描成像类(红外、多光谱)、雷达成像类(合成孔径、侧视)等不同种类的传感器。图像分辨力是传感器的一个主要技术参数,目前的遥感图像分辨力可以达到亚米级。

3. **控制中心**

地面控制中心和跟踪站是整个系统的核心。控制中心负责监测卫星的工作状况并及时向卫星发送各种指令,以指挥星体和传感器的工作。(例如美国卫星遥感系统的控制中心设在马里兰州的戈达德空间中心,我国设在西昌地区)跟踪站不断对卫星进行观测,将测得的卫星轨道数据及时提供给控制中心。跟踪站分永久性固定站和流动站两种。(我国在海上布设有跟踪测量船。)

4. **遥测收集站**

地面遥测数据收集站是无人值守的工作站,分布于高山、荒漠及边远地带,自动收集各种环境数据,并将这些数据发送给卫星。

5. **数据接收站**

遥感数据接收站接收卫星发送下来的遥感图像信息及卫星姿态、星历参数等,然后将这些信息送往数据处理中心。由于卫星绕地球运转,当卫星飞越接收站的接收半径以外的地域上空时,为了能实时传输和接收遥感数据,还必须借助于数据中继卫星。

6. **数据处理中心**

数据处理中心对收到的高密度数字磁带进行数据转换,生产可供用户使用的计算机兼容磁带 CCT 和 70 mm 的胶片,根据高密度数字磁带上提供的星历参数、辐射校准参数等对图像进行几何校正和辐射校正。几何校正主要改正由于地球曲率、地球自转、扫描角度不均匀等造成的图像几何变形;辐射校正是根据传感器内部校准参数和地面遥感测试资料进行辐射亮度值的改正。

8.4 地籍测量

8.4.1 地籍调查

地籍是记载每宗地(地块)的位置、四至、界址、面积、权属、质量、利用现状等基本情况的土地户籍,是以图件和表册的形式对土地进行登记和表示。

地籍调查分为土地权属调查和地籍测量两个过程。土地权属调查是指根据法律程序,利用行政手段,在实地进行土地及其附属不动产的权属调查,在现场标定界址点,确定权属范围,绘制宗地草图,了解土地利用现状,填写地籍调查表,为土地登记和地籍测量提供基础资料。

地籍调查按调查时间和任务,分为初始地籍调查和变更地籍调查。前者指的是在土地登记之前对调查区域全部土地进行的初次地籍调查;后者指的是在初始地籍调查后,为保持地籍的现势性、掌握土地和不动产信息及权属状况的动态变化而进行的经常性调查。

8.4.2 地籍测量

地籍测量是根据权属调查的资料,测量每宗地的权属界线、位置以及地类界等地籍要素,绘制地籍图,计算每宗地的面积,为土地登记提供依据。

1. 地籍控制测量

地籍控制测量与地形控制测量基本类似，但一般对高程不作要求。地籍控制点作为测量界址点、地籍图的依据，其精度及分布必须满足地籍的精度要求。

2. 地籍图的测绘

为了满足土地登记和土地权属管理的需求，目前我国的地籍图包括宗地草图、地籍图和宗地图。宗地草图是对宗地位置，界址点、线及相邻宗地关系的实地记录描述，在地籍调查的同时实地绘制，是处理土地权属的原始资料；地籍图是按规范测量的基本地籍成果资料；宗地图以一宗地为单位测绘，是土地证书和宗地档案图中长度以 m 为单位、面积以 m^2 为单位的附图。

宗地图从基本地籍图上蒙绘，根据宗地的大小，比例尺可选用 1∶100、1∶200、1∶500、1∶1 000 和 1∶2 000。图 8-19 为一幅宗地图，图上方正中为本宗地图号：30.00 - 20.00 - 7 - 51 - 8，本宗地号为 $\frac{6}{21}$，其面积为 1 380.7 m^2，宗地图上绘制本宗地的四至范围、界址点位置及其编号（如 1，2，…，10）。沿界址线标注界址边长（如 21.5、1.5 等），相邻四至的宗地要标注宗地号或名称（如 4、5、7、时代广场、东方花园等），如果宗地号是用分数注记，则分子为宗地号，分母为按二级分类的地类号，顺着道路注记门牌号。按照规范要求，用解析法测地籍图，边长最大误差为 15 cm；用勘丈数据展绘或编绘地籍图，边长最大误差为图上的 0.3 mm；用计算机制图，其精度取决于坐标测定的精度，与地籍图的精度无关。从地籍图上蒙绘、缩放后绘制的宗地图，精度必将低于基本地籍图。地籍测量上交的成果资料包括地籍测量（调查）技术设计书、地籍调查表（含宗地草图）、地籍控制测量资料、地籍勘丈原始记录、界址点成果表、地籍图、宗地图、地籍图分幅接图表、面积量算、计算表、以街道为单位的宗地图面积汇总表、城镇土地分类密集统计表以及技术报告。

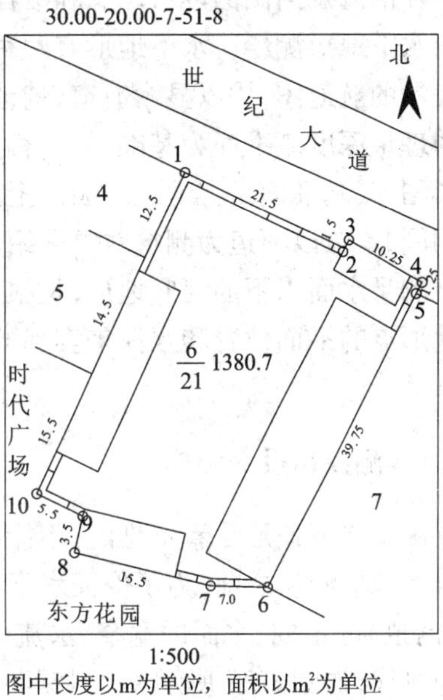

图 8-19

8.4.3　地籍图与地形图的差异

1. 内容的差异

地形图反映自然地理属性，完整描绘地物、地貌，真实表示自然地理的全要素。地籍图主要反映土地的社会经济属性，完整描绘不动产位置、数量，有选择地描绘地物、地貌，除部分地物、地貌的符号与地形图的表示基本一致外，主要表示的是地形图上没有的宗地、界址点、权属关系等地籍要素。

2. 用途的差异

地形图是基础用图，服务于国民经济建设和国防建设，是各项工程设计、施工和管理的重要依据。地籍图是专门用图，主要应用于土地的权属管理，行使国家对土地的行政职能，作为不动产管理、征税、有偿转让的依据，是处理不动产民事纠纷的法律文件。

地形图可作为编制专题地图和小比例尺地图的底图，是地理信息系统的数据来源，为用户提供测绘信息服务。例如在地形图上可以量测地面坡度、纵横断面、土石方量、水库容积、森林覆盖面积和水源的状况等。地籍图可作为编制土地利用图和城市规划图的重要依据,是土地信息系统的数据来源,为用户提供不动产信息服务。例如在地籍图上可以准确量测土地面积、土地利用现状面积,标注不动产面积,从而据此分析土地利用、土地资源合理配置等情况。

8.5 水下地形测绘

在沿海及河湖的港口码头和沿江河的水利工程或桥梁等工程的建设中都需要进行一定范围的水下地形测绘。水下地形有两种表示方式:一种是以航运基准面为基准的水深值和等深线表示的航道图,用以显示航道、港池等水下地形情况,我国沿海各港口水下地形测量均以各自的理论深度基准面为基准;另一种是用与陆地高程一致的地形高程点和等高线表示的水下地形图,其基准面是大地水准面。上述两种方式的基准面之间存在高程差,且各地的高程差各不相同,本节以河道为测绘对象介绍用等高线表示水下地形的测绘方法。

测量水面以下的河底地形,是根据陆地上布设的控制点,利用船艇行驶在水面上,测定河底地形点的平面位置和水深来实现的。其主要测量工作包括测线布设、定位、测深和水位观测等。

8.5.1 测线布设

由于水下地形是看不见的,不能用选择陆地地形特征点的方法进行水下地形的测量,因此在水下地形测量之前,为了保证水下地形测量的成图质量和提高工作效率,应根据测区内航道(或河道)的走向、水面的宽窄、水流缓急等情况,在实地预先布设一定数量的测深断面线(简称为测线,如图 8-20 所示)。测深断面线的方向一般与河道(或航道)的中心线或岸线垂直(如图中的 *AB* 河段),在河道转弯处,可布设成扇形(如 *GK* 河段),当流速超过 1.5 m/s 且在浅滩或礁石的河段(如 *MN* 河段),可布设成与水流成 30° ~ 45°的倾斜测线。根据规范要求,测线一般规定在图上每隔 1 ~ 2 cm 布设一个,测线上相邻测深点的间距一般规定为图上的 0.6 ~ 0.8 cm。对于水下有暗礁或浅滩的复杂测区或设计上有特殊要求时,可适当加密测线和测深点;若测区内河床平坦,可酌情适当放宽上述规定。测线间距可用钢尺、皮尺或视距测量等方法测定,测线的方向可用仪器或目估确定,然后在测线上设立两个导标(一般用两面大旗),相距尽可能远些,以供测船瞄准导航,使之沿着测线方向行驶。

当在河面窄、流速大或险滩礁石多的河流中测量时,要求船艇在垂直于河道中心线的方向上行驶是很困难的,这时可以采用散点法测量,如图 8-21 所示。测船平行于岸线航行,测线方向和测深点间距完全由船上的测量人员控制,这样容易造成漏测或重复测量,因此测量的效率较低。

8.5.2 定位方法

1. 断面索法

将一根绳索横跨河道且通过岸边一已知点,沿某一方向(通常与河道中心线垂直的方向)拉直,然后从水边开始,小船沿绳索行驶,按一定间距选取测点,并用测深杆或水砣测定水深。

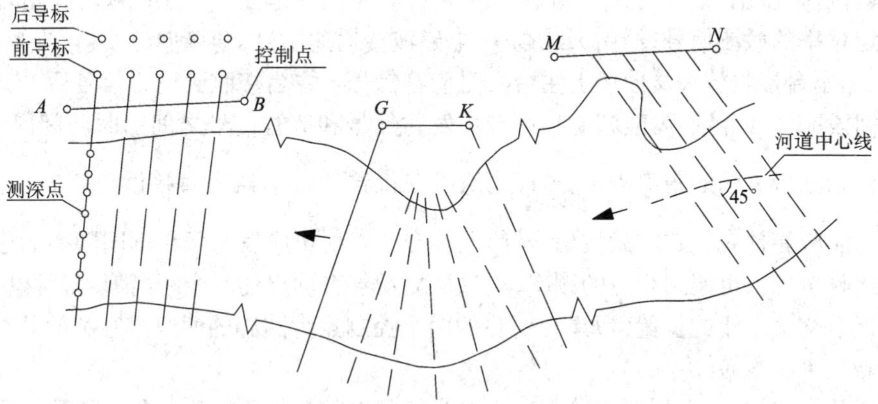

图 8-20

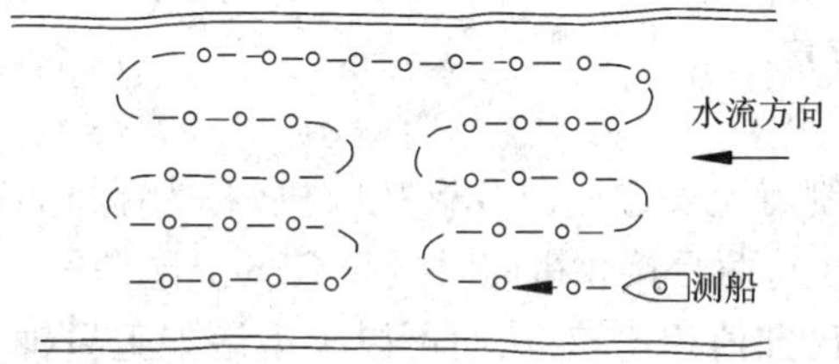

图 8-21

此法用于小河道的定位测深，简单方便，缺点是施测时会阻碍其他船只的正常航行。

2. 经纬仪前方交会法

在岸上的两个控制点上同时架设经纬仪，以行驶的测船为观测目标，从岸上的两台经纬仪同时照准目标进行前方交会，定出测船的平面位置，注意前方交会必须与水深测量严格同步进行，且交会测量的目标点所在的平面位置即是水深测量处。

实施前方交会定位测深作业时，受交会距离的限制，即当距离过远时，经纬仪将难以精确跟踪瞄准目标，其交会精度降低。另外，所需的人员多、工作分散：在岸上有观测水平角的两个测角组，搬移导标指引施测断面线方向的导标组，观测水位的水位组；在船上有指挥员、发令员、旗号员、测深员及船员等。因此，必须共同研究计划，明确分工，并要用无线电通信工具（如对讲机等）加强联系，使全体作业人员步调一致，共同协作完成任务。

3. 微波定位法

在水域宽广的湖泊、河口、港湾和海洋上进行定位测深时，上述两种方法的实施均较困难，这时可采用微波定位法。这种方法的优点是精度高、操作方便、不受通视和气候条件的影响，但目前微波定位法已基本被 GPS 定位法所取代。

微波定位是根据距离交会或距离差交会来确定测船位置的，前者称为圆系统定位，后者称为双曲线系统定位。

1）圆系统定位

在岸上设置两个微波电台（称为副台），每个电台上设有接收机、发射机和定向天线，电台位置为已知（一般设在已知的平面控制点上）。测船上也设有一个微波电台（称为主台，其中包括有发射机、接收机、全方向天线和显示设备),其定位原理是,测船沿测线行驶时,船上主台产生一定频率的微波信号,经由天线以 V(电磁波传播速度)的速度向外发射,当微波信号到达副台后,经副台接收放大又向船上主台发射应答信号。主台接收到应答信号后,借助于发射与接收时间段的脉冲计数,就能精确地测定出发射信号和应答信号之间的时间间隔 t,从而可以算得主台和副台之间的距离 $D=\frac{1}{2}Vt$,此值可在仪器的显示器上直接读出。为了使岸上的每个电台都能应答预先规定的微波信号,船上电台的发射机应发射两种不同频率的信号,而岸上电台的接收机各自也调到相应的频率,通过从显示器上读出的两个距离值,就可以在预先绘制好的图板上交会出船的位置(以岸台所在的两个控制点为圆心的两组同心圆的某个交点)。

2)双曲线系统定位

由解析几何知,一动点到两定点距离之差为定值时,其轨迹为双曲线。根据此原理,在岸上设立三个电台,船上设立一个电台,通过测量船台至三个岸上电台两两的距离之差,即可得知测船位于哪两条双曲线(根据岸上的三个控制点预先在图板上绘制好两组双曲线)的交点上,从而得知测船的平面位置。

4. GPS 定位法

在岸上的一个已知控制点上安置一台 GPS 接收机(称为基准台或岸台),在测船上也安置一台 GPS 接收机(称为船台),两台接收机同时接收 GPS 卫星信号。岸台将通过接收信号而算得所在控制点坐标值与其已知值相比较,从而可以求得诸如卫星钟差、接收机钟差、电离层和对流层的折射误差等这样的一类船台与岸台都有的公共系统误差值,并按规定的时间间隔通过无线电通信实时地把误差值(校正量)播发出去。船台利用收到的误差值(校正量)即可对其测得的自身所在位置的坐标值进行校正,从而得知测船精确的平面位置。目前利用这种差分 GPS 进行实时动态的定位,其定位精度不仅可达到上述微波定位的精度,而且比微波定位更具优越性:差分 GPS 只需一个岸台(目前我国沿海设有 26 个信标基准站,因此在沿海采用信标 GPS 接收机作业时,可免设岸台),且不像微波那样由于干扰或图形条件不佳而出现掉信号或定位精度降低的现象。

8.5.3 测深工具

1. 测深杆和测深锤

测深杆和测深锤是最原始的测深工具,目前在声纳测深仪普遍使用的情况下,测深杆和测深锤只是一种辅助的测深工具。测深杆用松木或枞木制成,直径 4 ~5 cm,杆长 4 ~6 m,杆底装有铁垫,铁垫重 0.5 ~1.0 kg,可避免测深时杆底端过尖陷入泥沙中而影响测量精度。测深锤又称水砣,由铅砣和砣绳组成,铅砣重 3.5 ~5.0 kg,砣绳长约 10 m。在测深杆上与测深锤的绳索上每 10 cm 做一小标志,每 1 m 做一大标志,以便读数。测深杆适用在水深 4 m 以内、测深锤适用在水深 10 m 以内且流速都不大的浅水区作业。

2. 声纳测深仪

在大江大河或水深流急的港湾地区,使用上述两种测深工具既费力又费时,而且不易测得可靠的成果,当水深超过一定深度时,甚至无法测量。目前较普遍使用的测深工具是声纳测深仪。

声纳测深仪适用范围较广,普通声纳测深仪的量程可达到最小测深为 0.5 m,最大测深为

300 m，当流速不超过 7 m/s 时均能使用。其优点是精度高，且能迅速、连续不断地测量水深。声纳测深仪的型号很多，但其测深原理是一样的：测深仪的激发器在电源作用下，产生一个电脉冲并将其传输至安装在水里的换能器（俗称探头，如图 8-22 所示），换能器将电脉冲转换为机械振动，并以超声波的形式通过发射晶片向水底发射，超声波到达水底或遇到水中障碍物时，一部分声能被反射回来，经换能器接收后，又将声能转变为微弱的电能传回给测深仪。因为超声波在水中传播的速度 C 是已知的（$C=1\ 500$ m/s），如果测深仪将超声波在水中往返所需的时间 T 记录下来，则可求得换能器到水底的深度 D'，即

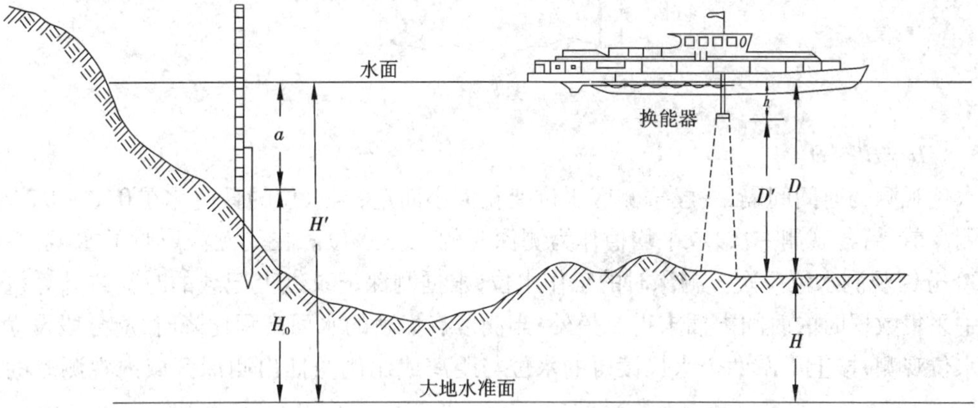

图 8-22

$$D' = \frac{1}{2}CT \tag{8-5}$$

考虑到换能器安装在水面下的深度 h（又称吃水），则水面至水底的深度

$$D = D' + h \tag{8-6}$$

声纳测深仪的记录方式分两种：一种是采用记录纸带（如图 8-23 所示）自动连续地打印记录，另一种是将测得的深度值采用数字显示并存储在测深仪内或与之相连的计算机中，通常将前者记录的称为模拟信号，将后者记录的称为数字信号，目前一般的测深仪均具有上述两种记录方式。实际作业时，将定位仪器（如 GPS 接收机）和测深仪与同一台计算机相连，由计算机中的测量软件统一控制，同步采集定位数据和测深数据，并将采集的数据实时地存入计算机的数据文件中。

8.5.4　水位观测

无论江河湖海，其水面的高程皆非固定不变，水面高程的变化将使得在同一地点所测深度值也产生变化，因此，在测深的同时，必须进行水面高程的测量，通常称之为水位观测。观测水位时，首先在离岸不远的水中打入木桩，并在桩侧钉上水尺（如图 8-22 所示），水尺一般用搪瓷制成，尺面刻划注记与水准尺相同，再根据已知水准点采用水准测量的方法连测水尺零点的高程，然后定时读取水面在水尺上截取的读数。如图 8-22 所示，H_0 为水尺零点的高程，a 为水尺读数，则水位

$$H' = H_0 + a \tag{8-7}$$

那么，水下地形点的高程 H 就等于测深时的水位 H' 减去测得的水深值 D（如图 8-22 所示），即

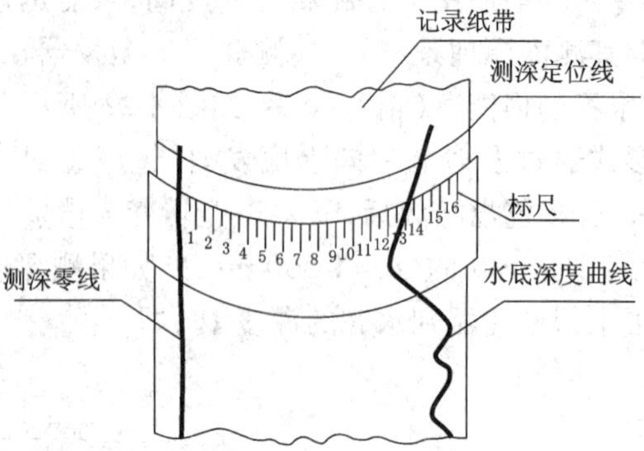

图 8-23

$$H = H' - D \tag{8-8}$$

水位观测的时间间隔，一般按测区水位变化大小而定，当水位的日变化在 0.1 ~ 0.2 m 时，每次测深前、后各观测一次，取平均值作为测深时的工作水位。在受潮汐影响的水域，一般每 10 ~ 30 分钟观测水位一次。测深时的工作水位，根据测深记录纸上记载的时间或计算机数据文件中采集数据时的时间内插求得。另外，当测区有显著的水面高程比降时，应分段设立水尺进行水位观测，按上下游两个水尺读得的水位与距离成比例内插出测深区域内观测时的水位值。

如果附近有水文站，可向水文站索取水位资料，不必另设水尺进行水位观测。如果是小河或水位变化不大，可直接测定水面（水边线）的高程，而不必设置水尺。

习 题

1. 地物符号有哪几种？它们各表示什么样的地物？
2. 试述 1:100 万比例尺地形图的分幅和编号的方法。
3. 编号为 J51F043031 地形图的比例尺是多少？它所在图幅的图廓线经度和纬度是多少？
4. 试求 1:2.5 万的地形图的比例尺精度。
5. 等高线有哪几种？等高线有哪些特性？
6. 何谓等高距和等高线平距？等高距的大小对地形图有何影响？等高线平距与地面坡度有何关系？
7. 简述利用经纬仪测绘法测绘地形图的过程及注意事项。
8. 进行水下地形测绘时，测深仪的读数为 12.83 m，水尺的读数为 2.47 m，已知换能器的吃水为 0.80 m，水尺零点的高程为 1.56 m，试求水底的深度（以大地水准面为基准面）。
9. 卫星遥感系统由哪些子系统组成？它们各起什么作用？
10. 需要什么条件才能建立人造立体视觉？
11. 何谓航摄相片的投影误差和倾斜误差？在航测成图时，如何消除这两项误差？
12. 地籍图与地形图的差异是什么？

13. 图 8-24 为某丘陵地区测得的地貌特征点，图中点画线表示山脊线，虚线表示山谷线，△表示山顶，⊙表示鞍部。试根据图中的特征点按等高距 $h = 5$ m 勾绘等高线。

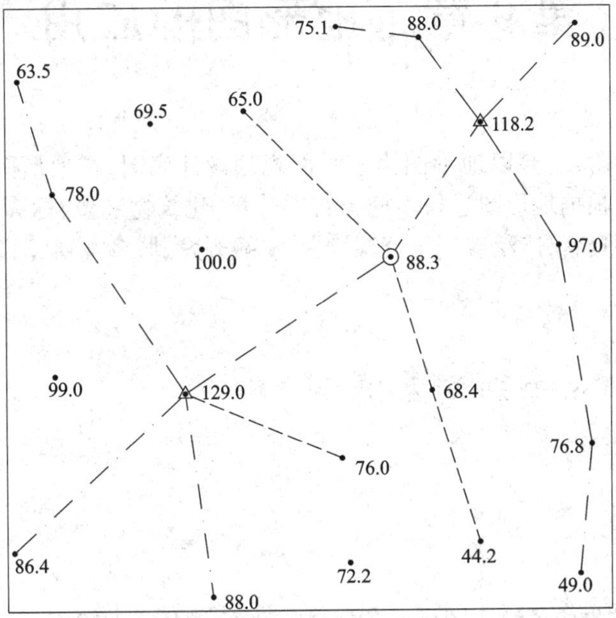

图 8-24

8. 1　卫星遥感

8. 2　无人机航测

8. 3　多波束海洋测绘外业数据采集演示

8. 4　国家基本比例尺地形图分幅和编号（GBT 13989—2012）

8. 5　国家基本比例尺地图图式 第 1 部分：1:500、1:1 000、1:2 000 地形图（GBT 20257. 1—2017）

第9章　地形图的应用

在工程规划设计阶段，要以地形图为总平面规划设计底图，在地形图上量算各种设计要素；在施工过程中，要根据地形图进行填挖土石方计算、建筑物定位、标高确定等。因此，地形图是工程建设的重要资料，广泛应用于资源勘探、矿藏开发、城乡规划、国防建设、水利建设、环境保护等诸多领域。

9.1　地形图的识读和基本用法

9.1.1　地形图的识读

1. 图外注记识读

如图9-1所示，首先应了解测图日期，以此判定地形图的新旧程度和地面变化情况。对于地形图的一些数学要素的了解也是读图的关键，这些数学要素包括测图比例尺、坐标系统、高程系统和基本等高距等等。另外，图幅正上方注有该图的图名、图号，左上角的接图表注明了相邻图幅的名称(或图号)，若是矩形分幅，图幅四角注有直角坐标(或高斯平面直角坐标)。

除以上内容外，在中、小比例尺地形图上还绘有图示比例尺、三北方向线关系图和坡度比例尺，并标注有经纬度和梯形坐标格网。

2. 地物识读

地形图地物是以国家测绘局颁发的《地形图图式》中规定的符号绘制的，所以在读图前，应对一些常用的地物符号有所了解。在图9-1中，公路南侧有一冲沟，公路北侧有一个居民点，居民点以石砌和砖砌单层民居为主。图的东北和西南有不太高的小山，南山坡上分布有果园，山脚下有菜地，北山坡上以灌木居多。山坡上和居民点附近埋设有三角点和导线点等控制点。

3. 地貌识读

地貌识读主要是根据地形图了解地形高低起伏变化，如山势走向、高差、山脊、山谷、鞍部及沟、坎等等。

9.1.2　地形图的基本用法

1. 求点的坐标

如图9-2所示，欲求图上A点坐标。首先利用图廓坐标格网找出A点所在小方格的西南角坐标X_0、Y_0，图中$X_0=30\ 100$ m，$Y_0=20\ 200$ m。然后过A点作坐标格网的平行线ab、cd，再按测图比例尺(1:1 000)量算aA、cA的实地长度，则

$$\left.\begin{aligned}X_A&=X_0+cA\\Y_A&=Y_0+aA\end{aligned}\right\}\qquad(9\text{-}1)$$

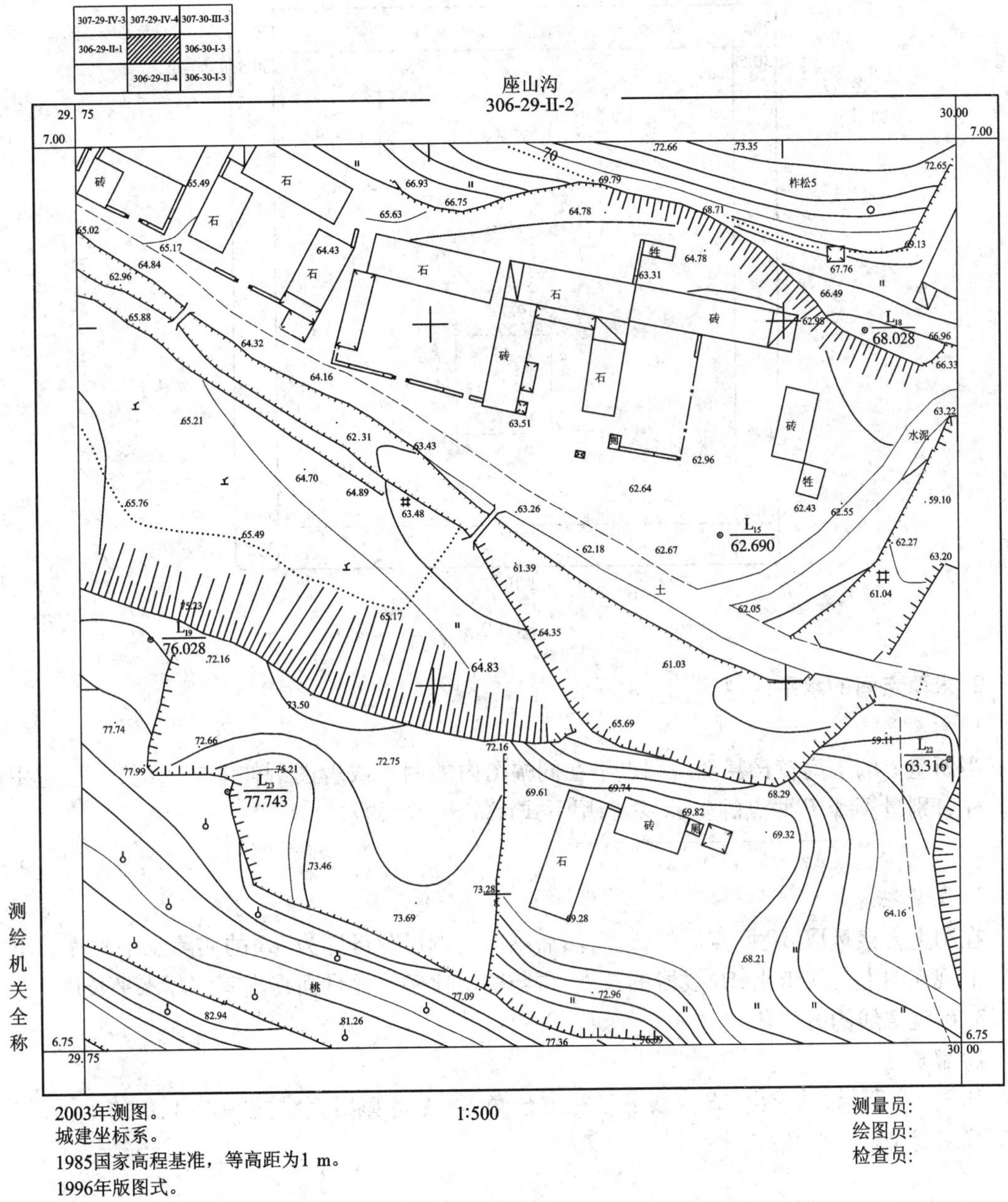

图 9-1

如果考虑到图纸伸缩量，还应量出 ab、cd 的长度，则

$$\left.\begin{aligned} X_A &= X_0 + \frac{cA}{cd}L \\ Y_A &= Y_0 + \frac{aA}{ab}L \end{aligned}\right\} \tag{9-2}$$

式中，L 为坐标格网小方格的实地长度。

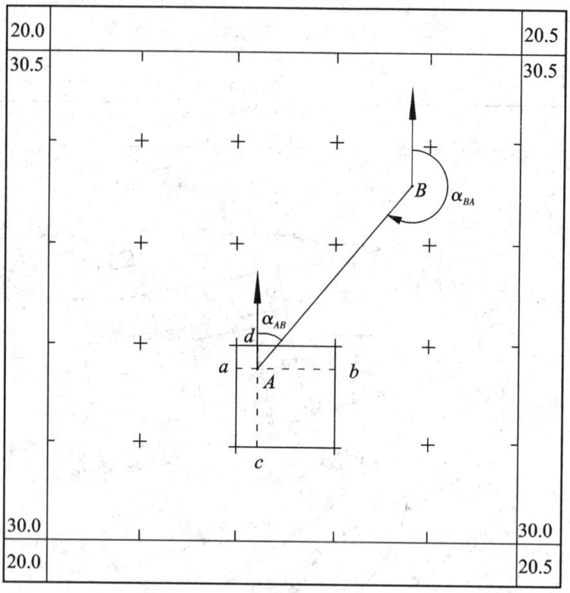

图 9-2

2. 求两点间的水平距离

1）解析法

当所量取的距离较长甚至两端点不在同幅图内的两点或者图纸伸缩较大时，一般应用此法。先分别量算 A、B 两点的坐标，然后用下式计算出 AB 的水平距离：

$$D_{AB}=\sqrt{(X_B-X_A)^2+(Y_B-Y_A)^2} \tag{9-3}$$

2）图解法

在图上直接量取 AB 两点间的长度，然后乘以比例尺分母即为 AB 的实际水平长度。也可以用卡规在图上直接卡出 AB 线段的长度，再与图示比例尺比量而得出其实际水平长度。

3. 确定直线的方位角

1）解析法

如图 9-2 所示，欲求出 AB 直线的坐标方位角，可先量算出直线两端点 A、B 的坐标，然后用下式求得坐标方位角：

$$\alpha_{AB}=\arctan\frac{Y_B-Y_A}{X_B-X_A} \tag{9-4}$$

2）图解法

采用量角器在地形图上直接量取坐标方位角。如图 9-2 所示，求 AB 的方位角，首先过 A、B 两点分别作坐标纵轴的平行线，然后用量角器分别量出 α_{AB}、α_{BA}，最后将 α_{AB}、($\alpha_{BA}\pm180°$) 取平均。

4. 求点的高程

地形图上任意一点的高程都可以根据等高线或高程注记来确定。如图 9-3 所示，A 点正好在等高线上，则 A 点的高程即为所在等高线的高程。如果所求高程的点不在等高线上，例如图中的 B 点，则可过该点作一条大致垂直于两相邻等高线的线段 mn，从图上量取平距 $mn=$

d，$mB = d_1$，则 B 点的高程可用下式求得：

$$H_B = H_m + h\,\frac{d_1}{d} \tag{9-5}$$

式中，H_m 为 m 点的高程；h 为等高距。

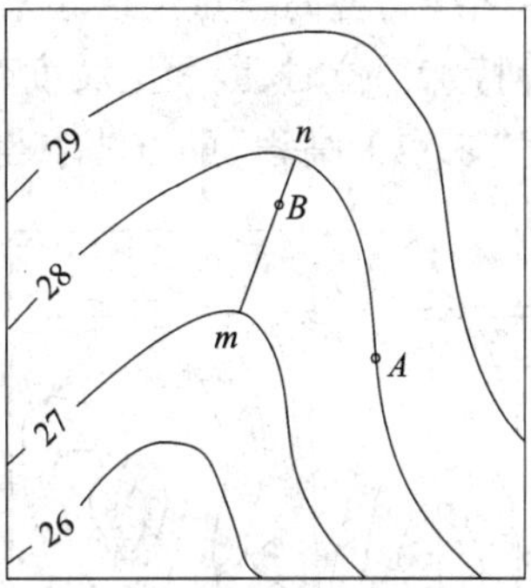

图 9-3

5. 求直线的坡度

地面两点间的高差与水平距离之比称为坡度，用 i 表示。按上述的基本用法求出直线两端点的实地水平距离 D 与高差 h，则其坡度为 $i = h/D$，坡度常用百分率（%）或千分率（‰）来表示。

6. 按坡度限值选定最短路线

在道路、管线、渠道等工程设计时，常常要求线路在不超过某一坡度限值的条件下，选定一条最短路线。如图 9-4 所示，现要求从 A 点设计一条坡度不超过 8% 的道路到 B 点，设计用的地形图比例尺为 1∶1 000，等高距为 1 m。设计时，首先应根据坡度的定义式计算出该道路经过相邻两条等高线时允许的最短水平距离 $D = h/i = (1\ \text{m})/(0.08) = 12.5\ \text{m}$，将其换算成图上距离 $d = D/1\,000 = 12.5\ \text{mm}$。然后从 A 点开始，以 A 点为圆心，以 $d = 12.5\ \text{mm}$ 为半径（A 点恰好在等高线上）画弧，弧线与至 B 点方向的相邻等高线相交于点 1；再以点 1 为圆心，仍以 $d = 12.5\ \text{mm}$ 为半径继续画弧，弧线与另一 B 点方向上的相邻等高线相交于点 2，依此类推直至 B 点，然后将 A，1，2，…，B 点相连即为一条坡度不超过 8% 的最短线路。这里需注意的是，有时在画弧线时，如遇相邻两条等高线之间的平距大于 d，则所画圆弧与等高线将无交点，这说明地面坡度小于坡度限值，在这种情况下，可从圆心沿至 B 点的方向直接画线与等高线相交。

在应用以上方法时，有时会出现几条可能的最短路线情况，例如图中的最短路线 A，1′，2′，…，B，这时可综合考虑地形、地质、造价等因素，选择一条最佳路线。

7. 按指定方向绘制纵断面图

所谓纵断面图，就是过一指定方向的竖直面与地面的交线，它反映了该方向上的地面高低起伏形态。在线路工程设计中，为了合理地设计竖向曲线及其坡度、计算土石方填挖量、概算建筑材料的用量，都需要在地形图上沿指定方向绘制纵断面图。例如在图 9-4 中，欲沿 MN 方向绘制纵断面图。首先在绘图纸或方格纸上按比例尺绘制 MN 水平线（如图 9-5 所示），过 M 点作 MN 的垂线，将垂线作为高程轴线。为了使地面起伏变化明显，一般高程比例尺比水平距离比例尺可以大 10 倍。然后将地形图上 MN 与各条等高线的交点（a、b、c 等）在绘图纸的 MN 水平线上相对应地标定出来，再依次将各点的高程作为纵坐标在各点的上方标出，最后用一条

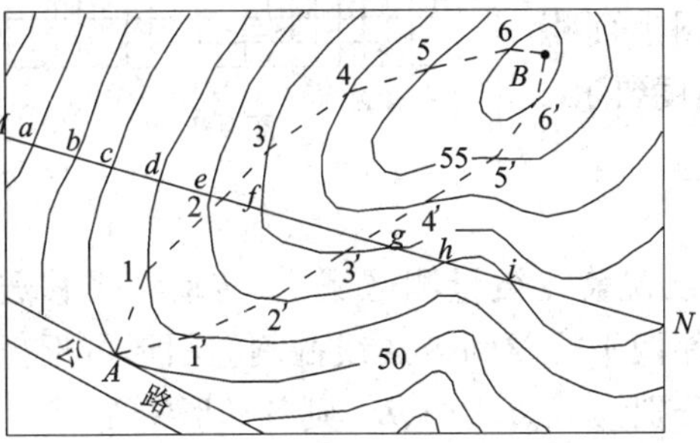

图 9-4

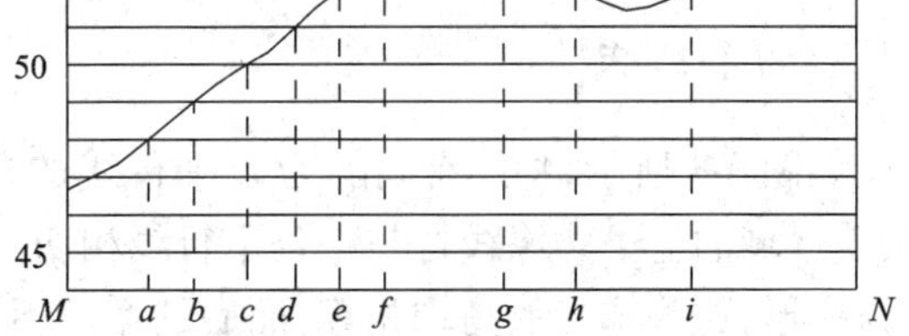

图 9-5

光滑曲线将各高程点连接起来,即得沿 MN 方向的纵断面图。注意:当断面经过山脊、山顶、山谷等特殊部位时,断面上坡度变化点(不在等高线上)也必须标绘在纵断面图上,其高程可按前述“求点的高程”的方法求得。

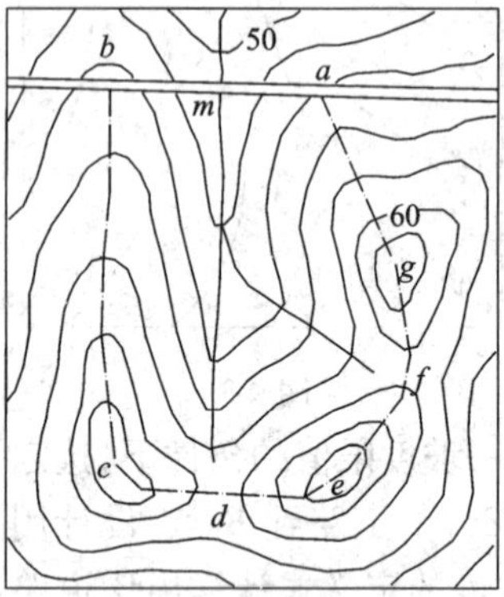

图 9-6

8. 确定汇水面积

汇集水量的面积称为汇水面积。当修筑公路、铁路时常常要跨越河流或山谷,这就必须建造桥梁或涵洞;当兴建水库时必须筑坝拦水。这些桥梁、涵洞孔径的大小,水坝的设计位置与坝高以及它们的结构形式都与这个地区的水流量有关,而水流量又与汇水面积有关。如图 9-6 所示,一条公路横跨山谷,需在 m 处架桥或修涵洞,其孔径大小及结构形式应根据该处的流水量而定,水流量的计算与汇水面积有关。由于雨水是沿山脊线(又称分水线)向山坡两侧分流的,所以汇水面积的边界线是由一系列的山脊线连接而成的。从图中可以看出,由山脊线 bc、cd、de、ef、fg、ga 与公路上的 ab 线段所围成的面积,就是此处的汇水面积。求出汇水面积后,再根据当地气象水文资料中的降水量,便可确定流经公路 m 处的水量,从而为桥梁或涵洞的孔径及结构的设计提供依据。

9.2 面积量算与电子求积仪

在规划设计中,常需要知道某一块地的面积。在地形图上量算面积,通常采用下面的几种方法。

9.2.1 方格法

如图 9-7 所示,欲量算曲线所围区域内的面积。首先将透明方格纸覆盖于曲线所围区域上,数出区域内整方格数 n_1 和区域边缘处不完整的方格数 n_2,则被量算区域的实地面积

$$S=\left(n_1+\frac{1}{2}n_2\right)aM^2 \tag{9-6}$$

式中,M 为地形图比例尺分母,a 为一个整方格的图上面积。方格的大小取决于比例尺的大小以及面积量算的精度要求。

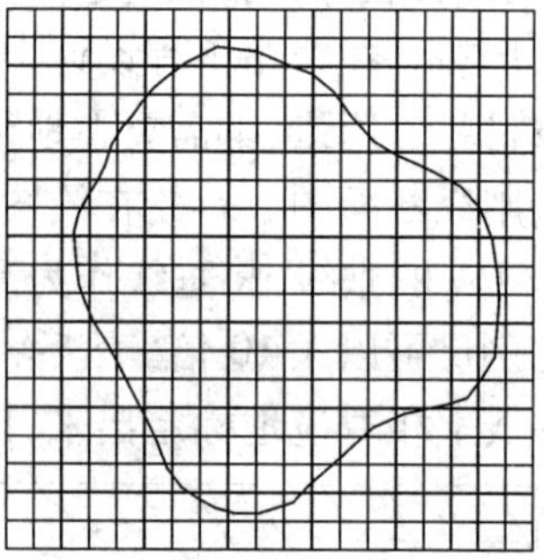

图 9-7

9.2.2 平行线法

如图 9-8 所示,将绘有间隔为 h 平行线的透明纸覆盖在被量测区域上,转动和平移透明纸,使区域的上下边缘线各与一条平行线相切。相邻两平行线间被曲线截割的图形可近似地视为梯形,这些梯形的高均相等,而底的宽度不同,分别为 $L_1,L_2,\cdots,L_n$,则各梯形的面积

$$A_1=h(0+L_1)/2$$
$$A_2=h(L_1+L_2)/2$$

……

$$A_n = h(L_n + 0)/2$$

故被量算区域的总面积

$$A = A_1 + A_2 + \cdots + A_n = h(L_1 + L_2 + \cdots + L_n) \qquad (9\text{-}7)$$

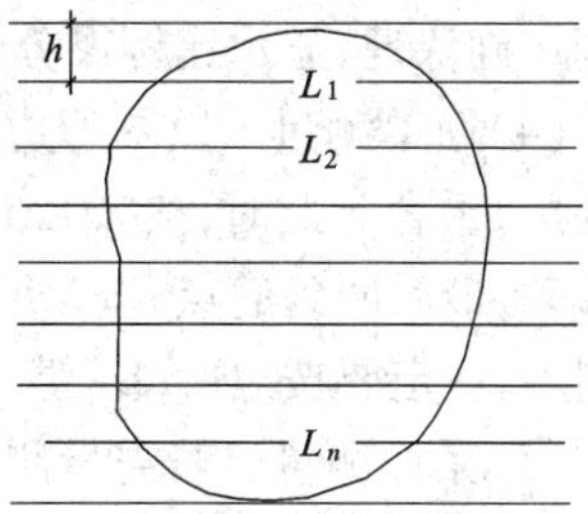

图9-8

9.2.3　电子求积仪法

电子求积仪是用来在地形图上量测面积的仪器，它能自动记录和显示，且操作简单方便，测量精度高。下面以图9-9所示的KP-90 N型电子求积仪为例，介绍电子求积仪的性能和使用方法。

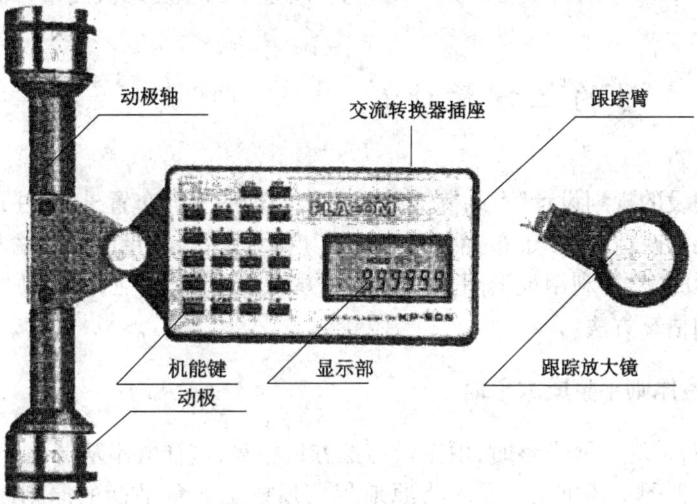

图9-9

1. KP-90 N电子求积仪的性能

KP-90 N电子求积仪的性能有以下几点。

(1)可设定几种面积单位。

(2)对某一图形重复几次测定后，自动显示其平均值。

(3)对某几块图形分别测定后，自动显示累加值。

(4)同时进行累加和平均值测量。

2. 面积量测的准备工作

将图纸固定在平整的图板上。安置求积仪，用跟踪放大镜中的描迹标沿图形的轮廓线转动一周，以检查动极轮及测轮是否能自由地平滑移动。

3. 面积测量方法

测量面积的方法如下。

(1)打开电源，按下"ON"键。

(2)选择面积的单位。"UNIT—1"键是公制单位与英制单位的转换键，"UNIT—2"键是同一单位制中的大单位与小单位的转换键，可供转换选择的公制单位有：km^2、m^2、cm^2。

(3)设定比例尺。先用数字键设定比例尺分母数值,然后按“SCALE”键,接着再按“R-S”比例尺确认键,显示比例尺分母的平方,以确认被量测图形的比例尺已设置好。

(4)简单测量。以图形边界上任意一点作为开始测量的起点,并与跟踪放大镜的中心(即描迹标)重合。此时,按“START”键,将跟踪放大镜的中心准确地沿着图形的边界线顺时针方向移动,最后回到起点,按“HOLD”键,则所量测图形的面积就显示出来。要注意在跟踪图形一周后,一定要按“HOLD”键,否则显示窗显示的值只是脉冲计数值。

(5)累加测量。若需量测几个图形的面积之和,首先测量第一个图形,测完后按“HOLD”键,然后将仪器移至第二个图形的起点,再按“HOLD”键可继续量测,依此类推。直至测完最后一个图形,按“HOLD”键,显示的值即为这几个图形的面积之和。

(6)平均值测量。对同一图形重复测量若干次,每次测量结束后按“MEMO”键,最后一次测量结束后,按“MEMO”键,再按“AVER”键,这样就显示出重复几次测量的面积平均值。

9.3 场地平整时的土方量计算

在各种工程建设的规划设计阶段,除对建筑物作合理的平面布置外,往往还要对拟建地区的原有地貌作必要的改造,以便于布置各类建筑物和排水系统,满足交通运输和敷设地下管线要求。在平整场地时,常需利用地形图预算填挖土方的工程量。下面分两种情况介绍场地平整时填挖土方量的估算方法。

9.3.1 按填挖平衡原则平整成水平面

所谓填挖平衡,是指场地平整时,填方量与挖方量相等,这样既不从场地外取土,也不将场地内的土运出去。如图9-10所示,要求将原地貌按填挖土方量平衡的原则改造成一水平场地,其填挖土方量的估算方法如下。

1. 绘制方格网

在地形图上欲平整的场地内绘制方格网,方格网边长的大小取决于地形的复杂程度、比例尺的大小和土方量估算的精度要求。例如,当采用1∶500地形图估算土方量时,方格网边长通常为10 m或20 m。

方格网绘制好后,根据前述用等高线内插高程的方法,求出各方格顶点的地面高程,并将其标注于相应顶点的右上方。

2. 计算设计高程

所谓设计高程,即平整后场地的高程。先将每一方格的各顶点高程加起来取平均,得到每一方格的平均高程,然后将所有方格的平均高程相加除以方格总数,就得到设计高程 H_0,即

$$H_0 = (H_1 + H_2 + \cdots + H_i + \cdots + H_n)/n \tag{9-8}$$

式中,H_i为每一方格的平均高程;n为方格总数。

式(9-8)可改写为(读者可自己推导)

$$H_0 = (\sum H_{角} + 2\sum H_{边} + 3\sum H_{拐} + 4\sum H_{中})/4n \tag{9-9}$$

式中,$H_{角}$为方格网的角点(如A_1、A_4、B_5、D_1、D_5)的高程;$H_{边}$为方格网的边点(如A_2,A_3,B_1,C_1,…)的高程;$H_{拐}$为方格网的拐点(如B_4)的高程;$H_{中}$为方格网的中点(如B_2,B_3,C_2,…)的

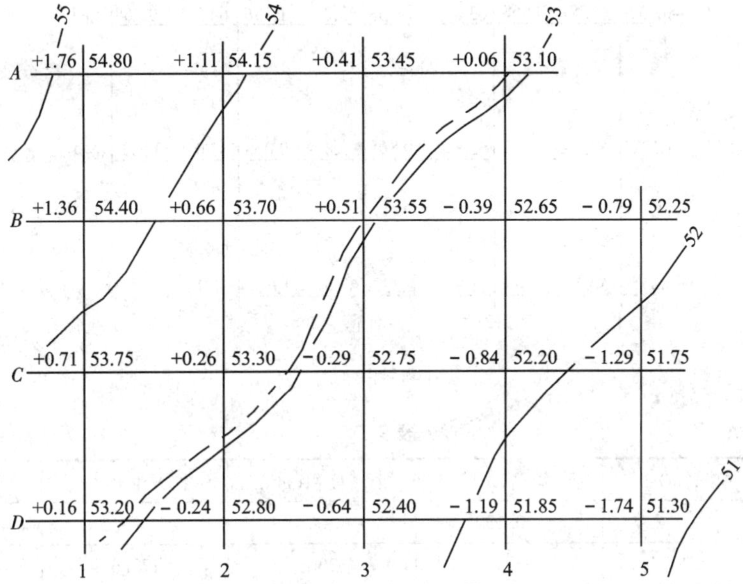

图 9-10

高程。将各方格顶点的高程代入式(9-9),即可算出设计高程为 53. 04 m 。在图上内插出 53. 04 m 的等高线(图中虚线),此等高线为填挖边界线。

3. 计算填挖高度

将各方格顶点的地面高程减去设计高程,即为各方格顶点的填挖高度 h,即

$$h = 地面高程 - 设计高程$$

将 h 标注在相应顶点的左上方,h 为“ + ”时表示挖, h 为“ - ”时表示填。

4. 计算填挖方量

将各方格四个顶点填挖高度取平均作为此方格的平均填挖高度,用平均填挖高度乘以方格面积即得此方格的填挖方量。同样,这种计算方法可改写为

$$\left.\begin{aligned} V_{角点} &= h_{角} \times \frac{1}{4}A \\ V_{边点} &= h_{边} \times \frac{2}{4}A \\ V_{拐点} &= h_{拐} \times \frac{3}{4}A \\ V_{中点} &= h_{中} \times A \end{aligned}\right\} \tag{9-10}$$

式中,$h_{角}$、$h_{边}$、$h_{拐}$、$h_{中}$分别表示相应角点、边点、拐点和中间点的填挖高度。计算时,应分别计算填方量和挖方量,计算结果应满足“填挖平衡”的原则,即总的填方量与总的挖方量大致相等。

如图 9-11 所示,计算设计高程为 62. 932 m,每一方格面积为 400 m^2,其填挖方量的计算结果列在表 9-1 中。

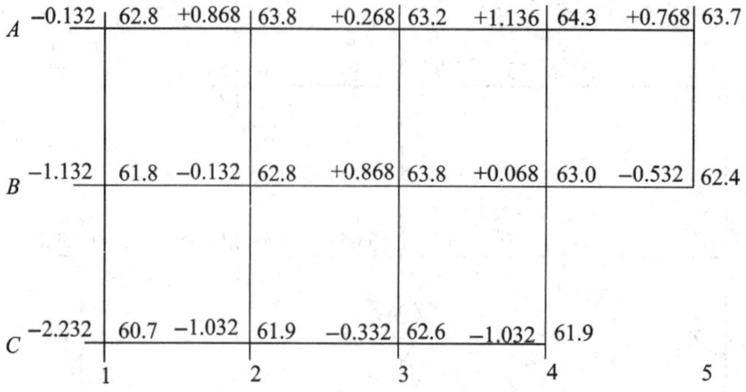

图 9-11

表 9-1

点号	挖深(m)	填高(m)	所占面积(m^2)	挖方量(m^3)	填方量(m^3)
A_1		-0.132	100		13.2
A_2	+0.868		200	173.6	
A_3	+0.268		200	53.6	
A_4	+1.368		200	273.6	
A_5	+0.768		100	76.8	
B_1		-1.132	200		226.4
B_2		-0.132	400		52.8
B_3	+0.868		400	347.2	
B_4	+0.068		300	20.4	
B_5		-0.532	100		53.2
C_1		-2.232	100		223.2
C_2		-1.032	200		206.4
C_3		-0.332	200		66.4
C_4		-1.032	100		103.2
				Σ:945.2	Σ:944.8

9.3.2 平整成一定坡度的倾斜面

将原地形改造成某一坡度的倾斜面,通常要求所平整的倾斜面必须包括某些不能改动的地面点,例如建筑物室外地坪高程点或道路中心线上的点等。

如图 9-12 所示 ,设 a、b、c 三点为高程控制点,其高程分别为 64.6 m、61.3 m 和 63.7 m。要求将原地形改造成通过 a、b、c 三点的倾斜面,其步骤如下。

1. 确定设计等高线的平距

过 a、b 作直线,用比例内插法在 ab 线上求出高程 64 m、63 m、62 m、61 m 等各点的位置,如 d、e、f、g 等点,这些点即为 64 m、63 m、62 m、61 m 等各条设计等高线与 ab 线的交点位置。(提示:a、b 两点在倾斜面内,则 ab 直线也在倾斜面内;倾斜面的等高线为一组相互平行且间

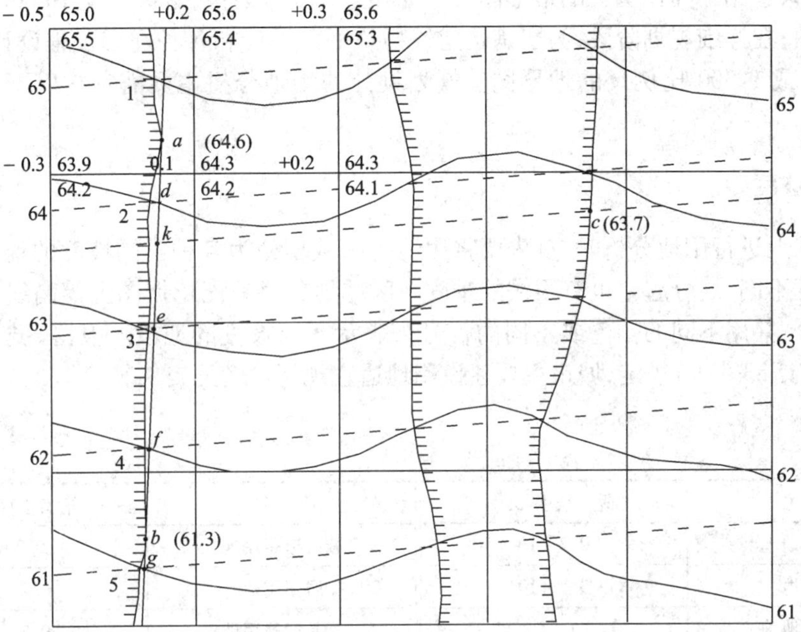

图9-12

距相等的直线。)

2. 确定设计等高线的方向

在 *ab* 直线上用内插法求出一点 *k*,且 *k* 点高程等于 *c* 点高程(63.7 m)。再过 *c*、*k* 连线,则 *ck* 方向就是设计等高线方向,即所有设计等高线都平行于 *ck* 直线。

3. 绘制设计倾斜面的等高线

过 *d*、*e*、*f*、*g* 各点作 *ck* 的平行线,以此为设计倾斜面的等高线(图中的虚线)。过设计等高线和原地形等高线的交点连线,如图中连接 1、2、3、4、5 等点,就可得到挖、填边界线。在挖填边界上绘有短线的一侧为填土区域。

4. 计算填挖方量

以下的步骤与上述“平整成水平面”的步骤相同,即先在图上绘方格网,用原地形等高线内插各方格顶点的地面原有标高,并将其标注于方格网上,然后再根据设计等高线内插各方格顶点的设计高程,也标注于方格网上。原有标高减去设计高程,即为各方格顶点的填挖高度,并将其标注于方格网顶点的左上方,最后列表分别计算填挖方量。

在工程实践中,设计的倾斜平面有时有一个限制坡度,如:流水坡度为5‰,汽车行驶最大坡度为8%,等等,这时可根据两个不动高程控制点和限制坡度值来绘制设计等高线。

9.4　规划设计时的用地分析

在对城市进行规划设计时,首先要按城市各建设项目的特点、功能以及对地形的要求并结合实际地形进行分析,以便充分、合理地利用和改造原有地形。规划设计要根据城市建设用地的规模、范围来选用不同比例尺的地形图。例如在总体规划阶段,常选用 1:10 000 或 1:5 000 比例尺地形图;在详细规划阶段,为了满足建筑物总平面设计和各种配套工程设计的需要,常选用 1:1 000 或 1:500 比例尺的地形图。规划设计的用地分析主要需考虑以下几方面的问题。

9.4.1 地面坡度

在地形图上进行用地分析时,首先要将用地的区域划分为各种不同坡度的地段。由于地形的复杂程度不同,划分起来也有很大的难度。区域划分时只能依据图上等高线平距的大小来大致地划分,并用不同的颜色或不同的符号来表示不同坡度的地段。根据《城市用地竖向规划规范》(CJJ 83—99)规定,城市主要建设用地适宜规划坡度见表 9-2。

表 9-2

用地名称	适宜坡度(%)	用地名称	适宜坡度(%)
工业用地	0.2~10	城市道路用地	0.2~8
仓储用地	0.2~10	居住用地	0.2~25
铁路用地	0~2	公共设施用地	0.2~30
港口用地	0.2~5	其他	

9.4.2 建筑通风

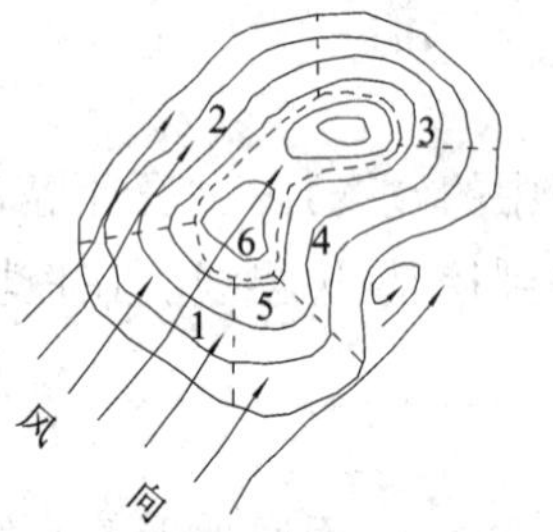

图 9-13

山地或丘陵地带的建筑通风设计,除考虑季风的影响外,还应考虑建筑区域因地貌及温差产生的局部风的影响。在某些时候,这种地方小气候对建筑通风起着主要作用,因此在山地或丘陵地域做规划设计时,风向与地形的关系是一个不容忽视的问题。

如图 9-13 所示,当风吹向小山丘时,由于地形的影响,在山丘周围会产生不同的风向变化。整个山丘根据受风方向及形式不同可分为六个区。

(1)迎风坡区:风向大致垂直于等高线,在此布置建筑物时,宜将建筑物平行或斜交等高线布置。

(2)顺风坡区:风向大致平行于等高线,如果将建筑物垂直或斜交等高线布置,则通风良好。

(3)背风坡区:风吹不到的坡区,可根据不同季节风向转化的具体情况,布置建筑物。

(4)涡风区:风向是漩涡状的地方,可布置一些通风要求不高的建筑。

(5)高压风区:迎风区与涡风区相遇的地方,该地段不宜布置高层建筑,以免产生更大的涡流。

(6)越山风区:山顶部分风力较大,通风良好,宜建通风要求较高的建筑,如亭阁类建筑。

以上风区的划分是随不同风向和季节变化而改变的。例如在我国大部分地区,冬季以西北风为主,而夏季多为东南风。因此,建筑规划设计时应考虑主流风向。

9.4.3　建筑日照

建筑日照是规划建筑物布置时要考虑的一项重点内容,在我国北方地区尤为重要。在山区或丘陵地带,建筑日照的间距受其坡向影响较为明显。我国位于北半球,无论什么季节太阳总处于南天空,随着地理纬度的增加,太阳对室内照射角度的变化随季节变化也增大。如在我国南方,冬至日和夏至日太阳的高角度变化较小,每天的日照时间也变化较小。而北方地区冬至日和夏至日的太阳高角度变化很大,每天的日照时间差值也比较大。一般情况下,在设计建筑物时,要考虑冬至日建筑及山体挡光问题。合理利用地形,形成建筑高度梯次,可缩小建筑间距,节约用地。在向阳坡布置建筑时,要比背阳坡节省用地。

9.4.4　交通

在进行用地分析时,除要考虑建筑日照、建筑通风等因素外,还要考虑交通情况。交通道路设计与地形的关系很大,尤其在崇山峻岭地或丘陵地进行规划设计时,应首先考虑交通网络设计。在道路和建筑物布置时,应既要尽量减少土石方的工程量,节约建筑投资,又要考虑居民出行和交通方便。机动车车行道规划纵坡见表9-3。

表9-3

道路类别	最小纵坡(%)	最大纵坡(%)	最小坡长(m)
快速路	0.2	4	290
主干路		5	170
次干路		6	110
支(街坊)路		8	

9.4.5　市政管网

市政管网是建筑物不可分割的一部分,在进行规划设计时,管网设计也是一项主要工作。例如,在建设一个居民小区时,要同时设计排水、给水、暖气、供电、煤气、电视、电话等管线,而这些管线与地形的关系十分紧密,尤其是排水管网。利用水重力作用进行的排水系统,必须根据地形的高差进行设计,而其他管线也涉及埋深、交叉、防冻、抗压等问题,应充分考虑利用地形。

9.4.6　土石方工程量

在建设项目的规划设计阶段,需要确定各种建筑物、道路、管网等的平面位置、室内外标高、坡度等,这些都必须依靠地形图来完成。设计好这些建筑物的平面位置和标高可减少土(石)方工程量,而利用好地形的高低变化和自然地貌中的冲沟、坎地、台地等,不但可以节约土地资源,而且还可减少建设项目的造价。

利用地形图进行规划设计是一门综合科学,不但要考虑上述几方面综合因素,还应该考虑公共设施、社区服务、气候气象、雨水排放、绿化、运动、停车场等具体问题。

9.5 电子地图与地理信息系统(GIS)

目前,纸质地形图的应用越来越少,而采用电子地图和地理信息系统(GIS)进行规划、设计、施工、管理等越来越普及。本节主要介绍与电子地图和地理信息系统有关的空间数据、电子地图的特点以及地理信息系统的功能、配置和实体框架。

9.5.1 空间数据

无论是电子地图,还是地理信息系统,都离不开大量的空间数据,正如一个国家不能没有人民,一座大厦不能没有砖瓦一样,空间数据是电子地图和地理信息系统的主体元素。

空间数据的主要特点是其具有空间性,空间性反映空间实体的空间位置及其位置之间的关系。空间位置指的是实体的坐标、方向、角度、距离、面积等几何信息,通常采用解析几何的方法来表示;位置关系指的是实体之间的相连、相邻、包含等几何关系,通常采用拓扑关系来表示。所谓拓扑关系是反映空间实体之间的一种逻辑关系,例如节点、弧段、多边形之间的关联性、邻接性和包含性,它与空间实体的大小、形状、比例尺、投影关系等无关。除了空间性以外,空间数据的另一大特点是它的属性,属性描述空间实体的特征、类别等。属性本身不属于空间数据,但它是空间数据的重要成分,它同空间数据相结合,才能表达空间实体的全貌。

按数据结构的不同,空间数据主要分为如下两大类。

1. 栅格数据

将地理面用正方形或矩形栅格进行划分,然后用行列式确定各个栅格单元的空间位置,用栅格单元的值来表示空间属性。这样,表示空间实体时,用一个栅格单元来表示一个点,用一组相邻的栅格单元来表示一条线,用相邻栅格单元的集合来表示一个面(或区域),由此所得的数据称为栅格数据。栅格数据的获取,可通过人工格网采集法、扫描仪、摄像机、遥感、矢量数据的转换等多种方式。

栅格数据的优点是数据结构简单,便于空间分析及地理现象的模拟,易与遥感数据结合。栅格数据也有其缺点,即:图形数据量大,图形投影转换比较难,图形的显示质量差,也不便于表示空间的拓扑关系。

2. 矢量数据

将需要用空间数据描述的空间实体分成点、线、面三类,用一个坐标点表示一个空间点,用多个点连成的弧段表示一条线,由曲线段围成的多边形表示一个面(或区域),同时用拓扑关系来表示这三类空间实体相互之间的关系,由此所得的数据即为矢量数据。矢量数据的获取,可通过 AutoCAD 人工绘制、数字化仪、全站仪、GPS 全球定位系统、栅格数据的转换等多种方式。

矢量数据的优点是数据结构紧凑,冗余度小,便于网络分析,图形显示质量好,精度高,便于面向对象的数据管理和制图。矢量数据也有其缺点,即:数据结构复杂,对软硬件的技术要求高,信息复合难度大,缺乏同遥感数据及数字地面模型结合的能力。

9.5.2　电子地图

根据一定的比例尺和投影方式，按规定的地物符号和地貌符号绘制成的用于表现原地形的计算机图文件，称为电子地图。按照图文件的不同格式，电子地图可分为栅格电子地图和矢量电子地图两种。栅格电子地图一般来自原有纸质地图的扫描件或航摄、遥感图，由于其文件的数据结构为栅格，因此对栅格电子地图中的点、线、面不能进行单独编辑操作。矢量电子地图一般来自全站仪、GPS等的直接测量，或栅格电子地图的矢量化，其图中的点、线、面等可以被单独编辑操作。

电子地图需要在一定的计算机软硬件环境下才能运行。目前普通的计算机硬件系统均能满足要求，其所需的软件平台有各种专用测量软件、制图软件或GIS地理信息系统软件等。由于电子地图多用于设计、建设部门，因此，设计中常用的AutoCAD也是电子地图最常用的一种软件平台。关于电子地图的制作方法，亦即AutoCAD的使用方法，因篇幅所限，在这里不作介绍。目前，随着电子地图的普遍使用，传统的由人工绘制的纸质地图（或地形图）已被淘汰。与纸质地图相比，电子地图主要具有如下几个特点。

(1)图面可以任意缩放。电子地图可以无限放大或缩小，因此对于电子地图的显示或打印，其比例尺可以任意设定。但是，这里需要说明的是，当电子地图放大或缩小时，图中的地物符号和地貌符号也一同放大或缩小，根据地形图图示的规定，对于同一地物或地貌，在不同的比例尺地图中，其表示的符号是不尽相同的。因此，当电子地图放大或缩小后正式打印输出时，要注意因其比例尺的变化所引起的图示符号的变化。另外，电子地图的放大或缩小也会引起图中文字和数字注记的放大或缩小，太大的文字或数字使得图面不美观，太小的文字或数字又使人难以辨认。

(2)可以用多个图层和多种颜色表示。在电子地图中，各种地形要素可以采用不同的图层和不同的颜色来表示，这样，对于各种不同的地物图层或地貌图层，它们之间可以任意组合叠加，便于使用。

(3)便于修测更新。因建设使得图中的实际地形发生改变时，只需重新测量变化了的那一部分地形，然后将其编辑后“粘贴”到电子地图中替换原地形即可，这样就得到了更新后的电子地图，使电子地图易于永远保持现势性。

(4)便于量算、统计、分析和设计。由于电子地图运行的软件平台均具有一定的计算、统计和分析功能，因此在电子地图中进行诸如点的坐标、直线的距离、区域的面积等的量算及在此基础上进行各种统计、分析和设计，都非常方便。

(5)便于存放、携带和查阅。电子地图不像纸质地图占用实体空间，显然其存放和携带都非常容易。另外，由于计算机的运行速度非常快，因此在计算机中根据其编号或文件名称查找或检索电子地图也很方便。

9.5.3　地理信息系统

对地球空间的各种信息进行存储、检索、显示、描述、模拟、绘制、分析和综合应用的计算机软件系统，称为地理信息系统（Geographical Information System，简称GIS）。地理信息系统是测绘、遥感、计算机、应用数学等学科的有机结合，是以上多学科技术集成的基础平台，目前地理信息系统已广泛应用于资源环境管理、城市规划管理、政府宏观决策、企业管理、交通运输、军事指挥及商业管理等诸多领域。

地理信息系统不同于一般的管理信息系统。管理信息系统（如财务管理系统、档案管理系统等）只对属性数据库进行管理，它没有图形数据库，即使存贮了图形，也是以文件形式管理，其中各图形要素不能分解、查询，也没有拓扑关系。而地理信息系统可以对属性数据库和图形数据库进行共同管理、分析和应用，其软硬件设备要求更高，系统功能也更强。

地理信息系统也不同于电子地图，它们二者虽然都有参考坐标系，都能描述图形数据，也有空间查询、分析和检索功能，但是电子地图不能够像地理信息系统那样，去综合图形数据和属性数据并对其进行深层次的空间分析，提供辅助决策的综合信息。电子地图只作为地理信息系统的一个非常重要的子系统，地理信息系统中必须包含有电子地图。

1. 地理信息系统的功能

地理信息系统一般具有以下六项功能。

1）数据输入与编辑

地理信息系统可对各种形式（影像、图形和数字）的地理信息进行多种方式（自动、半自动、人工）的输入（即数字化），建立空间数据库。数据输入包括数字化、规范化和数据编码三方面内容。数字化是指通过跟踪数字化仪、扫描仪或直接人工输入或自动传输方式对各种不同的信息进行录入并建立数据文件后，存入数据库内；规范化是指对具有不同比例尺和坐标系统的外来数据进行坐标和记录格式的统一；数据编码是指根据一定的数据结构和目标属性特征，将数据文件转换成计算机能够识别和管理的代码或编码字符。

数据编辑指的是对经过数据输入所得的空间数据或地图图层中的点、圆弧、直线、折线和区域进行修改、增加、删除、移动、复制、粘贴等操作。

2）数据管理

数据管理指的是对系统内的数据库（又称数据表）进行维护和操作，例如对数据库删除、重命名或紧缩等，改变数据库的结构，增加或删改字段，改变字段的顺序、名称、类型、宽度或索引等，对数据库建立算术运算、关系运算、逻辑运算、函数运算等关系。

3）数据查询

根据用户的要求，从数据文件、数据库或存贮装置中，查找和选取所需数据。数据查询分两种方式：第一种方式是从地图上查询数据库，其具体做法是在地图上选中一个查询对象，系统将自动弹出一个关于此对象的信息窗口；第二种方式是从数据库查询地图，其具体做法是，先点击桌面上主菜单中的“查询”软件，系统将自动弹出查询对话窗口，然后在查询对话窗口输入（填入）所要查询的内容，则系统将在地图上符合查询内容要求的相应位置或区域表现出不同的亮度（灰度或颜色）。

4）统计分析

在数据管理功能的支持下或使用专用的分析软件，对一定区域内的空间信息进行统计分析。统计分析包括对数据集合的均值、总和、方差、频数、峰度系数等的求解的常规统计分析，以及空间自相关、回归、趋势、专家打分等的高级统计分析。当然，对于每一个根据具体目标所建立起来的地理信息系统，其统计分析能力并非包罗万象，而是都有自己的某些侧重点或专门的应用目的。

5）显示与输出

数据显示指的是中间处理过程和最终结果的屏幕显示，而输出的结果有专题地图、图表、报告等多种类型。一般的地理信息系统还提供输出窗口的布局功能，即在欲输出的页面上放置和编排地图窗口、浏览窗口、统计图窗口、消息窗口、图例窗口等，同时在页面上还可增加标题或标注。

6）数据更新

地理信息系统所表现的现实对象是不断变化的，因此系统中的空间数据信息也应随之更新。数据更新是指用新的数据项或记录来替换数据文件或数据库中原有相对应的数据项或记录，它通过修改、删除、插入等一系列操作来实现。数据更新分全面更新和局部更新两种，它也是系统建立地理数据时间序列以满足动态分析的前提条件。

2. 地理信息系统的硬件和软件配置

1）硬件配置

计算机硬件系统是地理信息系统的物理实体，它主要包括计算机主机及数据输入、存储、输出等设备。在大型系统中，主机是由多台工作站构成的计算机网络，在小型系统中是一台工作站或者微机。数据输入设备包括数字化仪、扫描仪、计算机键盘等。存储设备有光盘、磁带等。数据输出设备则由显示器、绘图仪、打印机等组成。

2）软件配置

地理信息系统的软件分基础软件和二次开发软件。基础软件是指能给用户提供二次开发的基础平台，它必须具有数据录入、编辑、管理、分析、输出等功能，从广义上讲，基础软件还应包括操作系统、高级语言编译系统和数据库管理系统；二次开发软件是针对不同用户、不同功能需求、不同管理和运作方式，在基础软件平台上作进一步开发的软件。下面介绍国内外几种主要的地理信息系统基础软件。

（1）MapInfo。它是美国 MapInfo 公司研制的 GIS 软件，其系统使用简便，价格低廉，非常适合广大普通用户的需求。MapInfo 是一个基于矢量数据结构的桌面地图系统，它的数据结构不具有拓扑关系，空间分析能力较差，但它包含有地理信息系统的一些重要功能，例如空间信息与属性信息的有机结合，地图与各种专题图的制作显示，空间查询功能、缓冲区分析功能及强大的数据可视化功能等。另外，系统中的 MapBasic 是用户在 MapInfo 平台上进行二次开发的理想编程语言。

（2）ArcInfo。它是美国环境系统研究所（ESRI）开发的 GIS 专业软件，也是目前国际上功能最强大且最流行的 GIS 软件之一。ArcInfo 的核心模块是工具包 ArcTools。ArcInfo 的基本功能有：支持多种方式的地理数据输入和编辑，可以自动建立拓扑关系，可以与多种常用的数据格式进行转换，支持国际上通用的投影方式，可以用表达式或图形交互方式进行属性信息和空间信息的查询，用户可自己定义各种符号进行地图的显示和输出。

（3）AutoCAD Map。它是以 AutoCAD 为基础的地图制作和 GIS 系统，它发挥了 AutoCAD 的强大功能，又有基本的 GIS 分析工具。AutoCAD Map 可以精确地处理庞大的地理数据，可以将地理对象与其属性数据连接，也可与多种常用的数据格式进行转换。

（4）MapGIS。它是中国地质大学信息工程学院武汉中地信息工程有限公司开发的工具型地理信息系统软件。MapGIS 含有一个彩色地图编辑出版系统 MapCAD，能进行海量无缝图库管理和高性能的数据库管理，同时还具有完备的空间分析工具和实用的网络分析功能、多源图像分析与处理功能、方便的二次开发功能等。

（5）GeoStar。它是由武汉大学信息工程中心和武汉吉奥信息工程技术有限公司开发的，其主要特点是在系统内可以对矢量数据、属性数据、影像数据、DEM 数据等四种数据进行高度集成,实行单独建库、统一调度、分布式管理。

(6)CityStar。它是由北京北大天创信息技术有限公司开发,集地理信息系统、遥感、全球定位系统于一体的多媒体地理信息系统基础平台软件。

3. 地理信息系统的实体框架举例

地理信息系统的实体框架是由系统的核心数据库和应用子系统所构成的,从系统的实体框架可了解系统的内涵,进而掌握系统的功能和实质。下面以某市国土资源局建立的地理信息系统的实体框架为例,来说明子系统与数据库之间的关系。

如图 9-14 所示,整个系统包括 8 个数据库和 10 个子系统。8 个数据库是相互独立分布的,从逻辑分析看,这 8 个数据库之间并无严格的主次之分,只是其中的基础数据库因其内涵较为丰富,又具有很强的现势性,通常将其作为其他空间型数据库的定位基础,与其他数据库进行空间组合叠加,因此它的使用频率较高。另外,基础数据库的空间定位精度很高,且内容多,因此其建库的投入相对比较大。

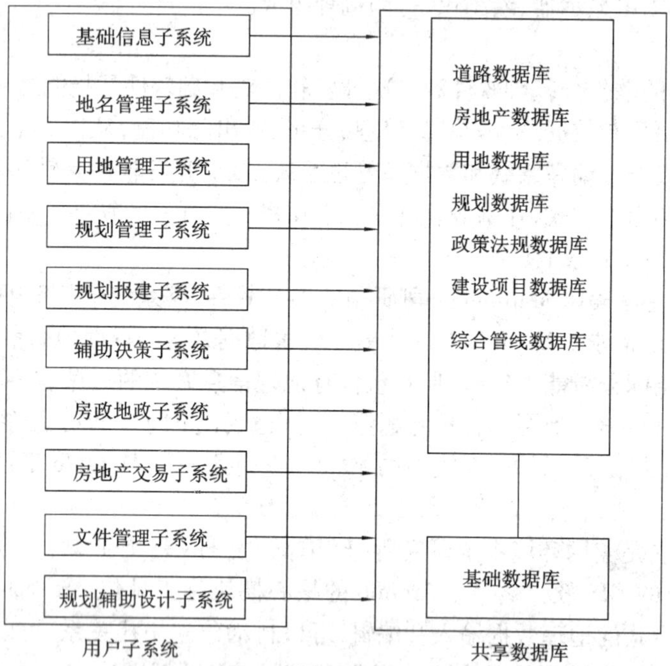

图 9-14

10 个子系统是根据用户对数据库的使用需求来划分创建的,子系统对数据库的调用并不是一一对应的关系,而是透过网络交互式地调用。对用户而言,各子系统对数据库的调用是属于“暗箱操作”的,因此可将各数据库理解为“共享数据库”。

习 题

1. 识读地形图时,主要从哪几个方面进行?

2. 如何确定地形图上直线的长度、坡度和坐标方位角？怎样检核量测坐标方位角的正确性？

3. 将场地平整为平面和斜面，如何在地形图上绘制填挖边界线？如何计算设计高程？

4. 在地形图上进行规划设计的用地分析时，应考虑哪几方面的因素？

5. 用于制作电子地图或开发地理信息系统的空间数据分哪几类？它们各有何优缺点？

6. 简述地理信息系统的主要功能、软硬件配置及它的实体框架。

7. 图 9-15 为 1∶500 比例尺地形图中的一个方格，此方格为平整场地的范围，边长为 50 m（有缩绘，非严格依比例尺），要求在填挖方平衡条件下，将此方格平整成水平面，并估算填、挖土方量。（估算方格的边长绘制为 10 m，边界点的高程采用近似外推的方式估算。）

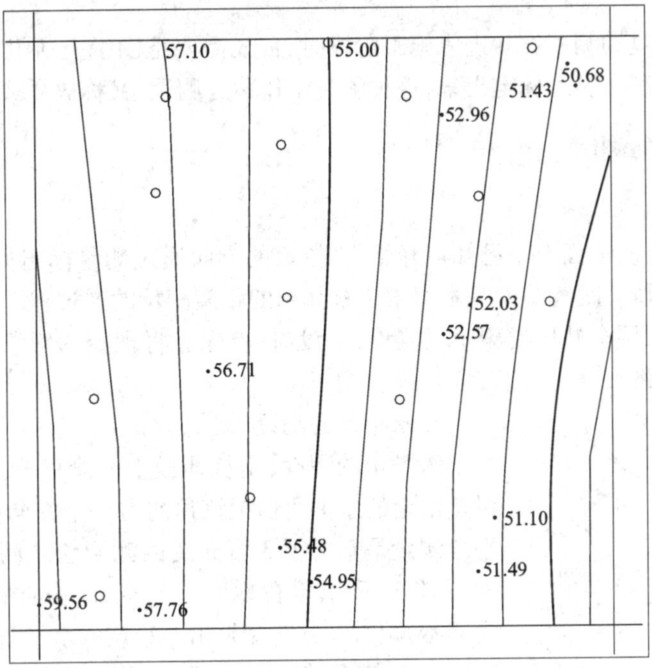

图 9-15

9.1　电子地图（天津大学老校区）

9.2　GIS 开发实例

9.3　地理信息系统（GIS）功能演示

第 10 章　建筑工程测量

10.1　测设的基本工作

当工程建设经过勘测和设计进入施工阶段时，首先需要把图纸上所设计的建筑物或构筑物的平面位置和高程在实地标定出来，这种测量工作称为测设，又称放样或放线。

10.1.1　基本要素的测设

1. 距离的测设

距离的测设，是从地面上一已知点开始，沿指定的方向通过测量标出另一点，使两点间的水平距离等于已知值。距离测设是本书第 4 章介绍的距离测量的逆过程。对于精度要求较高的距离测设，一般采用全站仪或测距仪测设，测设时，首先需将现场的气象参数（气温、气压）输入仪器后才能测设。

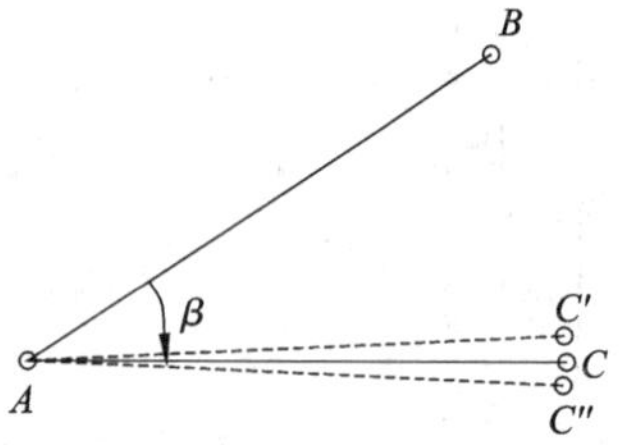

图 10-1

2. 水平角的测设

水平角的测设，是从地面上一个已知方向开始，通过测量按给定的水平角值把该角的另一个方向标定到地面上。水平角测设是本书第 3 章介绍的测回法观测水平角的逆过程。如图 10-1 所示，设在地面上已有 AB 方向，现欲在 A 点以 AB 为起始，顺时针方向测设出一给定的水平角 β。首先将经纬仪安置在 A 点，用盘左瞄准 B 点，并把此方向水平度盘值配置为零，然后松开照准部，顺时针旋转，当水平度盘读数为 β 角时，在视线方向上定出 C' 点；再用盘右瞄准 B 点，读取水平度盘读数 m，然后松开照准部，顺时针旋转，当度盘读数为 $\beta + m$ 角时，在视线方向上定出另一点 C''，取 C' 和 C'' 的中点 C，则 $\angle BAC$ 就是要测设的 β 角。

3. 高程的测设

高程的测设，是从地面上一个已知高程的点开始，通过测量将另一给定高程的点标注出来。高程测设是本书第 2 章介绍的水准测量的逆过程。如图 10-2 所示，已知水准点 A 的高程 $H_A = 4.092$ m，现欲在 B 点测设高程 $H_B = 4.500$ m。首先将水准仪安置在 A、B 两点间，并在 A 点立水准尺，读数 $a = 1.636$ m；然后在 B 点钉一高桩，将水准尺靠在桩的一侧，上下移动尺

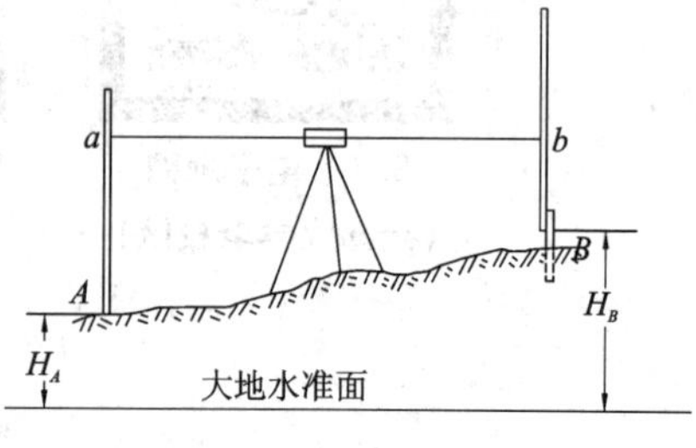

图 10-2

子，待读数 $b=(H_A+a)-H_B=(4.092+1.636)-4.500=1.228$ m 时停止，然后根据尺底在木桩上划线，则该线的高程即为 4.500 m。

当欲测设的高程点离已知水准点之间较远时，首先采用水准测量的方法将已知水准点的高程引测至欲测设点的附近，然后再用上述的做法。

当欲测设的高程点与已知水准点的高差很大时，可以采用悬挂钢尺来代替水准尺进行测设。如图 10-3 所示，已知地面水准点 A 的高程为 H_A，欲向基坑内测设 B 点的高程为 H_B，则可在基坑边设一吊杆悬挂钢尺，钢尺零端在下，并吊一重量适中的重物。测设时，首先在地面上安置水准仪，在 A 点竖立水准尺，读取 A 点读数 a 和钢尺读数 b；然后在基坑内安置水准仪，得钢尺读数 c，最后在 B 点上下移动水准尺，当读数 $d=H_A+(a-b)+c-H_B$ 时，则 B 点水准尺底端的高程即为所要测设的高程 H_B。

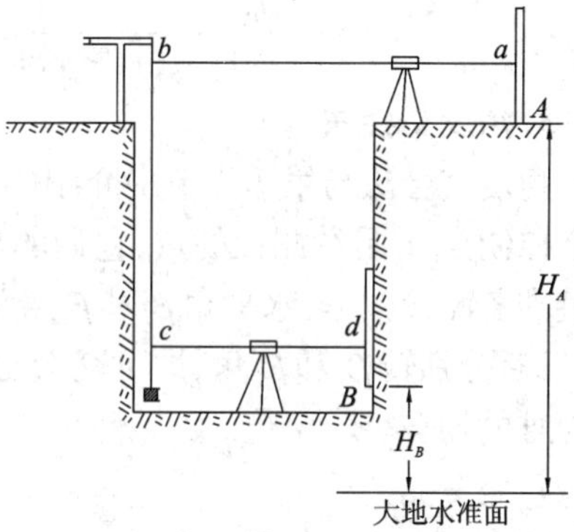

图 10-3

10.1.2　点的平面位置的测设

点的平面位置的测设方法有直角坐标法、极坐标法、角度交会法和距离交会法等。

1. 直角坐标法

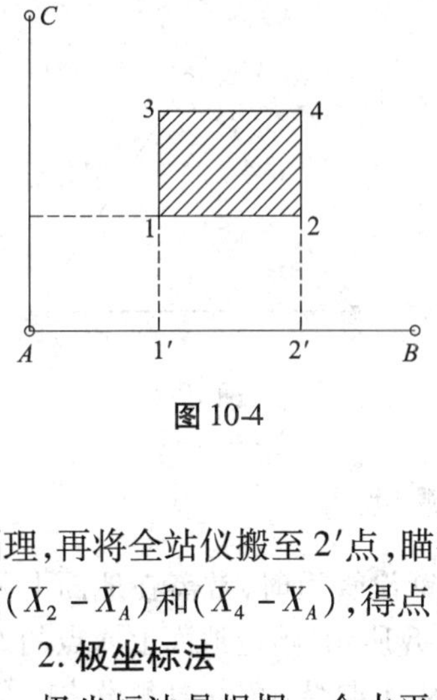

图 10-4

如果在测设现场已有建筑方格网或彼此垂直的主轴线，则可采用直角坐标法测设点的平面位置。如图 10-4 所示，AB、AC 是两条彼此垂直的主轴线（A、B、C 三点的坐标值已知），它们的方向和待测建筑物 1234 的边线平行。首先，在设计图上可得知建筑物四个角点的坐标，具体测设时，在 A 点安置全站仪或经纬仪，瞄准 B 点，在此方向上从 A 点分别向前测设水平距离 (Y_1-Y_A) 和 (Y_2-Y_A)，得点 1′、2′；然后将全站仪搬至 1′点，瞄准 B 点，逆时针转 90°，在此方向上从 1′点分别向前测设水平距离 (X_1-X_A) 和 (X_3-X_A)，得点 1、3；同理，再将全站仪搬至 2′点，瞄准 B 点，逆时针转 90°，在此方向上从 2′点分别向前测设水平距离 (X_2-X_A) 和 (X_4-X_A)，得点 2、4。

2. 极坐标法

极坐标法是根据一个水平角和一段水平距离来测设点的平面位置。由于全站仪的普及，极坐标法得到了广泛应用，而且上述的直角坐标法可以看作是极坐标法的一个特例（即水平角为直角）。如图 10-5 所示，点 1 是设计图上某建筑物的一个角点，A、B 为地面上已有的控制点，它们的坐标均已知。测设之前，首先准备测设数据：水平角 β 和水平距离 d（见下式）。测设时，将全站仪安置在 A 点，瞄准 B 点，逆时针转一个角度 β，在此方向上从 A 点量出一段水平距离 d，则得点 1 的平面位置。

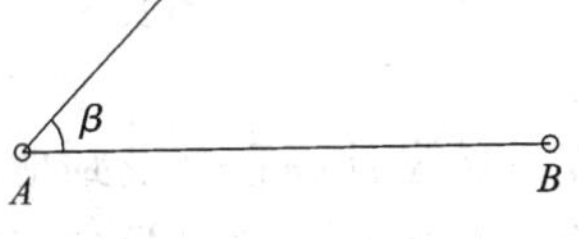

图 10-5

$$\alpha_{A1}=\arctan\frac{y_1-y_A}{x_1-x_A} \tag{10-1}$$

$$\alpha_{AB}=\arctan\frac{y_B-y_A}{x_B-x_A}$$

$$\beta=\alpha_{AB}-\alpha_{A1}$$

$$d=\sqrt{(x_1-x_A)^2+(y_1-y_A)^2}$$

3. 角度交会法

角度交会法与第7.4节中介绍的前方交会法类似。如图10-6所示,A、B为地面上已有的两个控制点,1是欲测设的点,它们的坐标均已知。测设之前,首先根据A、B、1三点已知的坐标值准备测设数据:水平角β_1和β_2。测设时,在A、B两点同时安置经纬仪,分别以B、A两点定向,然后分别转β_1和β_2角,即可交会出点1。角度交会法适用于欲测设的点离控制点较远或测距困难的场合。

4. 距离交会法

距离交会法是根据两段已知距离测设点的平面位置。如图10-7所示,A、B为地面上已有的两个控制点,1是欲测设的点,它们的坐标均已知。测设之前,首先根据A、B、1三点已知的坐标值准备测设数据:水平距离d_1和d_2。测设时,在A、B两点同时用钢尺或全站仪测设水平距离d_1和d_2,即可交会出点1。在施工的细部放样时多用此法,它适用于地面较平坦且距离较短的场合。

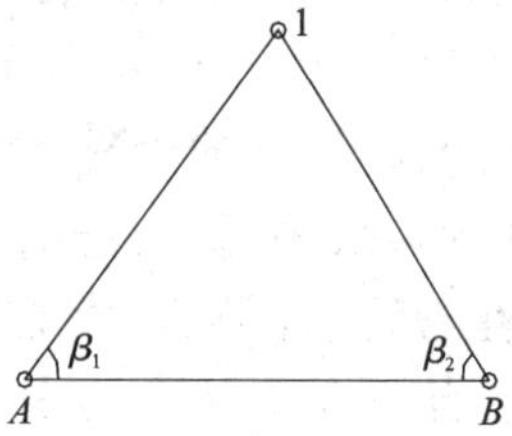

图10-6

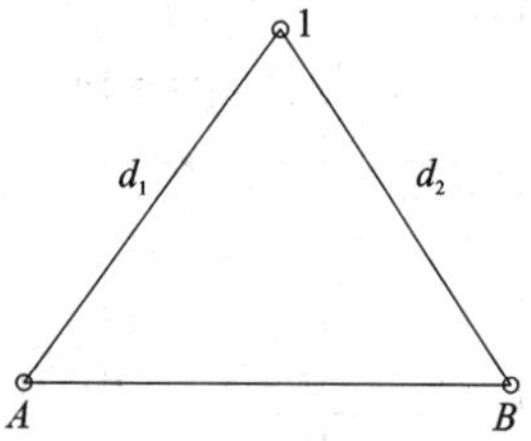

图10-7

10.1.3 坡度线的测设

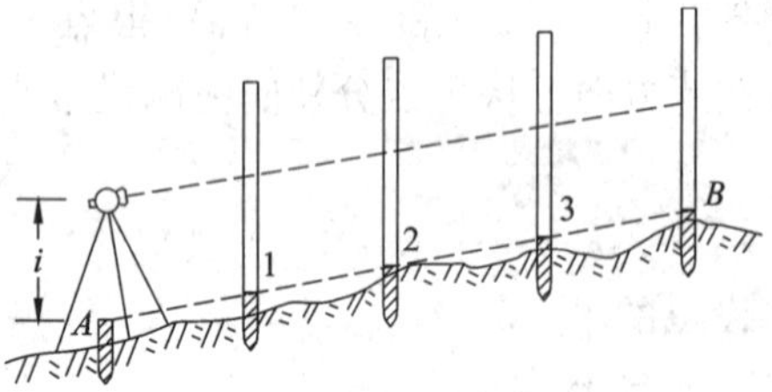

图10-8

在修筑道路或铺设管道时,常需在地面上测设坡度线。如图10-8所示,给定地面上A点的设计高程为H_A,现欲从A点沿AB方向测设出一条坡度为3%的直线。已知A、B两点间的水平距离为D,则可算得B点的设计高程为$H_B=H_A+0.03D$。测设时,首先按前述测设高程的方法把A、B点的设计高程测设到地面上,则AB即为一条坡度为3%的坡度线。接着进行细部测设:将全站仪或经纬仪安置在A点,量出仪器高i,用望远镜瞄准立在B点上的水准尺,使十字丝的横丝对准水准尺上的读数亦为i,这时仪器的视线即为平行于AB坡度线。然后在AB中间的各细部桩点1、2、3上立尺,逐渐将桩打入地下,直到水准尺上读数逐渐增大为i为止。这样A123B即为一条坡度为3%的设计坡度线。

10.2　建筑场地的施工控制测量

在施工场地上,因土方填挖、场地平整,原勘测阶段为测图所建立的测量控制点大多被破坏,即使保存下来,也不便用于施工。所以在施工之前,在建筑场地上要重新建立统一的施工测量控制网。施工测量控制网包括平面控制网和高程控制网。

施工平面控制网的布设形式,可根据建筑物的总体布置、场地的大小以及测区地形条件等因素确定。在较大的施工场地上,一般布设成矩形的格网,又称建筑方格网。在面积较小的施工场地上,常布设的一条或相互垂直的两条基线,称为建筑基线。施工高程控制点一般采用水准测量的方法附设在平面控制点上。下面主要介绍建筑基线和建筑方格网的布设方法。

10.2.1　坐标系统的换算

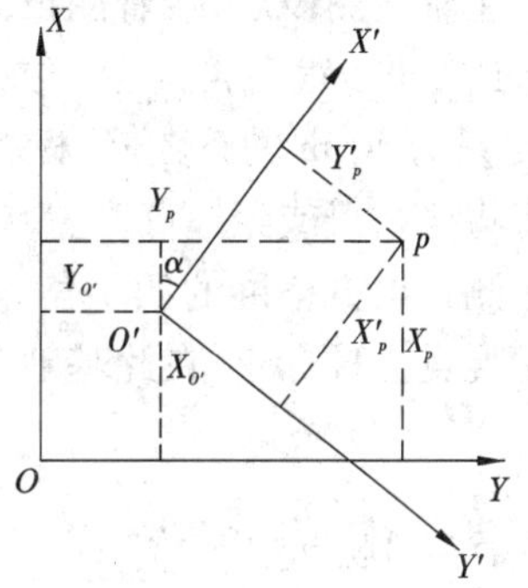

图 10-9

建筑施工测量时,常需进行施工坐标与测量坐标的换算。如图 10-9 所示,设已知 p 点的施工坐标为 (X'_p, Y'_p),欲将其换算为测量坐标 (X_p, Y_p),可以按下式计算:

$$X_p = X_{O'} + X'_p \cdot \cos\alpha - Y'_p \cdot \sin\alpha$$

$$Y_p = Y_{O'} + X'_p \cdot \sin\alpha + Y'_p \cdot \cos\alpha$$

反之,如果欲将已知 p 点的测量坐标 (X_p, Y_p) 换算为施工坐标 (X'_p, Y'_p),则可按下式计算:

$$X'_p = (X_p - X_{O'}) \cdot \cos\alpha + (Y_p - Y_{O'}) \cdot \sin\alpha$$

$$Y'_p = -(X_p - X_{O'}) \cdot \sin\alpha + (Y_p - Y_{O'}) \cdot \cos\alpha$$

10.2.2　建筑基线

建筑基线一般与建筑场地中主要建筑物的主轴线平行,以便用直角坐标法进行测设。建筑基线通常可布设成三点直线形、三点直角形、四点丁字形和五点十字形等,如图 10-10 所示。为了便于检查建筑基线点的稳定性,一般基线点不应少于三个。在具体布设建筑基线时,可根据规划部门在实地给定的建筑红线(即施工的边界线)采用平行线推移法来建立建筑基线,或直接根据附近已有的测量控制点来建立建筑基线。

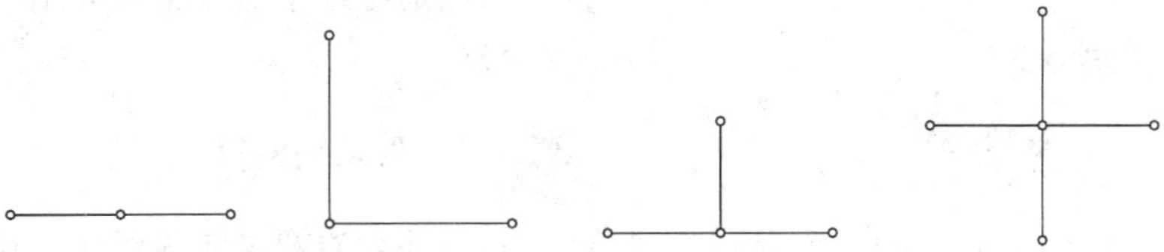

图 10-10

10.2.3 建筑方格网

1. 方格网主轴线的测设

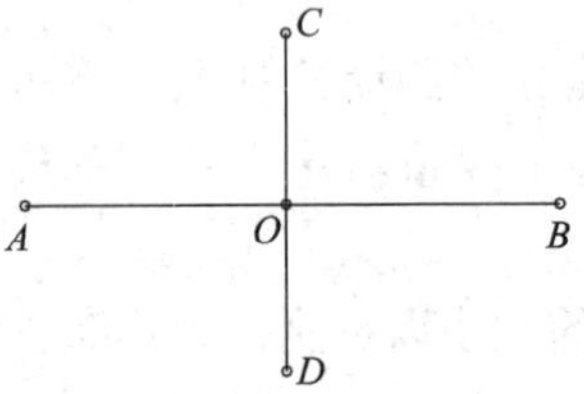

图 10-11

在布设建筑方格网之前，应首先布设方格网的主轴线，如图 10-11 中的 *AOB* 和 *COD*。方格网的主轴线要与主要建筑物的基本轴线平行，它是方格网扩展的基础。当场地很大、主轴线很长时，可只测设其中的一段。主轴线上的定位点称为主点，如图中的 *A*、*O*、*B*、*C*、*D*。主点的施工坐标一般由设计单位给出或从总平面图上用图解法求得。测设主点时，可根据已知控制点采用极坐标法，并用混凝土桩作为标志。

2. 方格网的测设

主轴线测设后，接着测设方格网。方格网可先布设成正方形或矩形，然后再加密。方格网的边长一般为 100 ~ 200 m，尽量为 50 m 的整数倍，相邻方格点要通视。具体测设时，首先将全站仪或经纬仪安置在主轴线的主点上，采用直角坐标法测设出方格网的四个角点（如图 10-12 中的 1、2、3、4），并用混凝土桩标定，在此基础上再加密其他各方格网点。

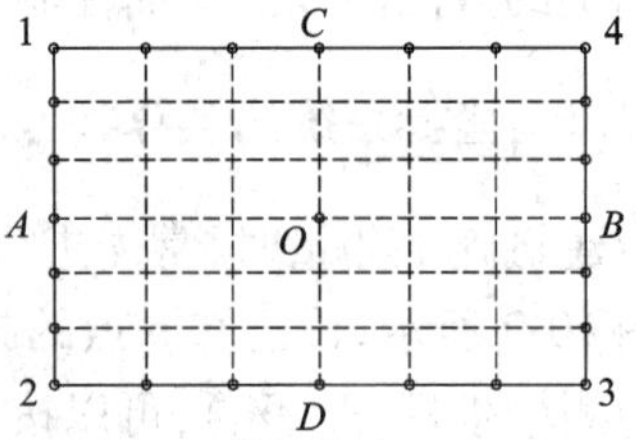

图 10-12

10.3 激光测量仪器及其应用

10.3.1 激光水准仪

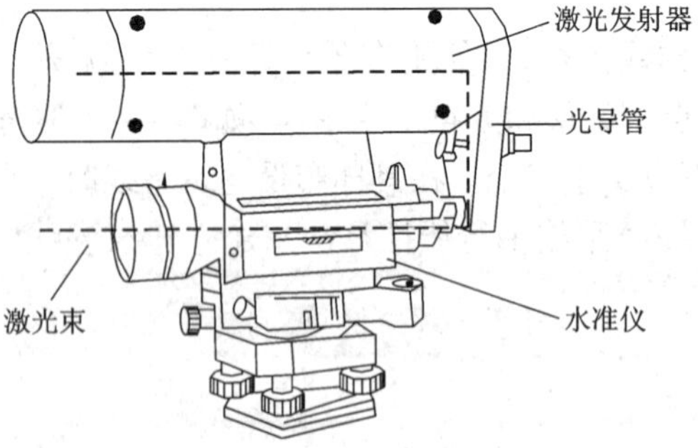

图 10-13

激光与普通光源比较，它具有亮度高、方向性强、单色性好等特点。激光水准仪是将氦-氖激光器发出的激光导入水准仪的望远镜内，使之沿视准轴方向射出一束可见的红色激光水平线（如图 10-13 所示）。

激光水准仪适用于施工测量中，尤其是井下、隧道等地下施工及夜间作业，其优点更为突出。

10.3.2 激光扫平仪

激光扫平仪主要由激光准直器、转镜扫描装置、安平补偿器及电源等组成。图 10-14 为日本测机舍 LP3A 型激光扫平仪外形，图 10-15 为它的内部结构示意图。激光发射器竖立在套架 1 中，它发出的激光束 2 透过照准装置 3 沿电机空心轴杆垂直射向固定在环 4 上的五角棱镜 5，调整底座 6 上的脚螺旋 7，可使框架 8 成竖直姿态，调节螺旋 9 可调整由五角棱镜发出的激光束高度。仪器的平整指示则是由置于支架 10、11 的两个相互垂直的水准管完成的。当启动电机带动棱镜旋转时，激光扫平仪发出的激光束在空间扫描出一个可见的连续水平面。在大范围场地平整中,用它来检查场地的平整度,非常方便。

图 10-14

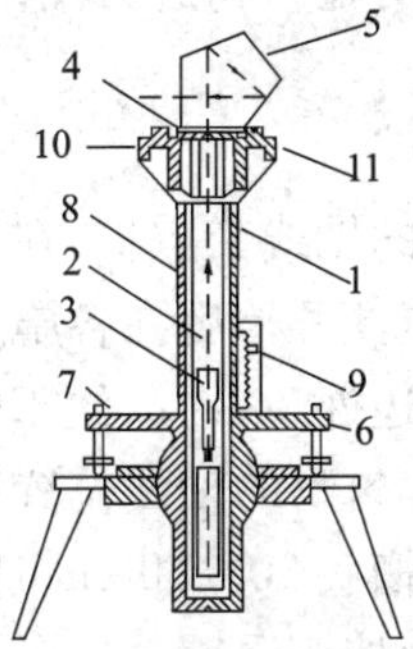

图 10-15

10.3.3　激光铅垂仪

与激光水准仪提供一条水平激光视线不同,激光铅垂仪提供的是一条垂直激光视线,激光束可以上投,也可以下投。图 10-16 为一国产激光铅垂仪内部结构图。使用时,将仪器对中整平后,望远镜的视准轴与氦-氖激光器轴均位于同一铅垂位置,开启电源旋钮,即可发射一束红色激光,在激光线路上安置活动激光靶,通过调焦,使投射到激光靶上的红色激光斑清晰。为了检验激光束的垂直性,可以旋转望远镜,如果光斑轨迹始终为一个点,则说明激光束的垂直性良好;如果光斑轨迹为一个圆,则说明激光束不垂直,此时圆心即为垂直激光束应通过的点。

激光铅垂仪广泛应用于塔形建筑的垂直度检测、电梯导轨安装调试、高层建筑物轴线投点等工程实践中。

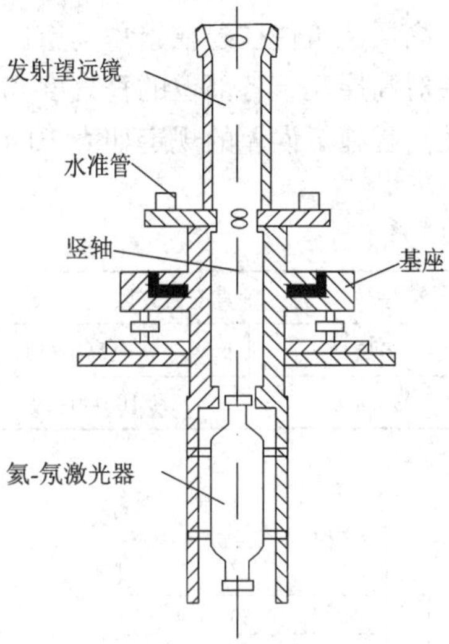

图 10-16

10.3.4　激光经纬仪

与激光水准仪类似,激光经纬仪是将氦-氖激光器发出的激光导入经纬仪的望远镜内,使沿视准轴方向射出一束可见的红色激光水平线。Leica 公司生产的激光经纬仪,是将普通经纬仪的目镜取下后,换装 GL01 激光附件。附件由激光目镜、光导管、氦-氖激光器和电源组成。由于采用光导管作为光线传递,仪器重量轻,且便于望远镜自由转动,从激光目镜还可直接瞄准或观察激光光斑。

10.4　民用建筑的施工测量

10.4.1　建筑物定位测量

建筑物的定位测量是根据建筑总平面图上所给出的建筑物尺寸,在实地把建筑物的外廓轴线交点或建筑物的主轴线标定在地面上,其测设方法是,根据建筑红线、建筑基线或建筑方格网进行测设或根据原有建筑物进行测设。

10.4.2 建筑物细部测设

建筑物定位时测设的轴线交点桩,在开挖基槽时将被破坏,因此在槽外各轴线的延长线上还要设置轴线控制桩,以便开槽后在各施工阶段恢复轴线位置,并进一步进行建筑物的细部测设。控制桩一般钉在槽边外 2 ~4 m 便于引测和保存的地方。

基础开挖前,根据建筑物的轴线位置和基础宽度,在地面上测设出基础的开挖线,并用白灰标记。当基槽挖到离槽底 30 ~50 cm 时,需要在槽壁上每隔 2 ~3 m 采用高程测设的方法设置一些水平桩,用以控制挖槽深度。

10.4.3 高层建筑的轴线投测与高程传递

高层建筑往往建在繁华闹市区中,施工场地狭窄,施工及测量工作难度大,因此在施工过程中对高层建筑各部位的垂直度和高程要求都很严格。国家建筑施工规范中对高层建筑垂直度及高程施工误差的规定如表 10-1 所示。

表 10-1

垂直度偏差限值		高程偏差限值	
各层	全高(H)总累计	各层	全高(H)总累计
3 mm	$3H$/10 000(最大 20 mm)	3 mm	$3H$/10 000(最大 20 mm)

1. 轴线投测

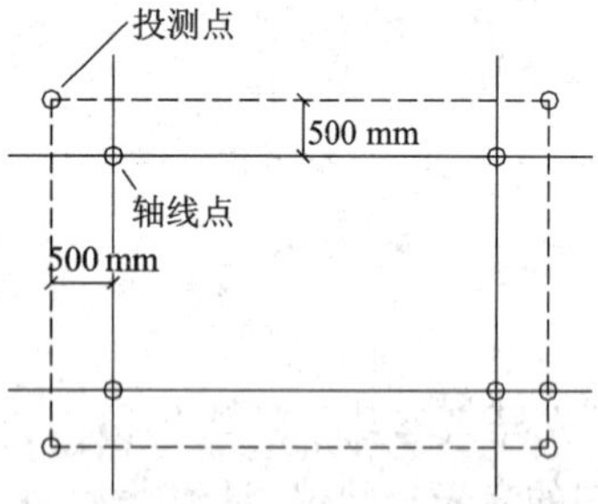

图 10-17

高层建筑的基础完工后,随着结构的升高,需以底层基准轴线点为依据,逐层向上投测,以控制建筑物的垂直度。投测轴线点主要采用激光铅垂仪投测法。

每幢建筑物的轴线投测一般至少需要四个投测点,且投测点距轴线约 500 mm 为宜,平面布置如图 10-17 所示。将激光铅垂仪安置在底层的投测点上,为了使激光束能从底层直接投射到各层楼板,在各层楼板的相同投测点处应预留孔洞,洞口的大小一般约为 200 mm × 200 mm。在投测层的楼板上安放接收靶,当激光铅垂仪发出的激光束射中接收靶时,则可根据光斑位置确定轴线位置。

2. 高程传递

高层建筑的高程传递,可沿建筑物外墙、边柱或电梯间等用钢尺向上量取。一幢高层建筑物至少要用三个底层标高点独立向上传递,由下层传递上来的同一层几个标高点必须用水准仪进行检核,其误差应不超过 ±3 mm。

另外,高程控制还可利用垂直通道,用同轴发射红外光的全站仪(带直角目镜)向天顶进行测距,反光棱镜安放于对中板上。这是一种利用全站仪快速、精确地测定各层高程的方法,标高误差一般不大于 ±2 mm。

10.5　工业建筑的施工测量

工业建筑多为厂房。工业厂房可分单层的和多层的，而厂房的柱子又有预制混凝土柱和钢结构柱等。本节以预制混凝土柱单层厂房为例介绍厂房矩形控制网的测设、厂房柱列轴线测设、柱基施工测量和厂房构件的安装测量。

10.5.1　厂房矩形控制网的测设

厂房矩形控制网是在建筑方格网的基础上建立的。首先在图纸上根据厂房四个角点的坐标，在基坑开挖线以外 1.5 m 处设计出厂房矩形控制网四个角点的坐标，然后在实地根据建筑方格网用直角坐标法把厂房矩形控制网测设出来。

10.5.2　厂房柱列轴线的测设

工业厂房一般为排柱式建筑，因此可根据其柱列轴线与矩形控制网的尺寸关系，用钢尺或全站仪在控制网各边上测设出各轴线控制桩的位置，打入大木桩，在桩顶上钉小钉标明柱列轴线通过的点位，如图 10-18 所示，Ⓐ、Ⓑ和①、②、③等轴线均为柱列轴线。

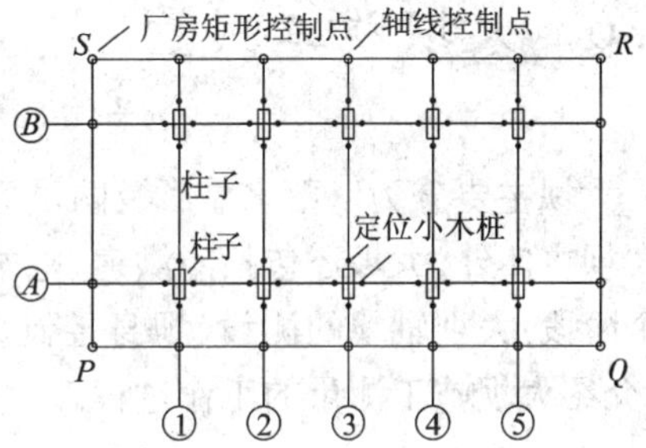

图 10-18

10.5.3　柱基施工测量

1. 柱基测设

将两台经纬仪或全站仪安置在相应的轴线控制桩上，以柱列轴线另一端的控制桩定向，在地上交出各柱基定位点（中心点），然后按照基础大样图的尺寸，根据柱列轴线和定位点放出基坑开挖线并用白灰标记，然后在坑的四角钉四个桩顶带小钉的小木桩作为修坑和立模板的依据。

2. 基坑抄平

当基坑开挖到接近坑底时，采用高程测设的方法在坑壁四周离坑底设计高程 0.3 ~ 0.5 m 处设置几个水平桩，作为基坑清底的高程依据。另外，在坑底设置小木桩，将垫层的设计高程测设到小木桩上。

3. 基础模板的定位

立模板时，用拉轴线和吊垂球的方法，把柱基定位线投到基坑的垫层上作为模板底线，并用垂球检查模板是否竖直，最后将柱基顶面设计高程测设在模板内壁上。

10.5.4　厂房构件安装测量

1. 柱子吊装测量

柱子吊装以前，应根据轴线控制桩把定位轴线投测到杯形基础顶面上，并用墨线标明，然后检查柱长和杯底的高程。吊装时，将柱子插入杯口后用楔子临时将其固定，使柱身基本垂直，再敲击楔子，使柱底中线与杯口中线对齐。然后进行柱子竖直度的校正：将两台经纬仪分别安置在过杯口中心且互相垂直的两条柱列轴线上,仪器至柱子的距离约为柱高的 1.5 倍,用十字丝中心瞄准柱子下部中心线,再抬高望远镜,检查柱中心线是否一直与十字丝中心重合,如有偏差,则指挥吊装人员进行调整。柱子吊装之后应满足以下设计要求:牛腿面高程必须等于它的设计高程,柱脚中心线必须与柱列中心线重合,柱身必须竖直。

2. 吊车梁安装测量

首先用水准仪根据已知水准点检查柱子 ±0 的标高,然后根据控制桩或杯口柱列中心线,按图纸上的设计数据在地面上测设出吊车梁两端的中心线点并安置经纬仪于一端,以另一端定向,抬高望远镜将吊车梁中心线投到每个牛腿面上,如果与柱子吊装前所画的中心线不一致,则以新投的中心线为准。吊车梁安装时,使梁中心线和牛腿面上新投的中心线对齐即可。吊车梁安装后应满足下列要求:梁顶高程应与设计高程一致,梁的中心线应与吊车轨道的设计中心线在同一竖直面内。

10.6 大坝施工测量

大坝主要分为以蓄水灌溉及防洪为主的土石大坝和以水力发电为主的混凝土重力大坝。除大坝主体外,大坝还包括溢洪道、电站及其他附属水工建筑物。大坝的施工测量主要分以下几个阶段:大坝轴线的测设、坝身控制测量、坝身细部测设、溢洪道的测设等。现以土石坝为例,介绍大坝施工测量的工作过程。

10.6.1 大坝轴线的测设

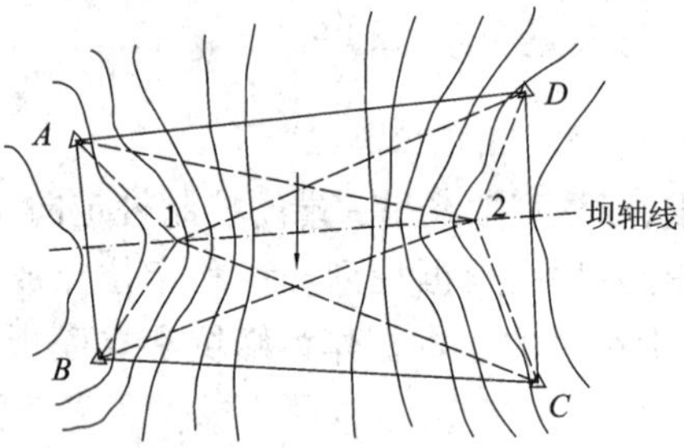

图 10-19

坝址选择,也就是确定大坝轴线位置,它通常有两种方式:一种是实地勘察,根据地形和地质情况并顾及其他因素在现场选定,同时标明大坝轴线的两端点;另一种是在地形图上根据各方面的勘测资料,确定大坝轴线位置,然后把图上的轴线位置测设到地面上。测设之前,首先在图上量得大坝轴线两端点的平面直角坐标,然后在实地建立大坝平面控制网,如图 10-19 所示,A、B、C、D 是大坝平面控制点,1、2 是大坝轴线的两个端点,根据控制点与轴线端点的坐标位置关系,采用极坐标法或角度交会法将轴线端点测设出来。

10.6.2 坝身控制测量

坝身控制测量包括坝身平面控制测量和坝身高程控制测量。坝身高程控制网应采用二等水准测量的方法建立在施工范围以外,高程控制点作为永久性水准点和附近的高级水准点连测。另外,还应在施工范围内建立一些临时性的工作水准点,并把它们附合到永久性的水准点上。

为了进行坝身的细部放样,需要以坝轴线为基础线建立若干条平行线和垂直线来作为坝身的平面控制。如图 10-20 和图 10-21 所示,平行控制线可布设在坝顶上下游的边线、坝面变坡线、马道中线，也可按一定间隔（10 m、20 m 或 30 m）布设，并采用直角坐标法将其测设出来；垂直控制线是以坝轴线的一端作为里程起点，沿坝轴线方向按一定间隔（50 m、30 m 或 20 m）定出其他里程桩的位置，直至坝轴线的另一端，然后采用直角坐标法测设出过各里程桩的垂直控制线，作为横断面测量和大坝放样的依据。

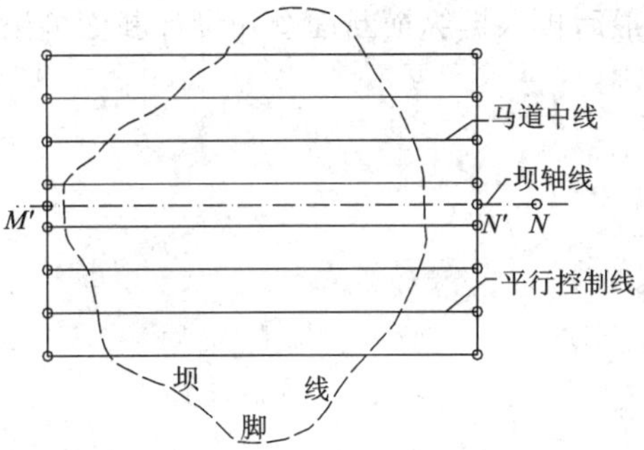

图 10-20

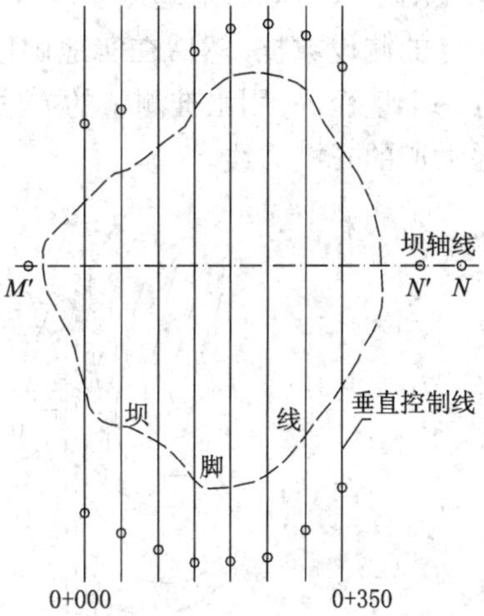

图 10-21

10.6.3　坝身细部测设

1. 清基开挖线的测设

设计的坝体与原地面的交线称为清基开挖线。首先在图上将坝体设计断面图分别与每个实测的纵断面图套叠，即得各断面上的清基开挖点，连接各点即得清基开挖线，然后在实地将其测设出来，用白灰标记。

2. 坡脚线测设

坝身平面控制测量已测设出平行于坝轴线的若干条平行控制线，根据各条线上坝坡面的设计高程，在两侧山坡上测设出该高程的地面点，该点即为坡脚点，连接各点即得坡脚线，用白灰标记。

3. 边坡测设

边坡测设主要包括大坝每升高 1 m 左右上料桩的测设以及修坡时作为修坡依据的削坡桩的测设。

1）上料桩的测设

根据大坝的设计断面图，计算出大坝坡面上不同高程的点（例如按每米一个点）离开坝轴线的水平距离，然后实地测设出此距离即得上料桩的位置，并用水准测量测设出上料桩的高程。

2）削坡桩的测设

坝坡面铺料压实后要进行修整：首先根据平行线在坝坡面上测设若干排平行于坝轴线的桩，每排桩所在的坝面应具有相同的高程，用水准仪测得各桩所在地点的坡面高程，实测坡面高程与设计高程之差，即为坡面应修整的量。

10.6.4 溢洪道的测设

溢洪道的作用是排泄库区的洪水。溢洪道的测设工作主要有三项:溢洪道的纵向轴线和轴线上变坡点的测设;溢洪道的纵横断面测量;溢洪道开挖边线的测设。如图10-22所示,首先在图上求出溢洪道起点、终点以及各变坡点的设计坐标值,并结合控制点的坐标,计算出每个点的测设数据,然后在实地用极坐标法或角度交会法分别测设出各点;在轴线上每隔20 m打一个里程桩,用水准测量的方法测出纵横断面图;最后再根据纵横断面图和设计断面测设出溢洪道的开挖边线。

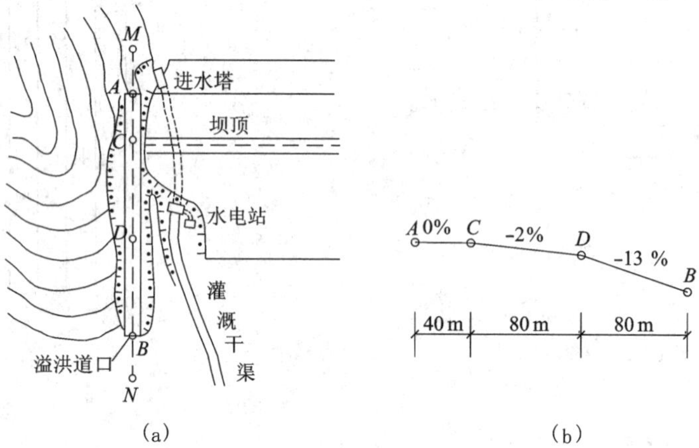

图10-22

10.7 建筑物的变形观测

在建筑物的施工及竣工后使用过程中,由于建筑物基础的地质构造不均匀、土体的塑性变形、地下水位的变化以及建筑物本身的荷重等因素,导致建筑物产生沉降、位移、挠曲、倾斜及裂缝等变形,本节将分别阐述上述的变形观测方法。

10.7.1 沉降观测

1. 水准点和观测点的设置

沉降观测是测量建筑物上所设观测点与埋设在建筑物附近不受沉降影响的水准点之间随时间的高差变化量,所以水准点的布设要考虑到水准点的长期稳定且观测方便。为了检核水准点是否稳定,一般至少布设三个水准点,埋设深度在冻土层以下、沉降范围以外,但又不能离观测点太远,以免因观测路线太长使得观测的累积误差太大。

观测点埋设的数目和位置应根据建筑物的大小、荷重、基础形式和地质条件,以能全面反映建筑物沉降的情况为目的。一般情况下,建筑物四角以及沿四周外墙每隔10~15 m布置一点。另外,在最容易变形的地方,例如,建筑物的大拐角处、设备基础、柱子基础、伸缩缝(或沉降缝)两旁、基础形式改变处、地质条件变化处等也应布设观测点。观测点的埋设要求牢固,通常采用不锈钢制作，分别埋设在砖墙上、混凝土立柱上或设备基础上（如图10-23所示）。

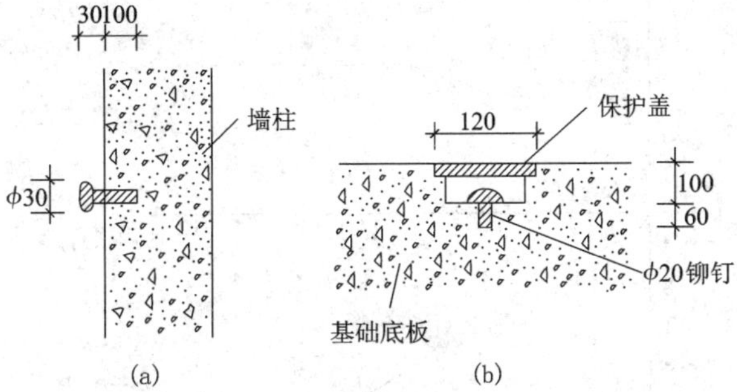

图10-23

2. 观测周期、方法和精度要求

一般情况下，自建筑物施工到±0标高时起，每浇筑一层楼板都要进行一次沉降观测。当基础附近地面荷重突然增加、周围大量积水或大量挖方、沉降速率突然增大等均应观测。工程封顶及竣工以后，应继续进行观测，观测时间的间隔可按实际沉降量大小及速率而定，在开始时可每隔1～2个月观测一次，以后随着沉降速度的减慢，可逐渐延长观测周期，直到沉降基本稳定为止（例如沉降速率不大于0.01 mm/d）。

沉降观测必须采用DS_1型以上的精密水准仪和精密水准尺进行二等或二等以上的水准测量。对于重要建筑物的沉降观测，其测量精度要求能反映出0.5 mm的沉降量；对于一般厂房建筑物，精度要求可适当放宽些。

3. 沉降观测的成果整理

外业观测结束后，应检查观测手簿中的数据和计算是否正确，精度是否合格，然后计算本次观测的沉降量和累计沉降量，并注明观测日期和荷载情况（见表10-2）。为了更直观地反映沉降、荷载、时间之间的关系，在每一观测阶段（例如施工、装修、竣工、稳定）结束以后，还要画出观测点的沉降-荷载-时间关系曲线图（如图10-24所示）。

表10-2　沉降观测成果表

测次	第一次			第二次			第三次			第四次		
时间	2004年5月24日			2004年6月24日			2004年7月24日			2004年8月24日		
荷载	±0			第二层			第三层			第四层		
观测点	高程（m）	本沉（mm）	累沉（mm）	高程（m）	本沉（mm）	累沉（mm）	高程（m）	本沉（mm）	累沉（mm）	高程（m）	本沉（mm）	累沉（mm）
1	4.756	—	—	4.756	0	0	4.749	7	7	4.746	3	10
2	4.774	—	—	4.773	1	1	4.767	6	7	4.764	3	10
3	4.775	—	—	4.774	1	1	4.767	7	8	4.764	3	11
4	4.777	—	—	4.776	1	1	4.769	7	8	4.766	3	11
5	4.747	—	—	4.745	2	2	4.742	3	5	4.741	1	6
6	4.740	—	—	4.739	1	1	4.735	4	5	4.733	2	7
7	4.763	—	—	4.763	0	0	4.755	8	8	4.751	4	12
8	4.754	—	—	4.753	1	1	4.747	6	7	4.745	2	9

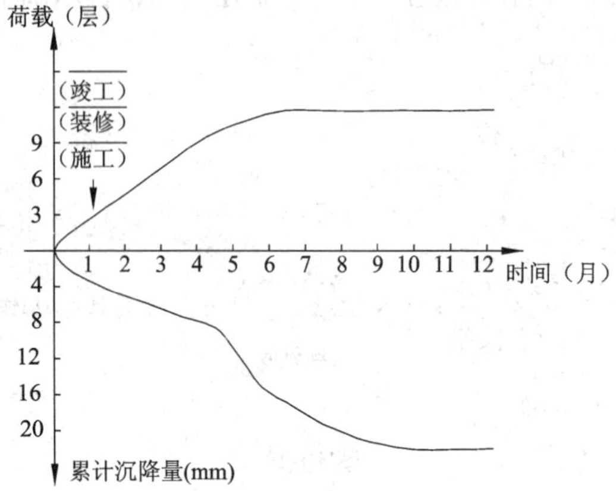

图 10-24

10.7.2 位移观测

位移观测是根据平面控制点测定建(构)筑物的平面位置随时间的变化。位移观测可采用全站仪坐标测量法。例如基坑开挖时基坑支护结构的水平位移观测:在水平位移区域外布设三个平面控制点作为基准点,这些基准点必须是稳定不动的,将全站仪架设在某一基准点上,以另两个基准点作为零方向和检查方向,测出开挖前各观测点的初始直角坐标值,以后每次观测出各点的直角坐标后皆与上一次观测所得的坐标相比,即可得知各观测点的位移量和位移方向。

当要测定建筑物在某一特定方向上的位移量时,还可采用基准线法观测。基准线法又分视准线法、测小角法、引张线法和激光准直法。下面具体介绍视准线法。在垂直于位移方向上建立一条基准线,基准线的两端点选在牢固稳定的地方,不受建筑物位移的影响,并在建筑物上布设位移点,位移点尽量靠近基准线。每次观测时,在基准线的一端安置全站仪或经纬仪,照准基准线的另一端作为零方向,然后将基准线投测到位移点的旁边,通过量取位移点离开基准线的偏距,并从两次观测所得偏距之差,得知两次观测期间位移点的位移量。测小角法、引张线法和激光准直法与视准线法均类似,所不同的是:测小角法是测出仪器至位移点的连线的距离及连线与基准线之间所成的水平夹角,从而算得位移点离开基准线的偏距;引张线法是将基准线用一根不锈钢丝标明出来,直接量取位移点离开不锈钢丝的偏距;激光准直法是用一束可见激光替代基准线,在位移点上安置波带板和激光探测器(波带板面与激光束垂直),通过测量激光射在波带板上的位置变化,即可得知位移点离开基准线的偏距。

10.7.3 倾斜观测

建筑物不均匀沉降将导致建筑物倾斜,严重时会使建筑物产生裂缝甚至倒塌。对需要进行倾斜观测的建筑物,一般要对两个相互垂直的墙面进行观测:在离墙距离大于墙高的地方选一点安置经纬仪或全站仪后,在仪器的视准面大致垂直于墙面的视线方向分别用盘左和盘右瞄准墙顶一固定点,向下投影到墙面的一水平线上(与仪器基本等高),取盘左盘右投影的中点做标记。过一段时间后再测一次,两次所测中点之间的水平距离即为建筑物在这两次期间沿此墙面方向的倾斜量 a;同时对垂直的另一墙面也如此测量两次,得倾斜量 b,则建筑物总的倾斜量

$$m = \sqrt{a^2 + b^2}$$

倾斜方向与 a 方向的水平夹角为 $\theta = \arctan(b/a)$，若建筑物的高度为 H，则建筑物的倾斜度 $i = m/H$。

10.7.4　裂缝观测

如图 10-25 所示，首先用红油漆或记号笔在大致垂直于裂缝的方向上画一条直线，然后在裂缝两边的直线上各做一个标志点 A、B，并量取 AB 的距离（首次选取 A、B 点时，可使 AB 的距离为一整数），如果裂缝继续发展，则 AB 的距离将逐渐变大，两次所量距离之差即为两次期间裂缝的变化量。

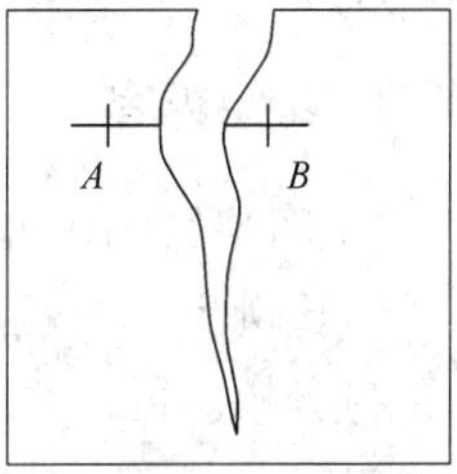

图 10-25

10.7.5　挠度观测

建筑物在应力的作用下将产生弯曲和扭曲，在建筑物的竖直面内不同高程的各点相对于底点的水平位移称为挠度。如图 10-26 所示，挠度观测可采用正垂线法：从建筑物顶部悬挂一根铅垂线，直通至底部，铅垂线采用不锈钢丝，不锈钢丝的底端挂一重锤，将重锤放入一水桶里（水桶的作用是减少重锤的摆动），在铅垂线的不同高程处设置观测点，借助光学式或机械式的坐标仪表量测出各点与底点之间的相对水平位移，即得挠度。图中任意点 P 的挠度 C 按下式计算：

$$C = C_0 - C_P$$

式中，C_0 为铅垂线顶点与底点之间的相对位移；C_P 为顶点与被测点 P 之间的相对位移。

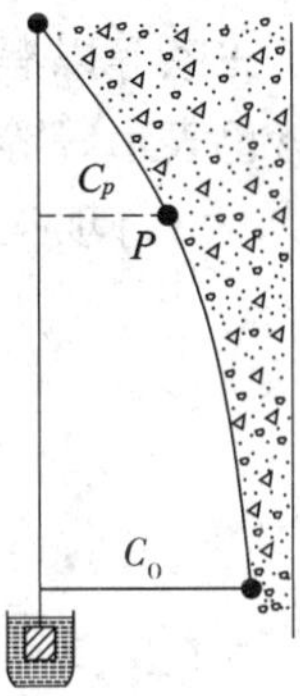

图 10-26

10.8　竣工测量

竣工测量是指工程竣工时所进行的测绘工作。竣工测量的成果资料是竣工总平面图，它包括竣工时的地上与地下各种建（构）筑物、各类管线的平面位置与高程的总现状地形图和各类专业图等。竣工总平面图是工程设计图在工程施工后实际现状的反映和工程验收时的重要依据，也是将来工程管理、维修、改建、扩建的重要基础技术档案资料。

竣工测量包括室外测量和室内编绘。

10.8.1　测量内容

室外测量内容如下。

（1）建筑物外墙角点和工程边界、围墙角。矩形建筑物至少测三个主要墙角坐标，圆形建筑物应测其外轮廓线和中心坐标，并在图上注明其半径。

（2）架空管线支架。测出起点、终点、转点的支架中心坐标，以及直线段支架间距及支架本身长度和宽度的尺寸，在图上绘出每一个支架位置。

（3）电信线路。测出高压、照明及通信线路的起点、终点及转点坐标。

(4)地下管线。测出上水管线的起点、终点、三通点和四通点的中心坐标，下水道的起点、终点及转点井位中心坐标，地下电缆的起点、终点及转点的坐标。

(5)交通线路。测出铁路的起点、终点、道岔口中心的坐标，曲线交点的坐标及曲线要素(半径 α、偏角 I、切线长 T 和曲线长 L)，主要干道交叉路口的中心坐标，公路中心线。

10.8.2 编绘内容

竣工图编绘的内容如下。

(1)比例尺。一般选用1/1 000，对于特别复杂的工程可采用1/500。

(2)分幅。同一系统(例如炼钢厂、轧钢厂等)的内容应尽量放在一个图幅内。

(3)专业分图。反映在同一个图面上的地面、地下、架空的建(构)筑物若难以表达清楚时，则需要既有反映全貌的总图，又有能够反映细节的专业分图(例如排水、供电、交通等)。

(4)坐标和高程。除地形之外，竣工总平面图上还应包括测量控制点、厂房、设施、管线、交通线等建筑物或构筑物的坐标和高程。

(5)分色。可以采用不同的颜色表示图上的不同内容，例如：厂房、交通线、住宅等以黑色表示，热力管线用红色表示，电缆线用黄色表示，通信线用绿色表示，而水域用蓝色表示等等。

(6)附表。竣工总平面图上还应附有：测量控制点布置图、坐标及高程成果表；每项工程施工期间测量外业资料及建筑物沉降观测资料。

习 题

1. 测设和测定的区别是什么?
2. 点的平面位置的测设方法有哪几种? 各适用于什么情况?
3. 测设的基本工作有哪几项?
4. 工业与民用建筑施工测量各包括哪些内容? 它们各有哪些特点?
5. 建筑物的变形观测主要有哪几项工作? 试简述它们所采用的方法。
6. 简述高层建筑施工的主要测量工作。
7. 竣工测量的目的是什么? 它的室外测量和室内编绘内容各有哪些?

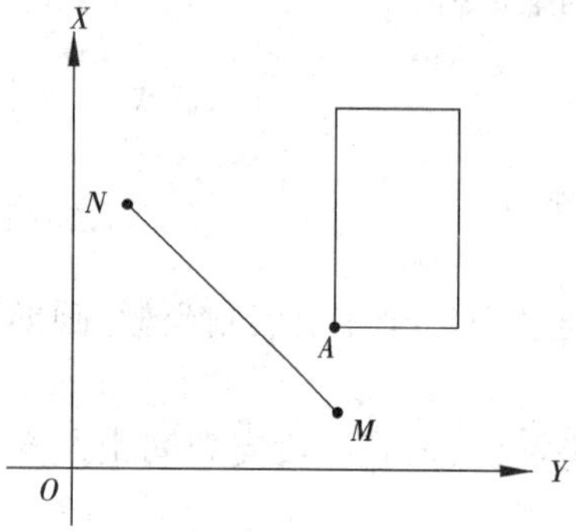

图 10-27

8. 如图 10-27 所示，$\alpha_{MN}=280°04'$；$X_M=25.22$ m，$Y_M=84.71$ m，$X_A=43.34$ m，$Y_A=86.00$ m，现将全站仪安置在 M 点，采用极坐标法测设 A 点，试计算测设所需数据。

9. 已知 A 点的高程为 25.250 m，AB 两点间的水平距离为 70.000 m，试简述测设坡度 $i=-5‰$的直线 AB 的方法。

10. 现欲测设高程为 5.200 m 的室内 ±0.00 地坪：首先根据水准仪视线在室外已知高程点(高程为 4.862 m)所立尺子上画一条线，试问若将同一根尺子立在室内，在尺子的何处再画一条线，使水准仪视线瞄准此线时,尺子底端恰好处于 ±0.00 地坪?

10.1　世界第一高楼哈利法塔的变形监测

10.2　三峡大坝安全监测自动化系统

10.3　建筑变形测量规范(JGJ8—2016)

第 11 章　线路工程测量

线路工程包括道路工程、铁路工程、管线工程、桥涵工程、隧道工程、河道工程等。线路工程测量是为各种线路设计、施工及管理服务的。线路工程测量的主要任务有两个:一是为线路工程的设计提供地形图和断面图;二是按设计要求将线路的各种特征位置标定于实地。其工作内容分为收集资料、线路选线、初测、定测、施工测量与竣工测量。收集资料主要收集线路规划设计区域内各种比例尺地形图;线路选线是在原有地形图基础上结合实地勘察进行规划设计和图上定线,确定线路的走向;初测是对所选定的线路进行导线测量和水准测量,并测绘线路大比例尺带状地形图;定测是将初步设计的线路位置测设到实地上,确定线路平、纵、横三个面上的位置,即中线测量和纵横断面测量。

本章主要介绍线路的中线测量、纵横断面测量和各种线路的施工测量。

11.1　中线测量

中线测量的内容有:线路起点、终点、交点的测设,线路转向角的测定,中线里程桩的测定,圆曲线的测设,缓和曲线的测设等。

11.1.1　交点的测设

线路的平面线型由直线和曲线组成,线路改变方向时,两相邻直线段延长线的相交点称为线路的交点,用 *JD* 表示,线路的交点是详细测设线路中线时的控制点。例如对于一般低等级公路,可以采用一次定测的方法直接在现场标定出线路的交点,而对于高等级公路或地形复杂地段,则必须先在初测的带状地形图上定线,并根据定线所设计的交点坐标,反算出每一段直线的距离和交点上的转向角,然后在现场从中线起点开始,用全站仪直接拨角量距定出各交点的位置。如图 11-1 所示,N_1,N_2,…为导线点,在 N_1 安置全站仪,拨角 β_1,量距离 S_1,定出交点 JD_1。在 JD_1 安置全站仪,拨角 β_2,量距离 S_2,定出 JD_2。依次可定出其他交点。这种方法的效率较高,适用于测量控制点较少的线路,如用航测图定线,因控制点少,只能用此法测设交点。这种方法的测量误差容易积累,因此一般连续测设若干个点后应与初测导线点闭合,以检查累积误差是否过大,一般要求角度闭合差≤ $\pm 40''\sqrt{n}$,长度闭合差≤1/1 500,然后重新由初测导线点开始测设以后的交点。

11.1.2　转向角的测定

线路改变方向时,改变后的方向与原方向间的夹角称为转向角(简称为转角),用 α 表示。线路的转弯处一般要用曲线连接,而曲线的设计要用到转角。转角有左右之分,改变后的方向在原方向的左侧称左转角($\alpha_{左}$),反之称右转角($\alpha_{右}$),如图 11-1 所示。在线路测量中,一般不直接测转角，而是先测量出转折点上的水平夹角（通常为水平右夹角），然后计算出转角，转角可按下式计算：

$$\left.\begin{array}{ll}\text{当}\ \beta<180^\circ & \alpha_{右}=180^\circ-\beta \\ \text{当}\ \beta>180^\circ & \alpha_{左}=\beta-180^\circ\end{array}\right\} \qquad (11\text{-}1)$$

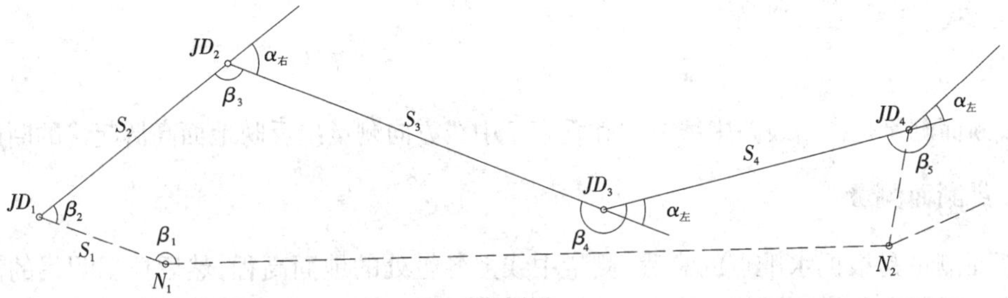

图 11-1

水平夹角 β 一般采用 J_6 级经纬仪或全站仪观测一测回，两半测回角度差不大于 1′。另外，为了保证转向角的测量精度，线路还需要进行角度闭合差检核：例如对于高等级公路，需附合到国家控制点，按附合导线进行角度闭合差计算与检核；对于低等级公路以 3 ~ 5 km 或以每天所测设的距离为一段，用罗盘仪测出始边和终边的磁方位角，其角度闭合差不应大于 2°。

11.1.3 中线里程桩的设置

里程是指线路中线上标定的各点沿中线到线路起点的水平距离。在中线上所标定的各点处钉设木桩或混凝土桩作标记，称为里程桩。桩上写有桩号，表示该桩沿中线至线路起点的水平距离。如某桩至线路起点距离为 5 165. 29 m，桩号为 K5 + 165. 29。

里程桩分整桩和加桩两种，整桩是按规定每隔 20 m 或 50 m 设置的里程桩，例如百米桩、公里桩和线路起点桩均为整桩。加桩又可分地形加桩、地物加桩、曲线加桩、关系加桩等。地形加桩是在沿中线地形坡度变化处设置的桩，地物加桩是在沿中线上的建筑物处设置的桩，曲线加桩是在曲线起点、中点、终点等各主点设置的桩，关系加桩是指线路交点和转点（中线上传递方向的点）的桩。对交点、转点和曲线各主点桩还应注明桩名缩写，目前我国线路中采用汉语拼音缩写名称（如表 11-1 所示）。

表 11-1 线路主要标志点名称表

标志点名称	简　称	缩　写	标志点名称	简　称	缩　写
交点	—	*JD*	公切点	—	*GQ*
转点	—	*ZD*	第一缓和曲线起点	直缓点	*ZH*
圆曲线起点	直圆点	*ZY*	第一缓和曲线终点	缓圆点	*HY*
圆曲线中点	曲中点	*QZ*	第二缓和曲线起点	圆缓点	*YH*
圆曲线终点	圆直点	*YZ*	第二缓和曲线终点	缓直点	*HZ*

在里程桩设置时，等级公路用全站仪定线测距；简易公路可用标杆定线，用皮尺量距，距离测量每隔 3 ~ 5 km 作一次检核，长度相对闭合差不得大于 1/1 000。由于计算和量距发生错误，或由于线路局部改线等原因，使得在设置里程桩时，出现桩号与实际里程不相符，这种现象

叫断链。断链有“长链”和“短链”之分，当线路桩号大于地面实际里程时，其差值叫短链，反之叫长链。

路线总里程 = 终点桩里程 + 长链总和 - 短链总和

11.2 纵横断面测量

纵横断面测量是指沿线路中线方向和垂直于中线方向测量出反映地面高低起伏的断面图。

11.2.1 纵断面测量

纵断面测量是根据水准点的高程，测量中线上各桩处的地面高程，然后根据测得的高程及桩号相应的里程绘制纵断面图，用以表示线路纵向地形的变化，为线路的竖向设计及土石方量计算提供依据。线路纵断面测量包括水准测量和纵断面图绘制两项内容。

1. 线路水准测量

线路水准测量又分基平测量和中平测量。基平测量是沿线路方向设置若干个水准点，采用四等水准测量的方法建立线路高程控制。水准点密度根据地形和工程需要而定，一般应每隔 1 ~ 2 km 设置一个，同时应将水准点尽量与附近国家水准点连测，当附近没有国家水准点或引测有困难时，也可参考地形图选定一个与实地高程接近的点作为起始水准点。中平测量一般以相邻两水准点为一测段，从一水准点开始，按一般（等外）水准测量的方法用视线高法逐点施测中桩的地面高程，最后附合到下一水准点上，其记录如表 11-2 所示。相邻两转点间观测的中桩，称为中间点，在转点处应将尺子立在尺垫上，在中间点处应将尺子立在紧靠中桩的地面上。

表 11-2

测站	测点	水准尺读数			仪器视线高程（m）	高程（m）
		后视	中视	前视		
1	BM_1	1.191			7.777	6.586
	0 + 000		1.52			6.26
	0 + 050		1.80			5.98
	0 + 100		0.52			7.26
	0 + 112		1.03			6.75
	0 + 125		0.81			6.97
	TP_1			1.506		6.271
2	TP_1	1.162			7.433	6.271
	0 + 150		0.60			6.83
	0 + 160		0.62			6.81
	0 + 185		0.92			6.51
	0 + 200		1.30			6.13
	0 + 227		1.11			6.32
	0 + 250		1.16			6.27
	TP_2			1.421		6.012

2. 纵断面图的绘制

纵断面图是表示线路中线上的地面起伏和纵坡设计的线状图,它反映各路段的纵坡大小和中线上的填挖尺寸,是线路设计和施工中的重要参考资料。不同的线路工程其纵断面图所包含的内容也有所不同。如图 11-2 所示,以道路纵断面图为例,在图的上半部,绘有两条横贯全图的线,一条是细折线,表示中线上的实际地面,是根据桩间距和中桩高程按比例绘制的,为了突出表现地面起伏,一般高程比例尺比里程比例尺大 10 倍或 20 倍;另一条是粗曲线,表示带有竖曲线在内的纵坡设计中线,是纵坡设计时绘制的。此外,在纵断面图上还注有水准点位置、编号和高程,桥涵的类型、孔径、跨数、长度、里程和设计水位,竖曲线示意图及其曲线元素,同公路、铁路等交叉点的位置、里程和有关说明等。在图的下部表格中,注记有关测量和纵坡设计的资料,其中包括以下几项内容。

(1)平曲线:为中线示意图,曲线部分用带直角的折线表示,并注明交点编号和曲线半径,上凸的表示向右转,下凹的表示向左转,在不设曲线的交点位置,用锐角折线表示。

(2)里程:一般按 1∶5 000、1∶2 000 或 1∶1 000 进行标注。

(3)地面高程:按中平测量成果填写相应里程桩的地面高程。

(4)设计高程:按中线设计的纵向坡度和相应的水平距离计算路基的高程。

(5)填挖高度:同一桩号的设计高程与地面高程之差,即为该桩的填高(正号)或挖深(负号)。

(6)坡度:从左至右向上斜的线表示上坡(正坡),下斜的线表示下坡(负坡),斜线上以千分数为单位注记坡度的大小,斜线下的标注为坡长,水平路段坡度为零。

(7)土壤地质说明:填写各路段土壤地质成分与特征。

11.2.2 横断面测量

在中线各桩处,测出各桩两侧垂直于中线方向的地面变坡点距中线的距离及高程,并根据所测数据按一定比例绘制断面图。横断面测量对于不同工程有不同的要求,所起的作用也不一样。如在道路工程中,横断面图主要用于路基设计、土石方计算及施工时开挖边界确定;而在河道工程中,横断面图除用于河宽设计及土方量计算外,还用于计算洪水流量等。

1. 横断面方向的确定

最简易的方法为十字方向架法。对于直线段,如图 11-3 所示,十字方向架置于 JD_0点上,方向架一边对准 JD_1直线方向,则方向架另一边就自动指向横断面方向。对于圆曲线段,在十字方向架上附加一可转动的定向杆 *ef*,如图 11-4 所示,因为横断面方向必指向圆心,故首先在曲线起点(*ZY*)上安置方向架,*ab* 边对准直线方向,则 *cd* 边即为起点(*ZY*)处的横断面方向,利用同弧段弦切角相等的原理,转动定向杆 *ef*,使之指向圆曲线上欲测横断面的 *P* 点,固紧定向杆 *ef*,把方向架移到 *P* 点,使 *cd* 边对准 *ZY* 点,则定向杆 *ef* 边所指方向即为横断面方向。

横断面的方向也可用经纬仪拨角法来确定。

2. 横断面测量

横断面的地面变坡点可用小木桩或测钎插入地上以标志,它们到中线桩点的水平距离可用皮尺拉出,与中线桩点的高差采用普通水准测量即可。

3. 横断面绘制

以中桩的地面点为原点,以水平距离为横轴,高程为纵轴,比例尺及格式应按设计要求确

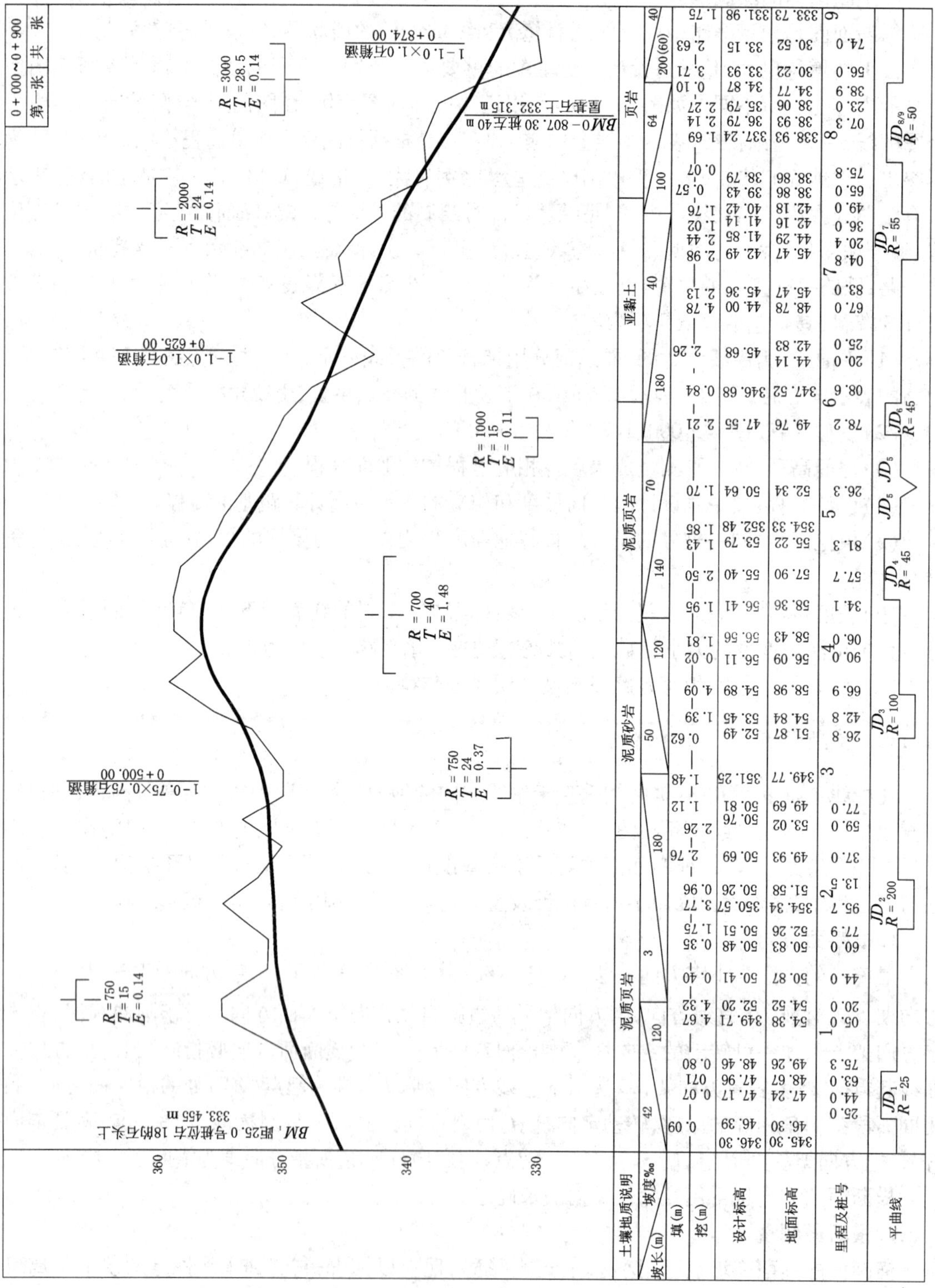

图 11-2

定，为便于计算土石方量，横断面图的纵横比例尺要一致（常取 1∶100 或 1∶200），若有必要也

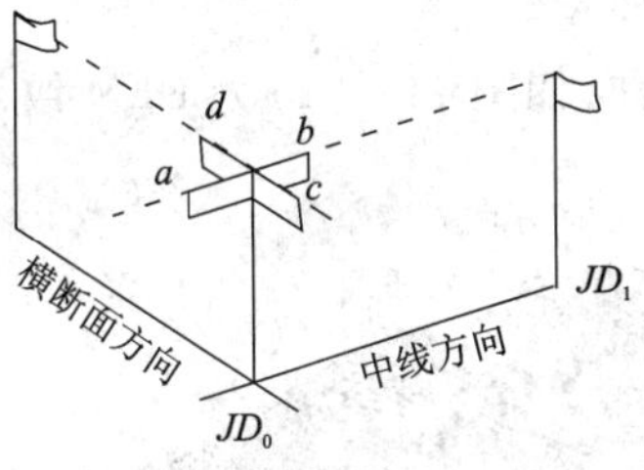

图 11-3

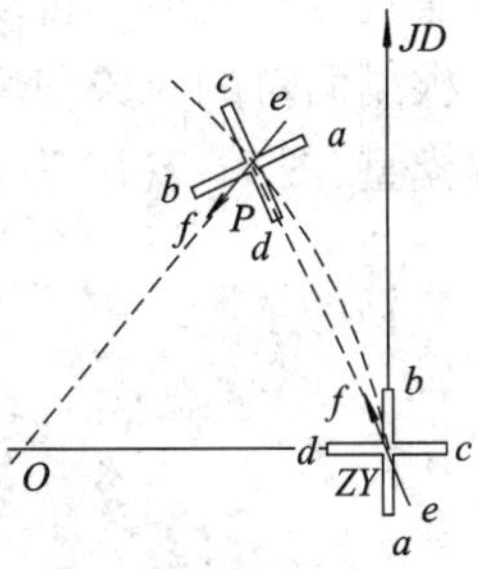

图 11-4

可加注数字，如图 11-5、图 11-6 所示的两种形式横断面图。

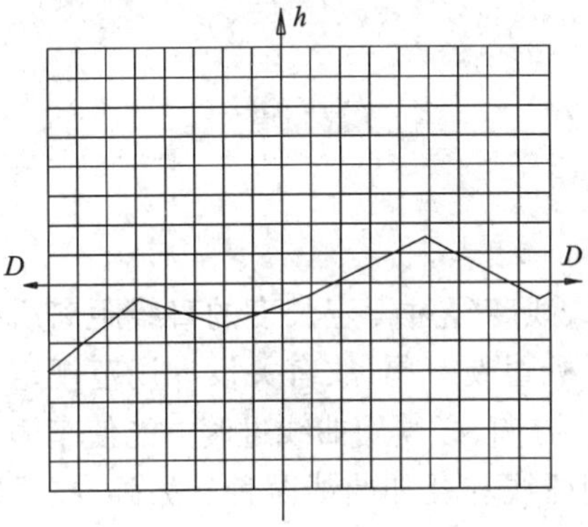

图 11-5

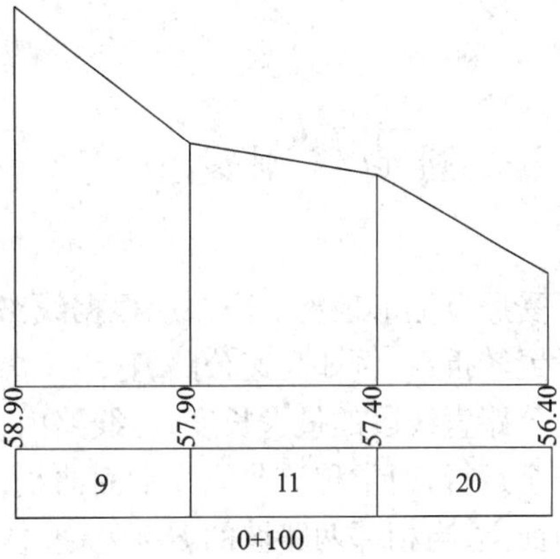

图 11-6

4. **土石方量计算**

完成了纵横断面实测及绘制后，就可以根据设计路线的尺寸（包括纵向坡度、中桩高及边坡、路宽等）进行土石方量的估算。线路土石方量的计算是以里程桩为界的，分段求出填（挖）方的体积。计算时，多采用平均断面法，即相邻两横断面间的土石方量

$$V_{12} = \frac{A_1 + A_2}{2} \times l(\mathrm{m}^3) \qquad (11\text{-}2)$$

式中，V_{12}是相邻两横断面间的土石方量；A_1、A_2是相邻两横断面的填（挖）方部分面积；l 是相邻两断面间的水平距离。

11.2.3　数字地面模型在线路测量中的应用

随着计算机技术发展，测量采集技术及数据处理自动化也不断成熟，在摄影测量影像技术处理中，出现了数字地面模型（Digital Terrain Model，简称为 DTM），即把影像进行模糊识别和灰度处理后，完成影像的数字化，使测量的成果转化为三维数字空间进行计算机存贮、分析和各种成果的输出。此外，DTM 的数据来源也可通过全站仪或 GPS 野外测量获得，或通过已有地形图扫描后进行数字化（矢量化）而获得。

DTM 技术现已在许多领域得到应用，如遥感气象、水文、地理信息系统等。利用 DTM 进行铁路、公路选线，可使线路的带状图和纵横断面的测量与绘制、工程量计算以及方案比选等

工作实现自动化或半自动化，从而大大缩短勘测周期，提高勘测质量。

根据面对的对象和用途，DTM 建立的方法和表现形式有多种，如图 11-7(a)为 DEM 纹理高程模型，图 11-7(b)为 DTM 栅格高程模型。

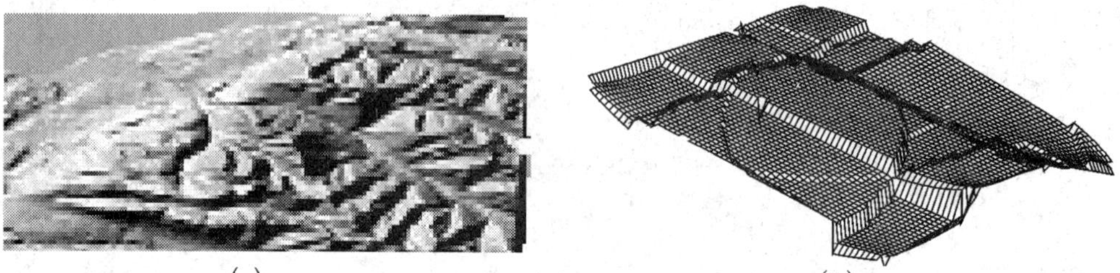

(a) (b)

图 11-7

11.3 圆曲线测设

受原有地形地物的限制或根据线路工程的技术要求，线路经过一定长度的直线距离后必须设置转折点，例如高速公路，直线距离过长容易引起司机驾驶麻痹，故有关设计规范规定了高速公路直线段的最大长度，而线路由一个方向转向另一方向，必须用曲线过渡方能使车辆平稳安全运行，通常称该曲线为平面曲线，平面曲线又分圆曲线和缓和曲线两种。另外，在线路纵断面上，当相邻两路坡的坡度差超过一定值时，在变坡点处也必须用曲线连接，这种曲线称为竖曲线。本节和下两节分别介绍圆曲线、缓和曲线和竖曲线的测设。

11.3.1 圆曲线测设元素的计算

如图 11-8 所示，线路从一个方向到另一方向的转向角 α 在线路中线测量时已测得，连接这两段直线的圆曲线半径 R 由设计确定，根据转向角 α 和半径 R 从图中几何关系可以推求圆曲线的四个测设元素如下。

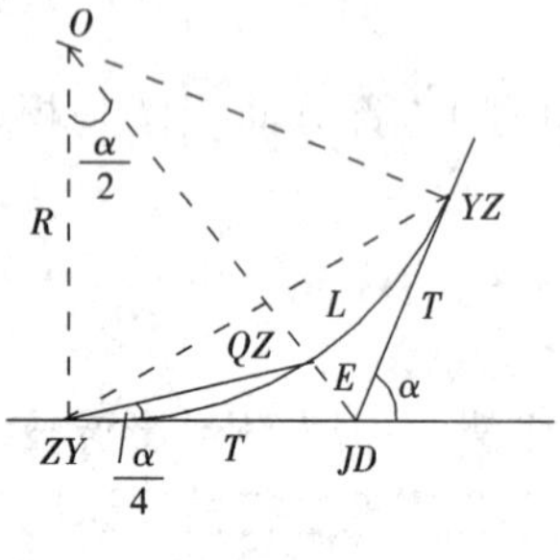

图 11-8

$$\left.\begin{aligned} T &= R \cdot \tan\frac{\alpha}{2} \\ L &= R \cdot \alpha \cdot \frac{\pi}{180} \\ E &= R\left(\sec\frac{\alpha}{2} - 1\right) \\ q &= 2T - L \end{aligned}\right\} \tag{11-3}$$

式中：T 为切线长；L 为曲线长；E 称为外矢距；q 称为切曲差。

11.3.2 圆曲线的主点测设

圆曲线的主点包括起点 ZY、终点 YZ 和中点 QZ，如图 11-8 所示，主点及交点 JD 的里程为

$$\left.\begin{aligned}ZY\text{ 里程} &= JD\text{ 里程} - T\\ YZ\text{ 里程} &= ZY\text{ 里程} + L\\ QZ\text{ 里程} &= YZ\text{ 里程} - \frac{L}{2}\\ JD\text{ 里程} &= QZ\text{ 里程} + \frac{q}{2}\end{aligned}\right\} \tag{11-4}$$

测设时，在交点 JD 架设全站仪或经纬仪，后视瞄准中线方向，在此方向上量出切线长 T，打桩标定 ZY 点；然后顺时针测设出 $(180° - \alpha)$ 水平角（可以与中线的下一交点作检核），在此方向上量出切线长 T，打桩标定 YZ 点；再逆时针测设出 $(90° - \frac{\alpha}{2})$ 水平角，在此方向上量出外矢距 E，打桩标定 QZ 点。

11.3.3　圆曲线的细部测设

1. 偏角法

偏角法是根据圆曲线起点处 ZY 的切线与起点至细部点的弦线之间的偏角（即弦切角）δ_i 和前一细部点 P_{i-1} 至此细部点 p_i 的弦长 S_i 来测设细部点 p_i 的。如图 11-9 所示，取两相邻细部点为一整弧长 l，l 所对的圆周角

$$\delta = \frac{\varphi}{2} = \frac{l}{2R} \cdot \frac{180}{\pi} \tag{11-5a}$$

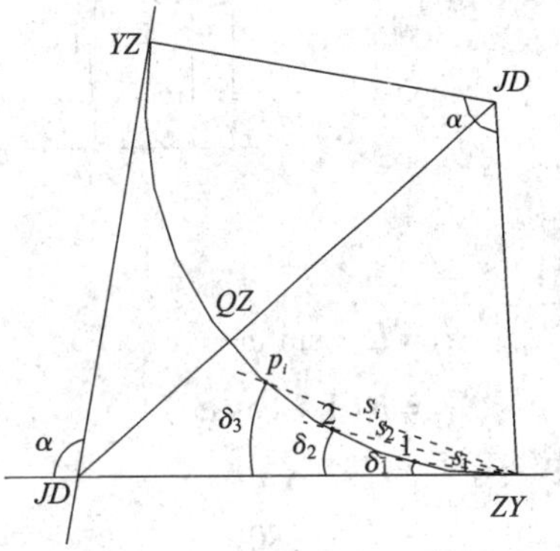

图 11-9

由于里程桩凑整原因，起点到第一个细部点 1 的弧长 l_0 不一定是整数，则

$$\delta_1 = \frac{l_0}{2R} \cdot \frac{180}{\pi} \tag{11-5b}$$

起点到第一个细部点 1 的弦长

$$S_1 = 2R \cdot \sin\delta_1$$

此后各细部点按整弧长 l 测设，则起点处的切线与起点至细部点的弦线之间的偏角（即弦切角）

$$\delta_i = \delta_1 + (i-1)\delta \tag{11-5c}$$

两相邻细部点之间的弦长均为

$$S = 2R \cdot \sin\delta \tag{11-5d}$$

具体测设时，在起点（ZY 点）安置经纬仪，以 JD 点为零方向，根据各细部点的偏角 δ_i 和相邻弦长 S 来测设细部点。圆曲线细部测设的闭合差限差为：纵向（切线方向）$\pm L/1\,000$，横向（法线方向）± 10 cm。

2. 极坐标法

将上述偏角法中两相邻细部点之间的弦长换成起点至细部点之间的弦长，则偏角法就变成了极坐标法。借助于全站仪，采用极坐标法更方便。

3. 直角坐标法

直角坐标法又称切线支距法。如图 11-10 所示，以起点（ZY 点）为坐标原点，建立测量坐

标系，ZY 至 JD 方向为 X 轴，ZY 至圆心方向为 Y 轴，曲线上i点至起点的弧长为 l_i，则i点的坐标为

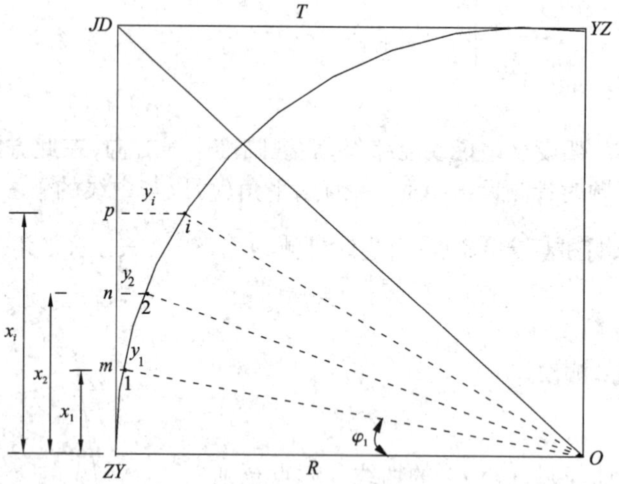

图 11-10

$$\left.\begin{aligned} x_i &= R \cdot \sin\varphi_i \\ y_i &= R(1-\cos\varphi_i) \end{aligned}\right\} \tag{11-6}$$

其中

$$\varphi_i = \frac{l_i}{R} \cdot \frac{180}{\pi} \tag{11-7}$$

式(11-6)中，(x_i, y_i)可以列表计算。测设时，沿 ZY 至 JD 方向用钢尺量出各 x_i 得 $m, n, p, \cdots$，然后用十字方向架或经纬仪在 $m, n, p, \cdots$处定出垂直于 X 轴的方向并量出 y_i 得各细部点 1，2，…。

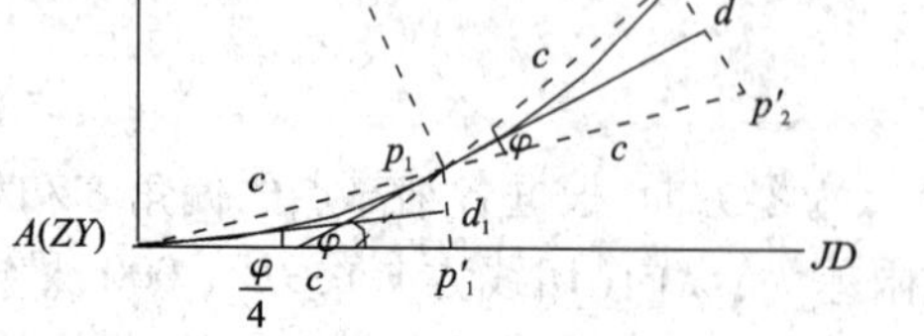

图 11-11

4. 弦线偏距法

弦线偏距法是用距离交会来测设圆曲线细部点的一种方法。如图 11-11 所示，设两相邻细部点之间的弦长为 c，弦长 c 所对的圆心角为 φ，从起点 A 沿 JD 方向量 c，定出 p'_1 点，由 p'_1 点量 d_1与由 A 点量 c 交于 p_1点，其中

$$d_1 = 2c \cdot \sin\frac{\varphi}{4} \tag{11-8}$$

将 Ap_1延长 c 至 p'_2 点，由 p'_2 点量 d 与由 p_1 点量 c 交于 p_2点，其中

$$d = 2c \cdot \sin\frac{\varphi}{2} \tag{11-9}$$

再将 P_1P_2延长 c 至 p'_3 点，由 p'_3 点量 d 与由 P_2点量 c 交于 P_3点。后面每个细部点都由 d 与 c 两个距离交会出。

弦线偏距法量测工具简单，测算方便，更适于横向受限制地段的曲线测设，如隧道施工、半成路基上中线恢复及林区曲线测设等。

11.4　缓和曲线测设

车辆从直线驶入圆曲线后，会产生离心力，影响车辆行驶的安全和舒适。为了减小离心力的影响，曲线上的路面要做成外侧高、内侧低呈单向横坡的形式，即弯道超高。为了符合车辆行驶的轨迹，使超高由零逐渐增加到一定值，同时在直线与圆曲线间插入一段半径由∞逐渐变化到 R 的曲线，这种曲线称为缓和曲线，又称介曲线。

缓和曲线的线型有回旋曲线（亦称辐射螺旋线）、三次抛物线、双纽线等。目前国内外公路和铁路部门中，多采用回旋曲线作为缓和曲线。缓和曲线的主点包括直缓（*ZH*）点、缓圆（*HY*）点、中点（*QZ*）、圆缓（*YH*）点、缓直（*HZ*）点等。

11.4.1　缓和曲线要素计算公式

1. 切线角

缓和曲线上任一点 P 处的切线与起点切线的交角为 β，称为切线角。β 值与缓和曲线长 l 所对的中心角相等，其值为（不作推导）

$$\beta=\frac{l^2}{2R\cdot l_s} \tag{11-10}$$

上式中，R 为圆曲线的半径。当 $l=l_s$ 时，缓和曲线全长 l_s（缓和曲线的 *ZH* 点至 *HY* 点的曲线长度）所对的圆心角即切线角

$$\beta_0=\frac{l_s^2}{2R\cdot l_s}=\frac{l_s}{2R} \tag{11-11}$$

2. 参数坐标方程式

设 *ZH* 点为坐标原点，过 *ZH* 点的切线为 X 轴，过 *ZH* 点的半径方向为 Y 轴，任意一点 P 的坐标 (x,y) 为（不作推导）

$$\left.\begin{aligned}x&=l-\frac{l^5}{40R^2\cdot l_s^2}\\ y&=\frac{l^3}{6R\cdot l_s}\end{aligned}\right\} \tag{11-12}$$

3. 内移值 p、切线长度增值 q

如图 11-12 所示，线路的转向角为 α，在直线和圆曲线间插入缓和曲线段时，必须将原有的圆曲线向内移动距离 p，才能使缓和曲线起点位于直线方向上，这时切线的长度（*JD* 点至缓和曲线起点（*ZH* 点）的距离）增长 q 值。内移时，一般采用圆心不动的平行移动方法，即设圆曲线为 *FG*，其半径为 $R+p$，插入两段缓和曲线 *AC*、*BD* 时，圆曲线向内移，其保留部分为 *CMD*，半径为 R，所对的中心角为 $(\alpha-2\beta_0)$。测设时必须满足 $2\beta_0\leqslant\alpha$ 的条件，否则，应缩短缓和曲线长度或加大圆曲线半径。

p、q 的计算公式为（不作推导）

$$p=\frac{l_s^2}{24R} \tag{11-13}$$

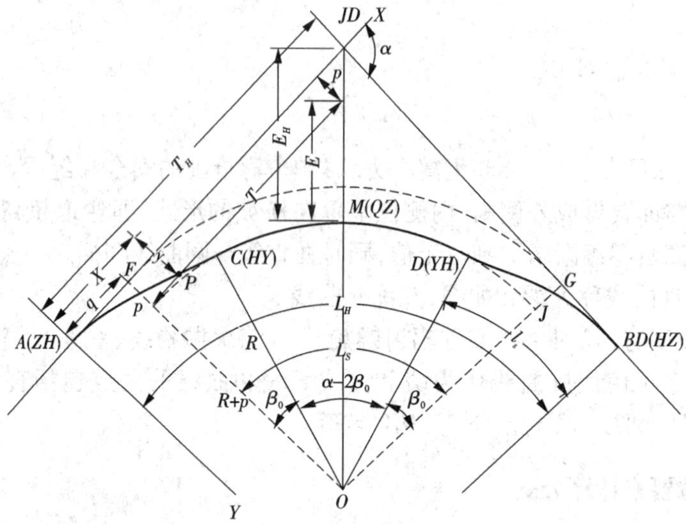

图 11-12

$$q=\frac{l_s}{2} \tag{11-14}$$

11.4.2 测设元素的计算

在圆曲线上设置缓和曲线后，将圆曲线和缓和曲线作为一个整体考虑。当 α、R 和 l_s 确定后，即可按式(11-13)(11-14)和(11-11)求出 p、q 和 β_0，然后计算测设元素如下。

切线长 $T_H=(R+p)\tan\frac{\alpha}{2}+q$ (11-15a)

曲线长 $L_H=R(\alpha-2\beta_0)\frac{\pi}{180^\circ}+2l_s$ (11-15b)

外矢距 $E_H=(R+p)\sec\frac{\alpha}{2}-R$ (11-15c)

切曲差(超距) $D_H=2T_H-L_H$ (11-15d)

11.4.3 主点测设

根据交点的已知里程和缓和曲线的测设元素值，即可按下列顺序推算各主点里程值。

$$\left.\begin{aligned}
&\text{直缓点}\quad ZH=JD-T_H\\
&\text{缓圆点}\quad HY=ZH+l_s\\
&\text{圆缓点}\quad YH=HY+L_H\\
&\text{缓直点}\quad HZ=YH+l_s\\
&\text{曲中点}\quad QZ=HZ-\frac{L_H}{2}\\
&\text{检核}\quad JD=QZ+\frac{D_H}{2}
\end{aligned}\right\} \tag{11-16}$$

主点 ZH、HZ 及 QZ 的测设方法，同本节第二部分圆曲线主点的测设。HY 及 YH 点一般是根据缓和曲线终点坐标值(x_0、y_0)用极坐标法或切线支距法测设。

11.4.4　直角坐标法测设缓和曲线的细部

直角坐标法又称切线支距法。如图 11-13 所示，以起点 $A(ZH)$ 为原点，过起点的切线方向为 X 轴，过起点的半径方向为 Y 轴，分别以 l_i 等于 10 m，20 m，30 m，…按式(11-17)计算出对应各细部点坐标(x_i，y_i)，然后将其测设于实地。

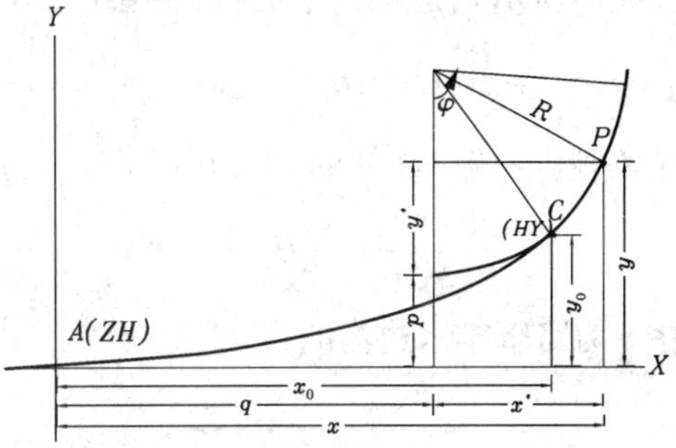

图 11-13

至于圆曲线部分，与单一圆曲线的测设方法相似，只不过坐标原点为缓和曲线起点，故按正常圆曲线切线支距法求出的(x'、y')值加上切线增值 q 及内移值 p 的改正即可。

$$\left.\begin{aligned}x_i - x' + q &= R \cdot \sin\varphi_i + q \\ y_i - y' + p &= R \cdot (1 - \cos\varphi_i) + p\end{aligned}\right\} \tag{11-17}$$

φ_i 角的计算从内移 p 起点 HY 处(对应坐标(x_0，y_0))开始。

11.5　道路施工测量

道路施工测量的主要工作有施工控制桩的测设、中线的恢复、路基边桩的测设、竖曲线的测设等。道路路基施工时，中线桩将被毁掉或填埋，因此在施工过程中需要根据施工控制桩恢复中线桩，其方法和中线测量相同。本节主要介绍施工控制桩的测设、路基边桩的测设、竖曲线的测设。

11.5.1　施工控制桩的测设

对于直线段的道路施工控制桩可采用平行线法测设：在路边线(即道牙线)以外两侧不易被施工破坏、便于引用的地方各测设一排平行于中线的施工控制桩，作为路面施工的依据，以控制道路中线和高程位置。控制桩的间距以 10～30 m 为宜。

在道路转折处的施工控制桩可采用延长线法测设：将过交点(JD)的两中线进行延长，在两延长线上以及曲线中点(QZ)至交点(JD)的延长线上各设置两个施工控制桩(又称骑马桩)，以便恢复交点和曲线中点。

11.5.2　路基边桩的测设

路基边桩的测设是在地面上将每一个横断面的设计路基边坡线与实际地面的交点用木桩标定出来。测设时，首先根据路基中心桩的填挖高度、边坡率、路面宽度和横断面的实际地形情况，计算出路基中心桩至边桩的距离，然后在实地沿横断面方向按距离将边桩位置标定出来。具体测设时分以下两种情况。

1. 平坦地区的边桩测设

设路基中心桩的填挖高度为 H,路面宽度为 B,边坡率为 m,则对于需填方的路堤(如图 11-14(a)所示),边桩至中心桩的距离

$$D=\frac{B}{2}+m\cdot H \tag{11-18}$$

对于需挖方的路堑(如图 11-14(b)所示),边桩至中心桩的距离

$$D=\frac{B}{2}+s+m\cdot H \tag{11-19}$$

式中 s 为路堑排水边沟的顶宽。

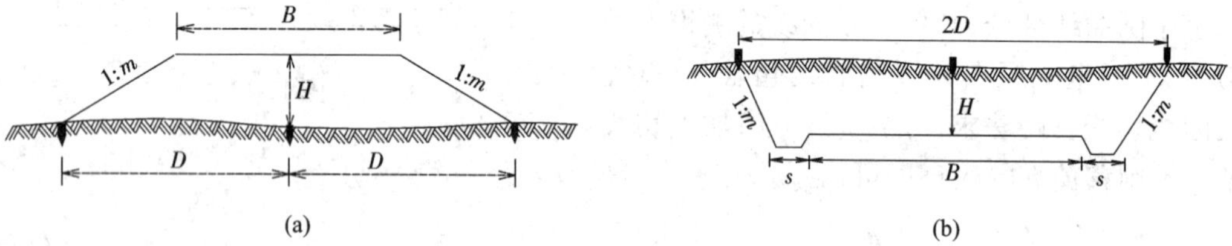

图 11-14

2. 倾斜地区的边坡测设

在倾斜地区,边桩至中心桩的距离随着地面坡度的变化而变化。对于路堤,边桩至中心桩的距离 $D_{上}$ 与 $D_{下}$ 分别为(如图 11-15(a)所示)

$$D_{上}=\frac{B}{2}+m\cdot(H-h_{上}) \tag{11-20}$$

$$D_{下}=\frac{B}{2}+m\cdot(H+h_{下}) \tag{11-21}$$

对于路堑,边桩至中心桩的距离 $D_{上}$ 与 $D_{下}$ 分别为(如图 11-15(b)所示)

$$D_{上}=\frac{B}{2}+s+m\cdot(H+h_{上}) \tag{11-22}$$

$$D_{下}=\frac{B}{2}+s+m\cdot(H-h_{下}) \tag{11-23}$$

式中,B、H、m 和 s 均为已知的设计数据,而 $h_{上}$ 和 $h_{下}$ 各为左右边桩与中心桩的地面高差,且都为未知数,因此,$D_{上}$、$D_{下}$ 无法算出,在实际测设时,只能先定出横断面方向后,再采用逐点趋近法测设边桩。

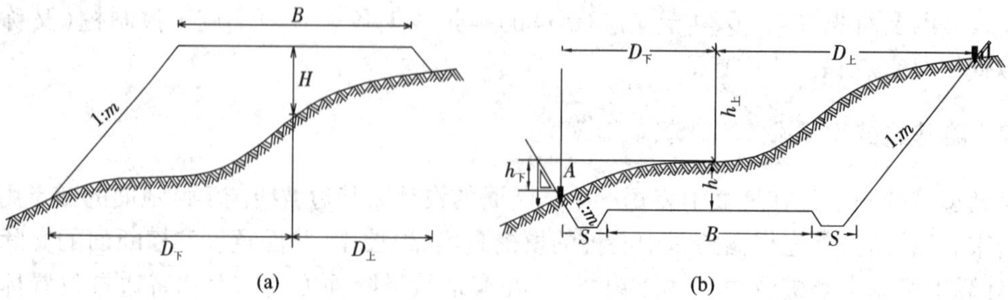

图 11-15

11.5.3　竖曲线的测设

线路纵断面是由许多不同坡度的坡段连接成的，坡度变化点称为变坡点。如图 11-16，在变坡点 K 处，相邻两坡度 p、q 代数差称变坡点的坡度代数差，它对车辆的运行有很大影响。车辆通过变坡点时，由于坡度方向改变，会因附加力及加速度而造成车行不稳定。为使其平稳通过，变坡点的坡度代数差 Δ_i 不应超过规定限值（如国家Ⅰ、Ⅱ级铁路规定 $\Delta_i \leqslant 3‰$）。超此限值，则坡段间应以曲线连接，这种连接不同坡段的曲线即竖曲线。

竖曲线有凸凹两种，前者为顶点在曲线之上，反之为后者。不同竖曲线间连接可以是同向（图 11-16(a)），也可以是异向（图 11-16(b)）。

竖曲线线型一般取二次抛物线，即 $y = ax^2$。

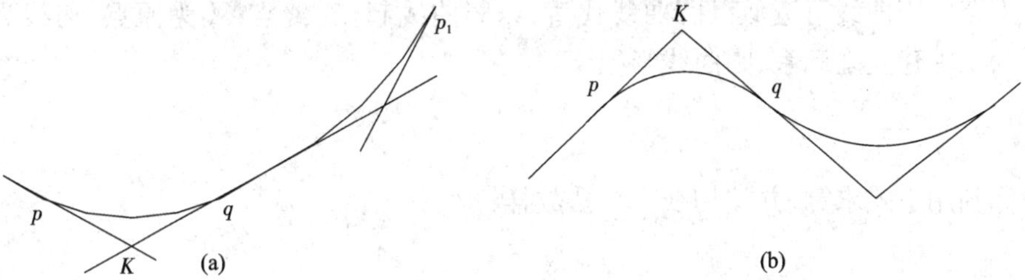

图 11-16

要放样出竖曲线上任一点 C，首先要由竖曲线起点里程推算出 C 点到起点的水平距离 l_C，则 C 点高程 H_C：

$$H_C = H_A + \frac{l_C \cdot p}{100} \pm a \cdot l_C^2 \tag{11-24}$$

其中：$a = \dfrac{(p-q)}{200l}$，为抛物系数；p、q 是竖曲线变坡处两端切线坡度（斜率），用百分整数表示；l 为竖曲线全长。式(11-24)第三项运算符号规定：对凸曲线取“+”，对凹线取“-”。

例 1　如图 11-17 所示，某桥段抛物线形竖曲线为对称型，$p = -q = -5‰$，A、B 点处于水平，A 点里程为 0+100，且 $H_A = 15.5$ m，设计竖曲线长 $l_{AB} = 60$ m，试推求放样竖曲线所需数据。

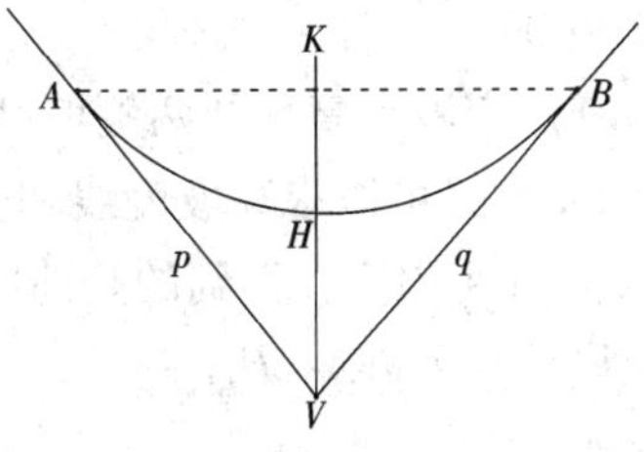

图 11-17

因为抛物线对称，切线 $AV = VB \approx 30$ m，$KV = 0.150$ m，利用式(11-24)建立竖曲线上任一点高程与里程差关系式为

$$H_i = 15.5 - 0.005\Delta l + \frac{1}{200 l_{AB}} \cdot \Delta l^2 \tag{11-25}$$

这里 Δl 为曲线上放样点到起点的水平距离。

由于 A 点起始里程为 0+100，则 B 点里程为 0+160。

按一定的里程间距可推求出各里程点应放出的对应竖曲线位置。设以 10 m 为间隔，所得结果列入表 11-3 中。

表 11-3

β_0	里程	坡度线高程(m)	设计高程(m)	备 注
1	0 + 100	15.50	15.50	*A* 点
2	0 + 110	15.45	15.458	
3	0 + 120	15.40	15.433	
4	0 + 130	15.35	15.425	*H* 点
5	0 + 140	15.40	15.433	
6	0 + 150	15.45	15.458	
7	0 + 160	15.50	15.500	*B* 点

普通道路的竖曲线可近似以圆曲线代替，以竖曲线起点（终点）*A* 为原点、切线为 x 轴、*A* 点到圆心为 y 轴建立坐标系，圆曲线半径

$$R = \frac{l}{(p - q)} \tag{11-26}$$

细部点坐标利用下式求算，并按切线支距法放样：

$$y_i = \pm \frac{x_i^2}{2R} \tag{11-27}$$

式(11-27)中，x_i为 i 点里程与曲线起点里程之差，设计高程为坡度线高程经 y_i标高改正后的数值，即 $H_{设} = H_{坡} \pm y$，如果为凸形竖曲线 y 取“ − ”；如果为凹形竖曲线 y 取“ + ”。

例 2 设线路相邻坡段坡度为 −6‰和 +10‰。变坡点的里程为 DK2 + 360，变坡点的高程为 539.19 m，竖曲线半径 R = 5 000 m，若按 10 m 等间隔测设竖曲线点，计算竖曲线上各点设计高程。

竖曲线元素计算：坡度差 $= p - q = -0.006 - (+0.010) = -0.016$

按式(11-26)可以得到竖曲线长：5 000 × 0.016 = 80 m

由此获得竖曲线起点和终点里程分别是：DK2 + 360 − 40 = DK2 + 320 和 DK2 + 360 + 40 = DK2 + 400

利用变坡点高程及两侧坡度，可以推算对应各放样点（10 m 等间隔）坡度线上的高程 $H_{坡}$；按(11-27)式可以求算坡度线和竖曲线间的高差 y。计算结果见表 11-4。

表 11-4 中实算得到的是前一半 y，另一半可类比推出。由于 $p < 0$，该曲线为凹线，则竖曲线上设计高程 $H_{设} = H_{坡} + y$。

表 11-4

点号	里程桩号	x_i	y_i	坡度线高程	设计高程
起点	DK2 + 320	0	0	539.43	539.43
	+ 300	10	0.01	539.37	539.38
	+ 340	20	0.04	539.31	539.35
	+ 350	30	0.09	53 925	539.34
变坡点	DK2 + 360	40	0.16	539.19	539.35

续表

点号	里程桩号	x_i	y_i	坡度线高程	设计高程
	+370	30	0.09	539.29	539.38
	+380	20	0.04	539.3	539.43
	+390	10	0.01	539.49	539.50
终点	DK2 +400	0	0	539.59	539.59

11.6　桥梁施工测量

桥梁按其长度可分小型(<30 m)、中型(30 ~ 100 m)、大型(100 ~ 500 m)、特大型(>500 m)等四类。桥梁施工测量的内容和方法根据桥梁的类型、桥梁跨度、河道地形情况等而定。本节主要介绍桥梁施工控制测量及墩台施工测量。

11.6.1　桥梁施工控制网的布设

桥梁施工控制网布设的目的是为桥梁选址、设计及施工的各阶段提供统一的基准点和基准线。施工控制网分平面控制网和高程控制网两种。

高程控制网一般采用跨河水准测量建立两岸统一的高程系统。平面控制网网形的选用，根据桥长、施工需要、测量仪器设备和实际地形，一般采用三角形(图 11-18)、大地四边形(图 11-19)、双大地四边形(图 11-20)等网形，作为桥梁轴线测量和墩台定位等的首级平面控制。目前，桥梁施工尤其是大型桥梁施工已普遍采用 GPS 布设控制网。桥梁 GPS 网常采用边连式，以提高控制网的精度和可靠性。

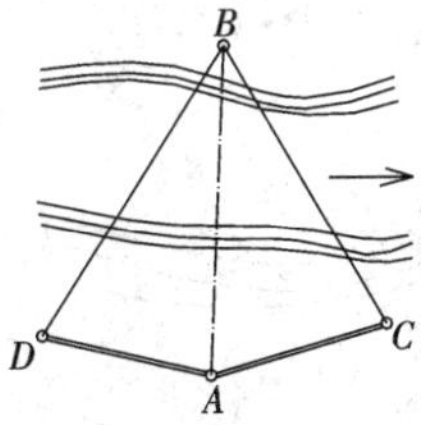

图 11-18

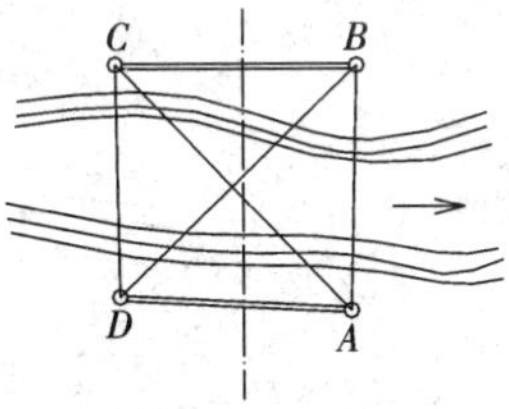

图 11-19

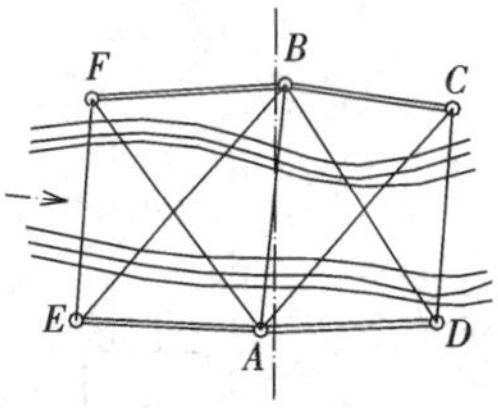

图 11-20

如果桥梁为小型或跨越季节性干河，桥轴线控制桩可按图 11-21 方法进行：首先根据桥位桩号在路中线上钉出桥台和桥墩的中心桩 B_1、B_2、B_3，并延伸到河两岸钉出桥位控制桩 C_1、C_2、C_3、C_4，然后分别在 B_1、B_2、B_3点设站，测设桥台和桥墩控制桩$①_1$、$①_2$、$①_3$、$①_4$、…、$③_3$、$③_4$(为防止控制桩丢失或受施工影响，每侧至少钉两个控制桩)。

11.6.2　桥梁墩台施工测量

1. 基础施工测量

根据桥台和桥墩的中线定出基坑开挖边界线，基坑上口尺寸应根据挖深、坡度、土质情况

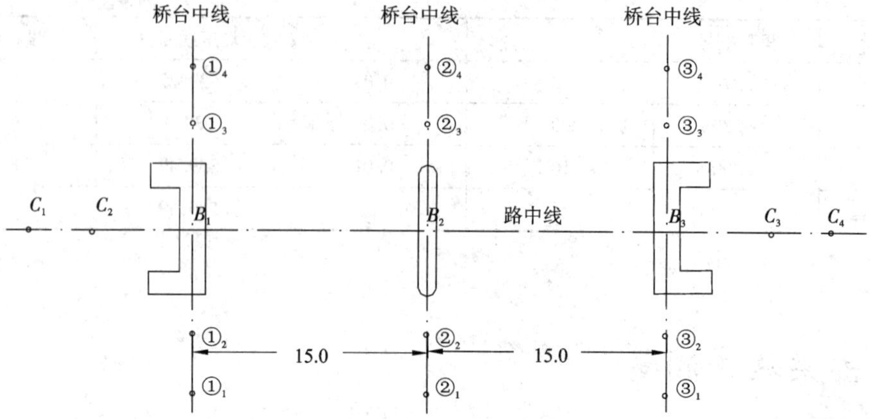

图 11-21

及施工方法确定。基坑挖至一定深度后，应根据附近水准点高程在坑壁上测设距基底设计面一定高差（如 1 m）的水平桩，作为控制挖深及基础施工中掌握高程的依据。以图 11-21 为例，基础完工后，应根据桥位控制桩 C_2、C_3 和墩、台控制桩①$_1$、①$_2$、①$_3$、①$_4$、…、③$_3$、③$_4$ 用经纬仪在基础面上测设出桥台、桥墩中心线和道路中心线，并在基坑垫层上弹墨线作为砌筑桥台、桥墩的依据。

2. 墩台中心的定位

1）直接丈量法

凡不在水中的墩台均可直接丈量定出。如图 11-22 所示，当桥轴线 CC' 建立后，岸两端桥台中心位置可由 C、C' 点直接丈量定出。

2）角度交会法

测设大中桥梁在水中的墩台的中心桩位，常采用角度交会法，如图 11-23 所示。

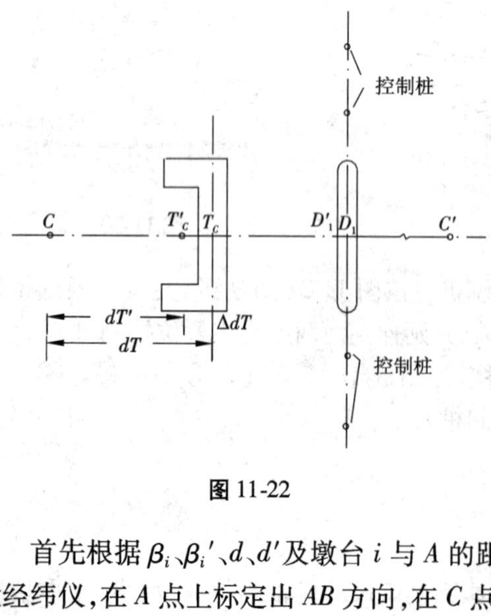

图 11-22

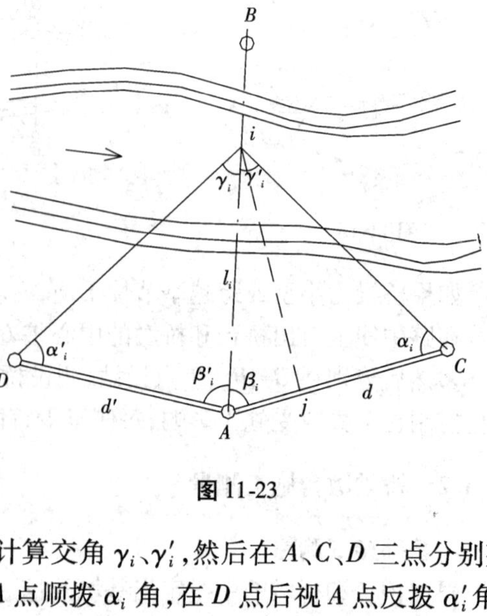

图 11-23

首先根据 β_i、$\beta_i{}'$、d、d' 及墩台 i 与 A 的距离 l_i 计算交角 γ_i、γ_i'，然后在 A、C、D 三点分别架设经纬仪，在 A 点上标定出 AB 方向，在 C 点后视 A 点顺拨 α_i 角，在 D 点后视 A 点反拨 α_i' 角，

由于瞄准、投点等误差，三方向在实地将交出一个三角形，此三角形称示误三角形。对于基础部分示误三角形最长边不应大于 2.5 cm，对于墩顶不应大于 1.5 cm，最后取示误三角形的中心点 i 作为此墩台中心的点位。

当交角 γ_i 接近 90°时，交会精度最高，故交角不宜小于 60°或大于 120°。在桥墩施工中，角度交会工作常重复进行。为了迅速、准确地交会，可把各交会线延长到对岸，并设置瞄准觇牌，保证觇牌中线严格在方向线上。当桥墩施工出水面时，可将此方向的觇标移放在出水的墩身上，以便应用。

3) GPS-RTK 坐标定位法

在岸上选择一个已知控制点作为 GPS 的基准站，然后根据桥墩中心位置的设计坐标值用 GPS 流动站上的接收机实时标定出桥墩中心位置。GPS 具有测量速度快、定位精度高、精度分布均匀、不受视线限制等特点。

3. 墩台顶部的施工测量

桥墩、桥台砌筑至一定高度时，应根据水准点在墩身、台身每侧测设一条距顶部有一定高差（如 1 m）的水平线并标注高程或高差，以控制砌筑高度。墩帽、台帽施工时，要用水准仪控制其高程（偏差应在 ±10 mm 以内），再根据中线桩用经纬仪控制两个方向的中线位置（偏差应在 ±10 mm 以内）。当墩、台上定出两个方向的中心线并经校对后，即可根据墩、台中心线在墩台上测设 T 形梁支座减震钢垫板的位置。

11.7　隧道工程测量

隧道工程主要有铁路与公路隧道、输水隧洞、城市地铁、地下矿山井巷等工程。由于工程性质和地质条件不同，其施工方法也不同，对测量的要求也有所不同。总的来说，隧道工程测量的主要内容包括地面控制测量、地下控制测量、施工放样等。

11.7.1　隧道贯通误差

由于地面控制测量、地下控制测量、联系测量等的误差，使得在对向开挖的隧道施工中，在贯通面处对向的两线路中线端点不重合，其相互间的距离称为贯通误差。贯通误差是隧道施工测量的一个主要技术参数。贯通误差又分横向、纵向和高程三个部分。横向贯通误差是指在贯通面处两中线端点之间的距离沿垂直于中线方向在水平面内的投影长度；纵向贯通误差则是指在贯通面处两中线端点之间的距离沿平行于中线方向在水平面内的投影长度；高程贯通误差是指在贯通面处两中线端点之间的高差。纵向贯通误差对工程的影响不大，高程贯通误差影响隧道的坡度，采用水准测量的方法很容易得到控制。上述三部分贯通误差中，以横向贯通误差为最重要，因为横向贯通误差如果超过了一定的范围，就会影响隧道的走向，甚至造成返工重建。表 11-5 列出了贯通误差的限制。

表 11-5

测量部位	双向开挖洞间距		高程中误差(mm)
	<3 000 m	3 000 ~ 6 000 m	
	横向中误差(mm)		
洞外	45	55	25
洞内	60	80	25
全部隧道	75	100	35

11.7.2 地面平面控制测量

隧道地面平面控制网是为隧道工程提供方向控制和施工基准点的,一般由洞口轴线点和两洞口之间联系网组成。

三角网作为隧道传统的洞外平面控制形式,可获得较高精度的测量成果,如图 11-24(a)所示 ,但由于野外测量和内业计算工作量大,目前已很少采用。在光电测距仪应用广泛的今天,导线控制的优越性十分明显(图 11-24(b))。全球定位系统(GPS)以其高精度、快速度、低费用、全天候、不受通视条件限制的优点,在隧道工程测量中得到越来越多的应用。而作为线路 GPS 网,其布网形式有自身特点,如地铁精密导线 GPS 网(图 11-25)相对普通 GPS 控制网就有两个显著区别:一是线状测量,二是有大量短边,边长为 100 ~ 500 m。

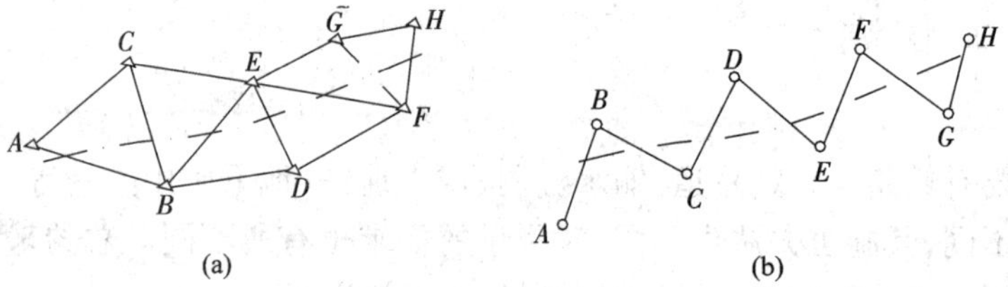

图 11-24

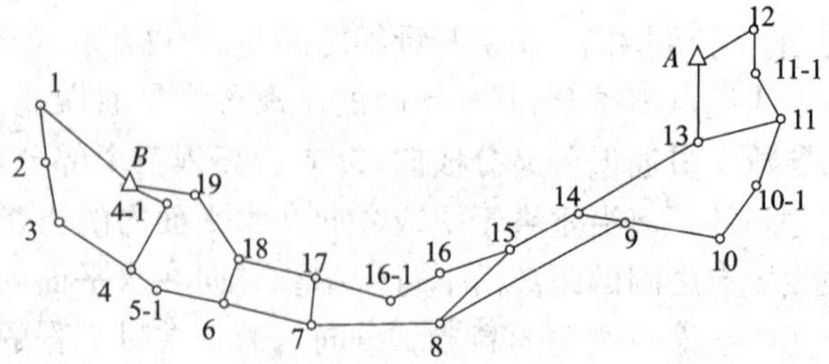

图 11-25

对于较短隧道的地面平面控制测量,如通过山脊的公路隧道,可在隧道两端点之间进行导线测量,端点间的地面导线应尽可能地采用直伸式,也可采用中线直接定线法。如图 11-26 所示 ,A、B 为位于洞口外的中线点,C、D 是 AB 直线方向上待定隧道中线控制点,在 A 点架设经纬仪,用 AB 的概略方向初定出 C 点位置 C',并量出 AC 水平距离,在 C 架设经纬仪瞄 A 点并用正倒镜投点法定出 D,量出 CD 距离,以此方法顺序定出 B,计算两端点连线总长度 AB,并量

出 BB' 水平距离，按下式对 C、D 点进行中线归化，即

$$\left.\begin{aligned} CC' &= \frac{BB'}{AB'}AC' \\ DD' &= \frac{BB'}{AB'}AD' \end{aligned}\right\} \tag{11-28}$$

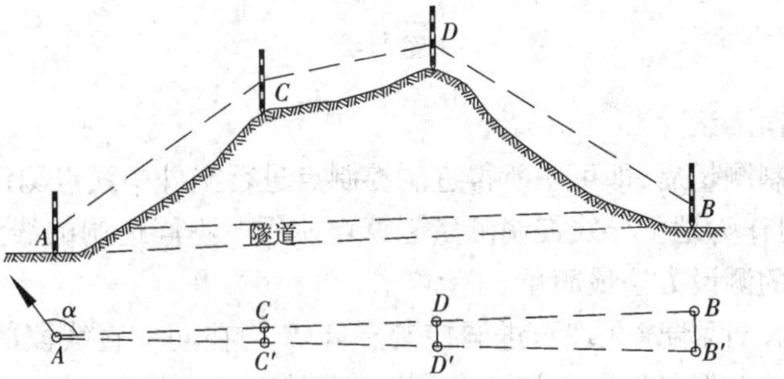

图 11-26

归化到中线上的各点，即可以用于标定进洞中线方向，也可以作为测量隧道中线的控制点。

隧道洞口外布设的两个端点中心控制桩 A、B 应是永久性的埋石点。沿地表中心线的适当位置应测设附加桩（施工中线桩），以便在山脊的两侧控制隧道的方向。

11.7.3　地下平面控制测量

地下平面控制测量的目的是控制隧道开挖中线的误差，保证平面的横向贯通精度，限制由于中线的不断延长而产生的纵向误差累积。地下平面控制测量是采用支导线测量。地下支导线一般是两级导线控制同时进行。布设的原则是：隧道开拓伸长大于 30 m，设立一个二级导线点，作为指示隧道开挖方向及隧道断面测量的控制点。若二级导线点超过 300 m，应设置一个一级导线点。一、二级导线点可与一般隧道中线点用一个地面标志点，但观测方法和精度不同。为了提高一级导线点的可靠性，还可以采用双导线布设方式，两导线间用结点连接。

11.7.4　高程控制测量

对于地面上的高程控制可以采用三、四等水准测量方法实施，困难地区可以采用三角高程测量法并进行对向观测。水准测量到每个洞口时，至少要设置两个水准点。

地下高程控制一般采用水准测量，其目的是在地下建立与地面上统一的高程基准，并用于隧道施工测量的高程依据，保证高程贯通精度。它是以洞口水准点为基准点，并沿水平坑道、竖井或斜井将基准点的高程引测到地下，并沿着地下导线的线路完成隧道内各水准点的测量。如果水准点在隧道的顶板上时，可以采用倒尺法测量（如图 11-27 所示）。

11.7.5　隧道施工测量

隧道施工过程中，首先要在隧道任一端洞口外定出隧道的中线方向，然后再沿隧道（通常是沿隧道顶端）设点，坡度可通过对隧道顶面或隧道底面上的点进行直接水准测量获得，同时沿隧道中线，测量从埋石点到沿线各点的距离，具体内容如下。

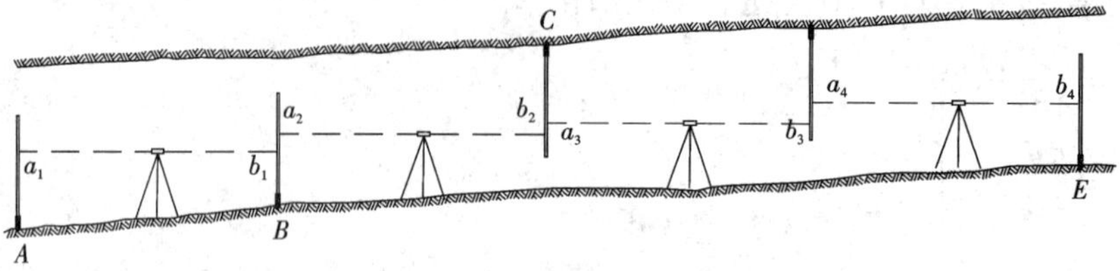

图 11-27

1. **隧道进洞方向测设**

完成了地面控制测量后,即可用所得进洞控制点进行洞外中线点测设,并由其指导进洞的施工方向,同时还可作为地下导线控制测量起算点使用。不同进洞的线型对应不同的测设方法。其中直线进洞的测设方法最简单。

如图 11-28 所示,两端永久埋石进洞控制点 A、B 均在同一直线段的中线上,先反算出 A 点与 B 点中线连线方位角 AB 及 A 点与其后视点 N 连线的方位角 AN。实际测设时,在 A 点瞄准 N,并配置水平度盘读数为 AN,转动望远镜,当水平度盘读数指示为 AB,则该方向即为进洞中线方向。

如果洞口控制点 A 不在隧道中线上,如图 11-29 所示,可以利用 B 点及中线上一转点 ZD 求出在 B、ZD 点连线上且离 A 点最近的点 A',把仪器置于点 A,按前述方法进行进洞方向的指导。

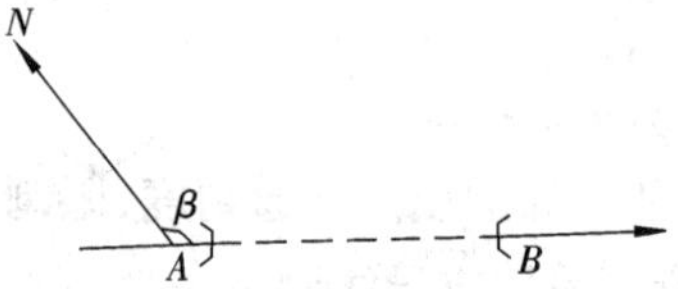

图 11-28

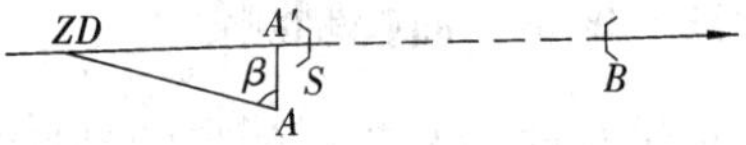

图 11-29

如果是曲线进洞,则先确定洞外曲线主点,然后在主点或洞外确定的曲线细部点上设站用偏角法指导进洞方向。

2. **隧道中线测设**

对于曲线型隧道,可采用经纬仪或全站仪极坐标法测设隧道中线。随着隧道纵向掘进深度的延伸,利用经纬仪拨角不仅放样出隧道中线点位,而且能指导隧道开拓方向和位置。为避免测量对隧道掘进及运输的影响,隧道内的中线点可设置在隧道一侧边线,并与实际中线平行,用于替代中线指导隧道掘进。

对于直线型隧道,可采用目视法测设隧道中线。目视法适合于中线点设置在隧道顶板上的情况。如图 11-30 所示,从 A、B、C 三顶点(中线点)挂垂球线,按三点成一线的原理,目视三垂线重叠在一条连线上,延长视线投影至掘进工作面上,可获得 P 点处的掘进中线位置及进尺长度。

如果测设曲线隧道的中线,首先要在曲线上确定各主点在隧道施工坐标系的坐标,然后可用导线法实地测设出。对于曲线隧道中线的细部放样,可采用延长弦线法、切线支距法、全站仪任意测站坐标法等(参阅第 11. 3 节)。

隧道横向开挖的尺寸通常以隧道中线为准并用某种横向模板进行检核,或用卷尺直接丈量检核。隧道横断面的大小也可用摄影测量方法进行检核。

3. 隧道腰线测设

腰线法是作为隧道开挖中标高和坡度的控制手段，如图 11-31 所示，P_1、P_2为设计腰线上两点，腰线是作为隧道底板和顶板的施工控制线。测设腰线的方法是利用水准仪视线高法，后视洞内水准点 A，读取后视读数 a，得视线高程 H_i，再根据腰线上 P_1、P_2的设计高程求出视线与 P_1、P_2点的高差 h_1、h_2，进而在边墙上定出 P_1、P_2点，随着隧道拓进，腰线也不断延长。

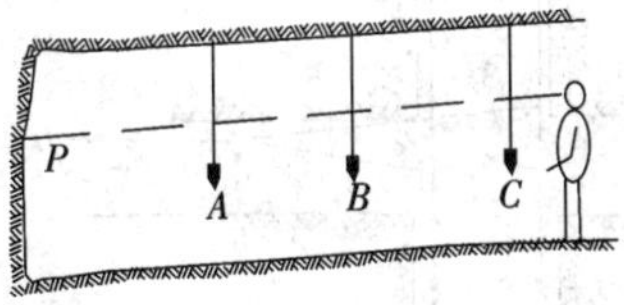

图 11-30

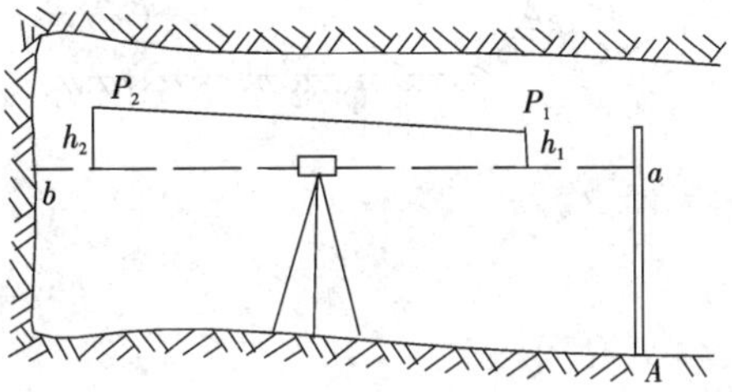

图 11-31

11.7.6　竖井联系测量

隧道施工中的竖井是一种用于增加开挖工作面并保证各相向开挖面能正确贯通的手段。隧道竖井施工时将地面控制网的坐标、方向和高程，经竖井传递到地下，这些工作即为竖井联系测量。

1. 竖井定向测量

竖井定向测量一般采用投点法、联系三角形法和陀螺经纬仪定向法等。

1）投点法

如图 11-32 所示，在地面控制点 A 架设经纬仪，在竖井口悬挂两条垂线 O_1、O_2，使 O_1、O_2与 A 点在同一直线上并尽量靠近隧道中线。在井下立一标杆 B，借助这两条垂线，用三点定线法使 O_1、O_2、B 在同一直线上，并在 B 点设置经纬仪，通过平移调整仪器，将 B 点精确地标定于井下地面；然后测出入洞导线左角 Q_2并量出 O_1B 或 O_2B 的水平距离，进而按导线法计算出 B 点坐标及 BC 边方位角。用投点法传递坐标和方位简易方便，但精度不高，适于短隧道的定向测量。

2）联系三角形法

这是把地面上的坐标和方位传递到地下去最常用的方法。如图 11-33 所示，井上测定联系三角形的边长 a_1、b_1、c_1，角度 α_1、β_1，井下测定联系三角形的边长 a_2、b_2、c_2，角度 α_2、β_2。传算方位和坐标的路线为 $B—A—O_2—O_1—C—D$。为了提高传递的精度，联系三角形测量时要注意以下几点：β_1、β_2宜小，不应大于 3°；b/a 应取 1.5；两条垂线距离 O_1O_2应尽可能长。

3）陀螺经纬仪定向法

应用陀螺经纬仪可以检核前面两种方法确定的中线方向精度，也可以直接进行绝对方向定向和坐标传递。如图 11-34 所示，在竖井中设置一吊垂线 PP'，在地面上用传统方法确定 P 的平面坐标和 AP 坐标方位角 α_{AP}，并用陀螺经纬仪测出 AP 边的真方位角 A_{AP}，按式(4-19)求出真子午线收敛角。在井下 B 点处设置陀螺经纬仪，测出 BP'边的真方位角 $A_{BP'}$，并利用式(4-19)将 $A_{BP'}$改变成坐标方位角 $\alpha_{BP'}$，量出 BP'水平距离，由于井下 P'点的平面坐标与井上 P

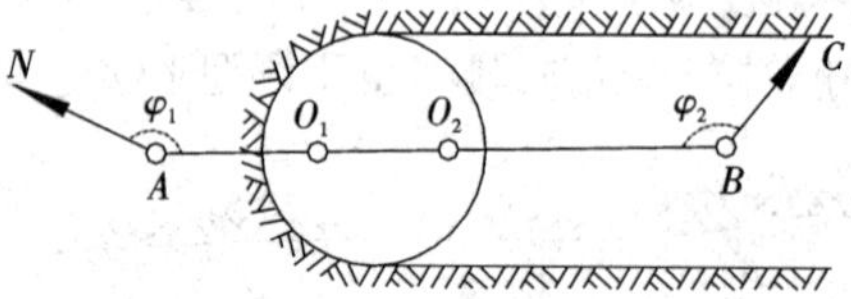

图 11-32

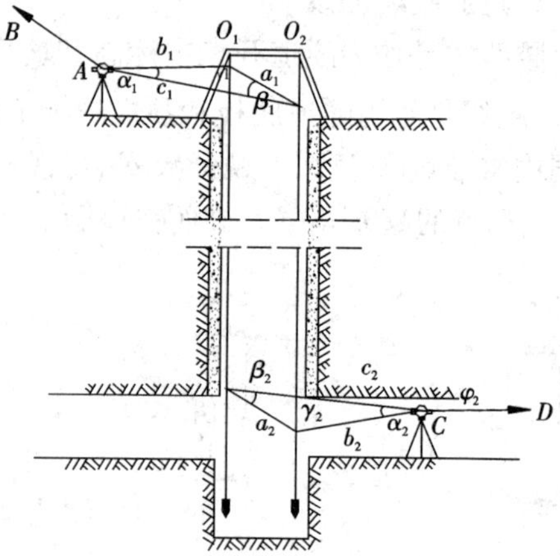

图 11-33

点相同，则由此可确定 B 点坐标。利用陀螺经纬仪还可定期检测隧道中线的方位角。陀螺经纬仪的定位原理详见第 4. 6 节。

2. 竖井传递高程

如图 11-35 所示，将地面水准点的高程引测至井口端的临时水准点 A 上，在井内垂吊一足够长的且经检定后的钢尺，在地面和井下各架设一台水准仪，同时读数，则井下 C 点高程（参阅图 10-35）

$$H_C = H_A + a_1 - b_1 + a_2 - b_2 \tag{11-29}$$

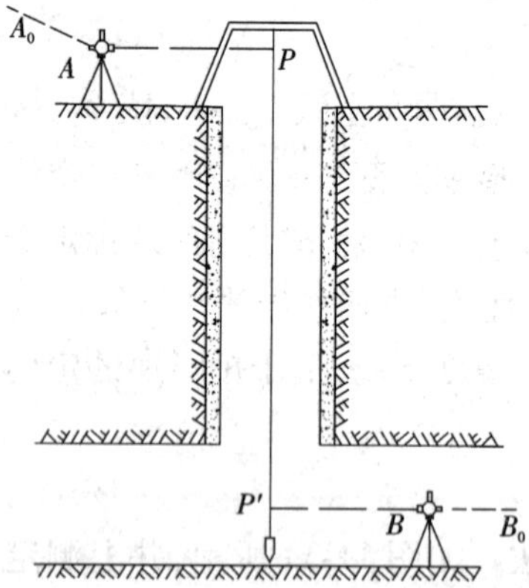

图 11-34

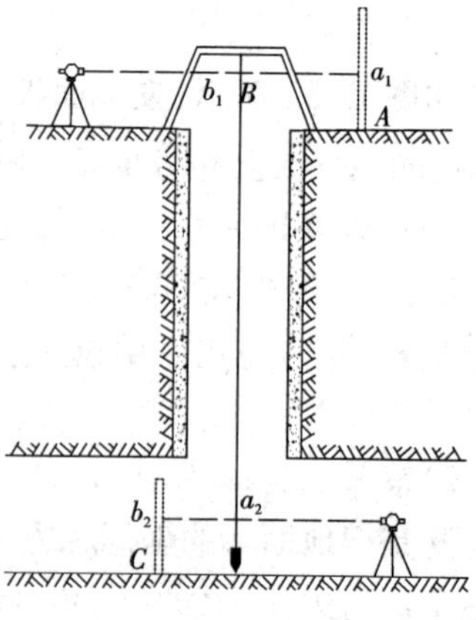

图 11-35

刚施工的隧道要下沉，因此高程传递要多次进行。

习 题

1. 线路初测和定测阶段的主要任务是什么？

2. 什么是基平测量？什么是中平测量？

3. 什么是里程桩？里程桩如何表示和测设？

4. 设某圆曲线半径 $R=75$ m，转角 $\alpha_{右}=58°34'$，交点 JD 的里程为 DK03 + 035. 77，求曲线要素，并按偏角法（$l_0=10$ m）计算曲线细部放样数据。

5. 根据上题已知数据，试用直角坐标法计算曲线细部放样数据，并说明测量步骤。

6. 某高速公路在直线段与圆曲线间设置缓和曲线，已知圆曲线的半径 $R=400$ m，转角 = 2 500，缓和曲线长 $l_s=60$ m，交点 JD_0 的里程为 19 + 896. 40，试推求曲线主点里程。

7. 什么是竖曲线，实践中常采用的竖曲线有哪些？各适于什么情况？

8. 桥梁平面施工控制网有哪些布设形式？所起的作用是什么？

9. 什么是联系三角形？它起什么作用？怎样选择最好的图形形状？

10. 何谓贯通误差？它是由什么原因造成的？

11. 地下隧道水准测量和地上水准测量有何异同？已知 BM_5 的高程 $H_{BM_5}=53.272$ m，测得坑道内各点尺上读数如图 11-36 标注，求 1、2、3、4 等点高程。

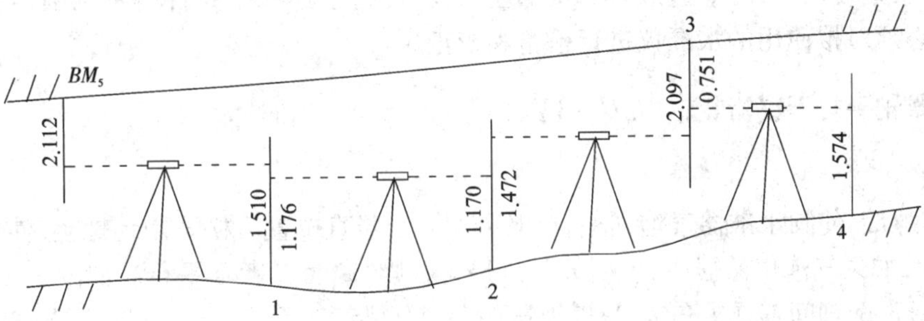

图 11-36

11.1　港珠澳大桥施工控制测量

11.2　天眼 FAST 圈梁变形监测与馈源舱的位姿检测

11.3　公路勘测规范（JTG C10—2007）

11.4　高速铁路工程测量规范（TB 10601—2009）

附录1 微倾式水准仪的检验与校正

微倾式水准仪有四条轴线：望远镜视准轴 CC、水准管轴 LL、圆水准器轴 $L'L'$ 和仪器竖轴 VV。水准仪的作用是提供一条水平视线，即望远镜视准轴必须水平，而水准管气泡居中只能保证水准管轴水平，因此为了视准轴同时也水平，则要求水准管轴必须与视准轴平行。其次，为了保证水准仪的望远镜能水平转动，其转轴即仪器的竖轴必须竖直，而圆水准器的气泡居中只能保证圆水准器轴竖直，因此要求圆水准器轴必须与仪器竖轴平行。另外，为了用十字丝横丝读数时方便且无误差，十字丝横丝必须水平，即十字丝横丝必须与仪器竖轴垂直。上述三个条件，即是微倾式水准仪需检验和校正的。水准仪出厂时虽然已做过检验和校正，但仪器经过运输震动及长期使用后，可能造成各部位螺丝松动，使得上述三个条件得不到满足，因此每次测量之前，必须对拟使用的水准仪进行检验和校正。

一、圆水准器轴平行于仪器竖轴（$L'L' /\!/ VV$）

1. 检验

旋转脚螺旋，使圆水准器气泡居中，此时 $L'L'$ 处于竖直位置。松开制动螺旋，使仪器绕 VV 轴旋转 180°，如果气泡仍然居中，说明 $L'L' /\!/ VV$，否则，说明二者不平行。如图1(a)所示，假设二者不平行，两轴间存在夹角 α，当气泡居中后，$L'L'$ 竖直，VV 倾斜。仪器旋转 180°，即 $L'L'$ 绕 VV 旋转 180°后，如图1(b)所示，$L'L'$ 不再竖直，相对于竖直方向倾斜了 2α 角，则气泡也将不再居中。

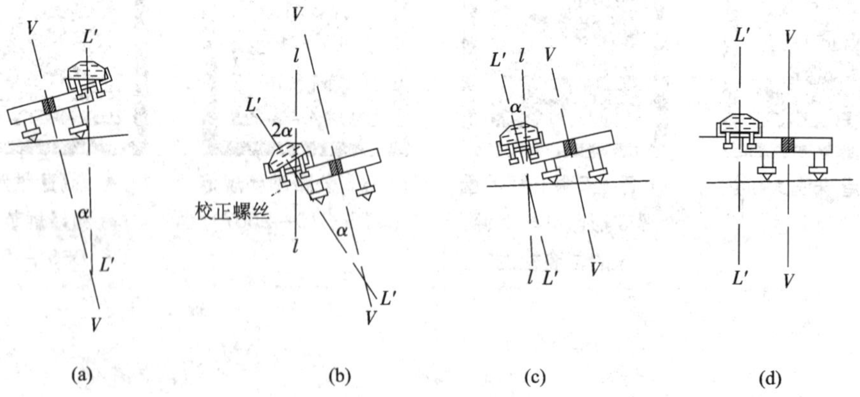

图1

2. 校正

首先松开圆水准器底部的固紧螺丝，然后根据气泡偏离方向用校正针拨动校正螺丝，使气泡向圆水准器中心零点移动总偏移量的一半，如图1(c)所示，这时候 $L'L' /\!/ VV$，但二者相对竖直方向都仍倾斜 α 角。最后转动脚螺旋，使圆水准器气泡居中，如图1(d)所示，这时二者均处于竖直状态。检验校正工作一般需反复几次才能完成。最后再拧紧圆水准器底部的固紧螺丝。

二、十字丝横丝垂直于仪器竖轴

1. 检验

如图2(a)所示，将水准仪架设在离墙约10 m的地方，用十字丝横丝的一端瞄准墙上某一目标A，拧紧望远镜水平制动螺旋，然后用水平微动螺旋使望远镜缓慢水平转动，如果从望远镜中看到A点始终在横丝上移动，如图2(b)所示，说明十字丝横丝垂直于仪器竖轴。反之，如图2(c)所示，若A点偏离了横丝，则说明十字丝横丝不垂直于仪器竖轴。

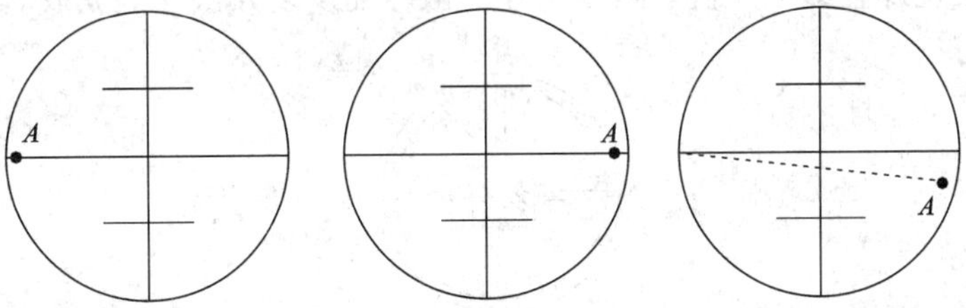

图2

2. 校正

取下十字丝护盖，松开十字丝固定螺丝，缓慢转动十字丝环，使图2(c)中的A点对横丝的偏离量减少一半，校正结束，最后再拧紧固定螺丝和护盖。

三、水准管轴平行于视准轴($LL/\!/CC$)

1. 检验

如图3(a)所示，在较平坦的地面上选定相距60～80 m的A、B两点，并放置尺垫以作标志，在A、B两点连线的中点处Ⅰ安置整平仪器，读取A、B两点处水准尺的读数得a_1、b_1，如果水准管轴不平行于视准轴，则读数a_1、b_1中含有受其影响的误差，此误差称为i角误差(i角即为两轴线之间的夹角)，由于i角误差与仪器至水准尺的距离成正比，而仪器置于A、B两点连线的中点处，则两读数a_1、b_1中所含i角误差的大小相等，进而由两读数a_1、b_1算得的高差$h_{AB}=a_1-b_1$中不再含有i角误差的影响，h_{AB}即为正确高差值。

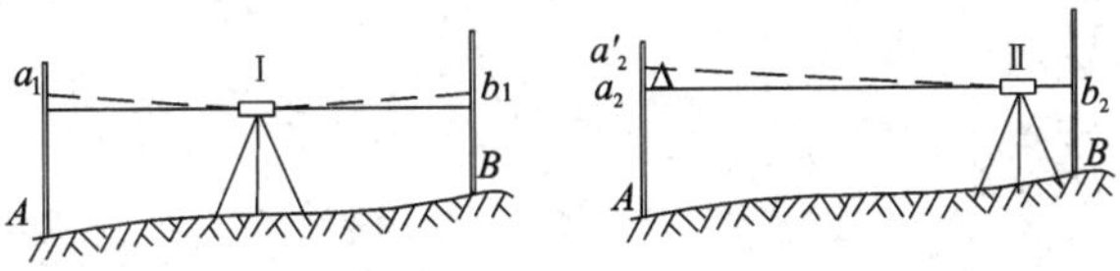

图3

然后将仪器安置在距B点2～3 m的Ⅱ处，如图3(b)所示，读B尺读数b_2，由于仪器离B尺足够近，则i角误差对读数b_2的影响可以忽略不计，即b_2为正确读数，由此可算得A尺的正确读数$a_2=h_{AB}+b_2$。

再瞄准A尺，读出A尺的实际读数a_2'，如果$a_2'\neq a_2$，说明水准管轴不平行于视准轴(这里不考虑观测误差)。计算 $\Delta = a_2' - a_2$,假设 A、B 两点的距离为 D_{AB},则水准仪的 i 角为

$$i'' = \frac{\Delta}{D_{AB}} \cdot \rho'' = \frac{(a_2' - b_2) - (a_1 - b_1)}{D_{AB}} \cdot \rho'' \tag{1}$$

式中,$\rho'' = 180 \times 3\ 600''/\pi$ 。

2. 校正

对于 DS_3 型微倾式水准仪,当上述算得的 i 角大于20″时,则必须对仪器进行校正。水准管的校正螺丝在水准管的一端,上下左右共四个,如图 4 所示。校正时,仪器在 B 点处不动,首先转动望远镜的微倾螺旋使横丝瞄准 A 尺的正确读数 a_2,这时水准管的气泡不再居中,然后放松左右两个校正螺丝,再一松一紧调节上下两个校正螺丝,使水准管的气泡再重新居中,然后拧紧左右两个校正螺丝即可。检验校正工作一般也需反复几次才能完成。

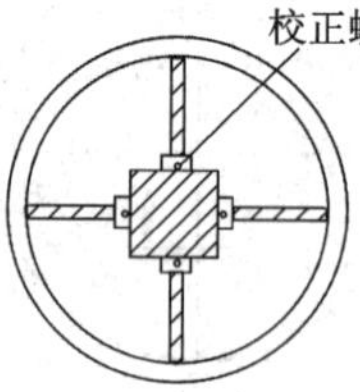

图 4

附录2　光学经纬仪的检验与校正

光学经纬仪需要检验与校正的项目有:①照准部水准管轴是否垂直于竖轴;②十字丝竖丝是否垂直于横轴;③望远镜视准轴是否垂直于横轴;④横轴是否垂直于竖轴;⑤竖直度盘的指标差;⑥光学对中器。

一、照准部水准管轴垂直于竖轴

为了使经纬仪的水平度盘处于水平状态,必须保证与水平度盘垂直的竖轴处于竖直状态,如果照准部水准管轴垂直于竖轴,则当水准管气泡居中时,水准管轴水平,竖轴也处于竖直状态。

1. 检验

首先整平经纬仪:将照准部水准管与任意两个脚螺旋中心的连线平行,同时对向旋转这两个脚螺旋,使气泡居中,再将照准部水平转动90°,旋转第三个脚螺旋,使气泡居中。接着将照准部水平转动180°,观察水准管气泡,若气泡仍居中,则说明水准管轴垂直于竖轴,否则不垂直。

2. 校正

如果竖轴与水准管轴不垂直,当气泡居中后,水准管轴水平,则竖轴一定倾斜,如图5(a)所示,设竖轴与竖直方向的夹角为α。在照准部绕竖轴旋转180°后,水准管轴与水平线之间的夹角成为2α,如图5(b)所示,故气泡一定偏离中心位置。校正时,用水准管一端的校正螺丝将气泡的偏离量校正一半,如图5(c)所示,这时水准管轴与水平线之间的夹角减小为α,且水准管轴与竖轴垂直;最后再用脚螺旋改正气泡的另一半偏离量,则水准管轴水平,同时竖轴竖直,如图5(d)所示。检验校正工作一般需反复几次才能完成。

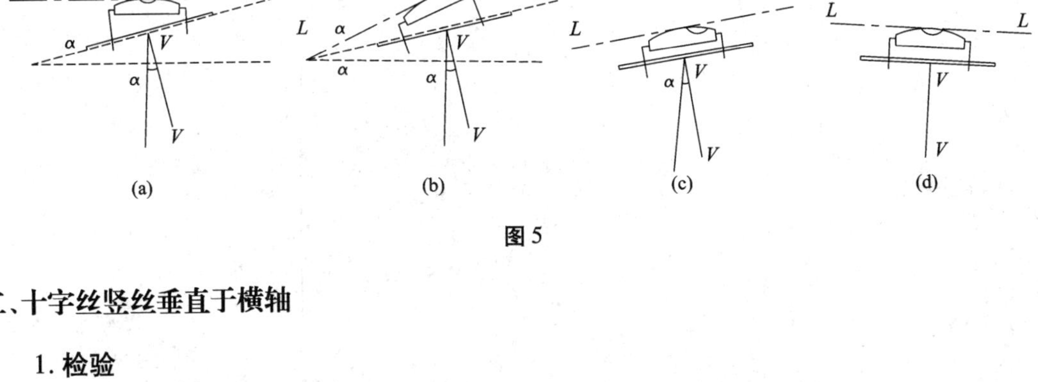

图5

二、十字丝竖丝垂直于横轴

1. 检验

整平仪器后,将十字丝竖丝的一端清晰地瞄准一点状目标,固紧仪器的水平制动螺旋和竖直制动螺旋,然后缓慢旋转望远镜的竖直微动螺旋,使目标从十字丝竖丝的一端移动到另一端,这时若目标始终在十字丝竖丝上移动,说明十字丝竖丝垂直于横轴;如果目标偏离十字丝竖丝移动,则说明竖丝不垂直于横轴。

2. 校正

拧下十字丝分划板的护盖,松开分划板的压环螺丝,缓慢旋转分划板,使目标对竖丝的偏离量减小一半,然后旋紧压环螺丝,盖上护盖。

三、望远镜视准轴垂直于横轴

当经纬仪横轴水平时,纵转望远镜,如果视准轴不垂直于横轴,视准轴扫出的轨迹是一个圆锥面,为了保证视准轴扫出的轨迹是一个竖直面,则要求视准轴必须垂直于横轴。视准轴不垂直于横轴所偏离的角度,称为视准误差 c。下面分别介绍两种检验和校正视准误差的方法。

1. 四分之一法

1)检验

在一较平坦的场地选择相距 60 ~ 80 m 的 A、B 两点,如图 6 所示,将经纬仪置于 A、B 两点连线的中点 O 处,水平放置一与 A、B 两点连线垂直的刻度尺 R 于 B 点,且尽量与仪器等高。首先用盘左瞄准目标 A,固定照准部,将望远镜纵转 180°,在 B 点的尺上读出 B_1(如图 6(a)所示);然后用盘右再瞄准目标 A,固定照准部后再将望远镜纵转 180°,在 B 点的尺上读出 B_2(如图 6(b)所示),如果 B_1 与 B_2 不相等,则说明视准轴不垂直于横轴(这里不考虑观测误差)。设 A、B 两点的距离为 D,则视准误差

$$c = \frac{1}{4D}(B_2 - B_1) \times \rho'' \tag{2}$$

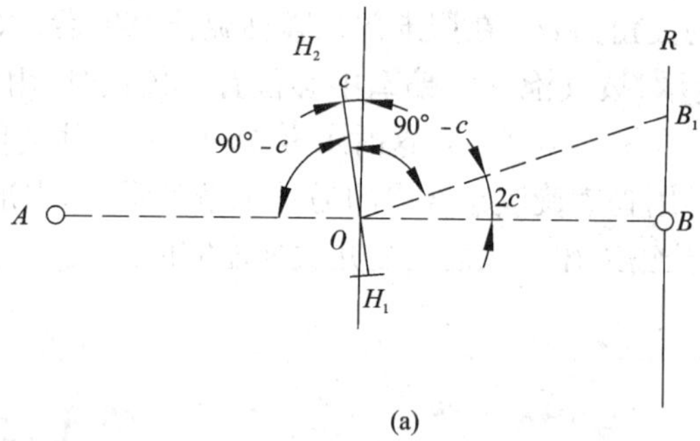

(a)

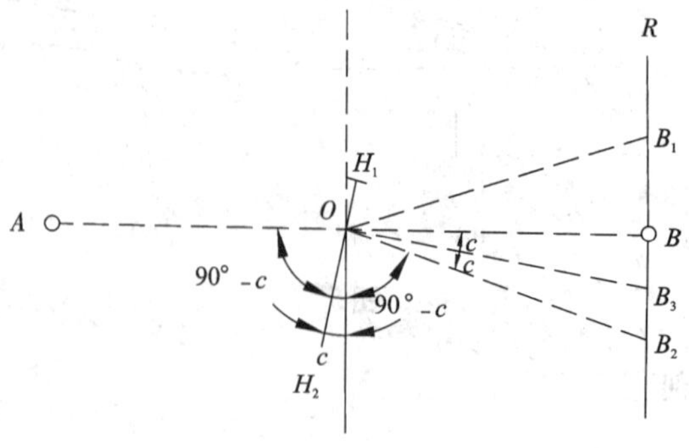

(b)

图 6

2）校正

因为视准轴是望远镜的物镜光心与十字丝交点的连线，因此可以通过改变十字丝交点的位置来校正视准轴。校正时，在盘右位置，首先在 B 点的尺上定出 B_3 点，使 $B_2-B_3=\frac{1}{4}(B_2-B_1)$，则 OB_3 垂直于横轴。打开十字丝分划板护盖，调整分划板的左右两个校正螺丝，一松一紧，使十字丝分划板横向移动，则望远镜的视准轴方向随之发生变化，当十字丝交点与 B_3 重合时，则视准轴垂直于横轴。检验、校正工作一般也需反复几次才能完成。

2. 测回法

1）检验

安置好仪器，盘左位置，用望远镜在基本水平的方向上瞄准一目标，读水平度盘读数 a_1；盘右位置再瞄准同一目标，得到水平度盘读数 a_2。若 $a_2-a_1\neq\pm180°$，则说明视准轴不垂直于横轴（这里不考虑观测误差）。

2）校正

当 a_2-a_1 与 $\pm180°$ 相差 $2'$ 以上时，则需要校正。校正时，在盘右位置，首先转动经纬仪的水平微动螺旋，改变水平度盘读数，改变量

$$c=(a_2-a_1\pm180°)/2 \tag{3}$$

这时十字丝交点偏离了原目标，调整十字丝左右校正螺丝，一松一紧，直至使十字丝交点再对准目标，这样就完成了校正。

四、横轴垂直于竖轴

如果经纬仪横轴不水平，垂直于横轴的视准轴扫出的轨迹是一个倾斜面。只有当经纬仪横轴水平时，视准轴扫出的轨迹才是一个竖直面。为了保证横轴水平，则要求横轴必须垂直于竖轴。

1. 检验

在离墙 20～30 m 处安置仪器，盘左用望远镜瞄准高处一点 M（仰角要大于30°），固定照准部，将望远镜纵转至水平，指挥另一人标出十字丝交点在墙上的位置，设为 m_1（见图7(a)）。然后将仪器变成盘右，再次瞄准 M 点，同法在墙上标出 m_2（见图7(b)）。若 m_1 与 m_2 不重合，则表明横轴不垂直于竖轴。（这里不考虑观测误差，且假定视准轴已垂直于横轴、竖轴已竖直。）

2. 校正

首先用经纬仪瞄准 m_1 与 m_2 连线的中点 m，固定照准部，向上纵转望远镜使其瞄向 M 点，此时 M 点一定不在十字丝交点上（见图7(c)）。打开仪器竖盘对面一侧的支架护盖板，可见到仪器的横轴及偏心轴套，松开相应的四个校正螺丝，旋转调整轴套，直至使十字丝交点瞄准 M 点（见图7(d)），最后固紧轴套螺丝。由于此项校正比较复杂，仪器对该项指标在出厂前一般均已校正好，使用时，只需检验即可。若超差，可送检修部门或厂家进行校正。

五、竖直度盘指标差

1. 检验

首先整平经纬仪，盘左位置，瞄准目标，且使竖盘指标水准管气泡居中，读取竖盘读数 L；盘

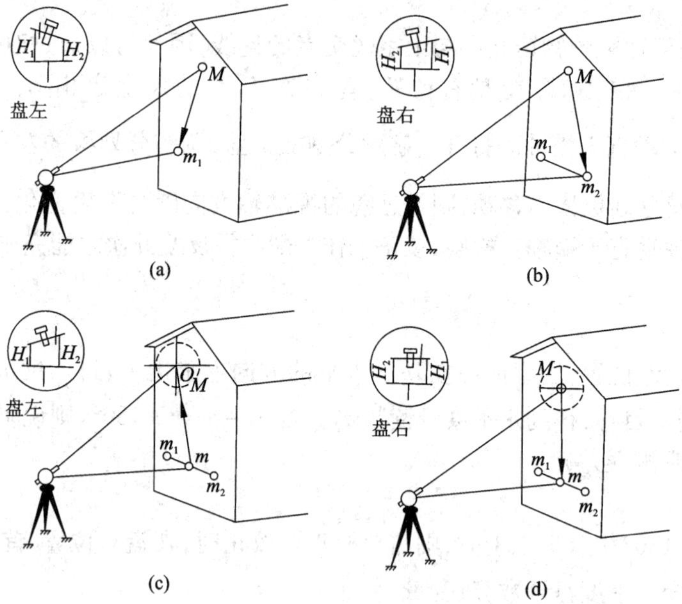

图 7

右位置，瞄准同一目标，读取竖盘读数 R。然后计算竖盘指标差：$x=\frac{1}{2}(L+R-360°)$。如果 x 超过 60″则需要校正。

2. 校正

保持盘右位置不变，旋转竖盘指标水准管微动螺旋，使盘右读数变为不含指标差的正确读数 $R'=R-x$，此时，竖盘指标水准管的气泡一定偏离中心，再用水准管一端的校正螺丝调整气泡使之居中。

六、光学对中器

1. 检验

架设经纬仪，整平仪器，将光学对中器的刻划圈中心投射标记到地面上预先放置的纸板上，设为 P_1 点。然后将仪器的照准部旋转 180°，再将光学对中器的刻划圈中心投至地面上得 P_2 点。若 P_1 与 P_2 不重合，则需校正。（这里未考虑观测误差。）

2. 校正

在仪器照准部上的左右支架底部之间有一圆形护盖，打开后可见到棱镜的固定螺丝，调节左右、前后方向的螺丝使光学对中器的刻划圈中心移至 P_1 与 P_2 连线的中点即可。

附录3　非等精度直接平差

在测量实践中，除了等精度观测外，还有不等精度的观测，例如对同一距离分组进行测量，如果各组测量的次数不等，则各组所得距离的精度也不会相等，这时就不能简单地将精度不等的各组观测结果加起来取平均作为该距离的最可靠值。那么，如何来计算该距离的最可靠值以及评定它的精度呢？处理这个问题就要用到下面介绍的非等精度直接平差。

一、权与单位权

1. 权的概念

设对同一距离分两组进行测量，在每次为同等精度观测的情况下，第一组测量了三次，得观测值为 l_1、l_2、l_3；第二组测量了四次，得观测值为 l_4、l_5、l_6、l_7。将两组观测值分别求算术平均值，并以 L_1、L_2 表示，即

$$L_1 = \frac{1}{3}(l_1 + l_2 + l_3)$$

$$L_2 = \frac{1}{4}(l_4 + l_5 + l_6 + l_7)$$

设每次测量的中误差为 m，则 L_1、L_2 的中误差可按误差传播定律计算，即

$$m_1 = \pm \frac{m}{\sqrt{3}}$$

$$m_2 = \pm \frac{m}{\sqrt{4}}$$

显然，$m_1 > m_2$，所以 L_1 与 L_2 是不等精度的观测值。

在测量工作中，当某量的观测中误差越小，说明其精度越高，其值越可靠，用它去参与求未知量的最可靠值时，理所当然要求它对计算结果的影响应大一些，即它的权应大些；反之，中误差越大，则其精度越低，其值的可靠性也越差，权也就应小一些，由此可给出观测值权的定义式（常用 P 表示）为

$$P_i = \frac{C}{m_i^2} \tag{4}$$

式中 C 为任意常数。从权的定义式可知，观测值的权与其中误差 m 的平方成反比，或者说与其方差 m^2 成反比。对上述例子，两组观测值的权分别为

$$P_1 = \frac{C}{m_1^2} = \frac{3C}{m^2}$$

$$P_2 = \frac{C}{m_2^2} = \frac{4C}{m^2}$$

2. 单位权

在式(4)中，如果取 $C = m^2$，则由上两式知

$P_1=3, P_2=4$

当 $C=m^2$,对于每一次测量,已知其中误差为 m,设其权为 P_0,则由式(4)得

$$P_0=\frac{m^2}{m^2}=1$$

等于1的权称为单位权。权等于1的观测值的中误差称为单位权中误差,一般用 μ 表示。因此,式(4)的另一种表示方式为

$$P_i=\frac{\mu^2}{m_i^2} \tag{5}$$

由式(5)可得观测值中误差的另一种写法为

$$m_i=\mu\sqrt{\frac{1}{P_i}} \tag{6}$$

二、非等精度直接观测值的最可靠值

设对某一未知量所进行的一组直接观测值为 $l_1, l_2, \cdots, l_n$,各观测值 l_i 的精度不等,它们的权分别为 $P_1, P_2, \cdots, P_n$,设未知量的最可靠值为 L,观测值的改正数为 $v_1, v_2, \cdots, v_n$,则改正数分别为

$$\left.\begin{array}{ll} v_1=L-l_1 & \text{权}:P_1 \\ v_2=L_2-l_2 & \text{权}:P_2 \\ \vdots \quad \vdots \quad \vdots & \\ v_n=L-l_n & \text{权}:P_n \end{array}\right\} \tag{7}$$

为了求得未知量的最可靠值 L,则按最小二乘法原理,要求

$$[Pvv]=\sum_{i=1}^{n} P_i v_i v_i=\text{最小} \tag{8}$$

将式(7)代入式(8),并对 L 取一阶导数,且令其为零,即

$$\frac{\mathrm{d}[Pvv]}{\mathrm{d}L}=2\sum_{i=1}^{n} P_i(L-l_i)$$

解之,得

$$L=\frac{\sum Pl}{\sum P}=\frac{[Pl]}{[P]} \tag{9}$$

式(9)即为非等精度直接观测值的最可靠值 L(也称为加权算术平均值)的计算公式。

三、加权算术平均值的中误差

式(9)是非等精度直接观测值 $l_i(i=1,\cdots,n)$ 的加权算术平均值 L 的计算式,将式(9)展开写成线性形式,即

$$L=\frac{[Pl]}{[P]}=\frac{1}{[P]}P_1l_1+\frac{1}{[P]}P_2l_2+\cdots+\frac{1}{[P]}P_nl_n$$

根据误差传播定律,有

$$m_L^2=\frac{1}{[P]^2}(P_1^2m_1^2+P_2^2m_2^2+\cdots+P_n^2m_n^2)$$

将式(6)代入上式，得

$$m_L^2=\frac{1}{[P]^2}\left(P_1^2\cdot\frac{\mu^2}{P_1}+P_2^2\cdot\frac{\mu^2}{P_2}+\cdots+P_n^2\cdot\frac{\mu^2}{P_n}\right)$$
$$=\frac{1}{[P]^2}(P_1+P_2+\cdots+P_n)\cdot\mu^2=\frac{\mu^2}{[P]}$$

即

$$m_L=\pm\frac{\mu}{\sqrt{[P]}}\tag{10}$$

四、单位权中误差

在用式(10)求非等精度直接观测值的最可靠值的中误差 m_L 时，由于式中单位权中误差 μ 往往是未知的，因此首先还需求解 μ 值。

如果已知一组精度不等的观测值 l_i 的权为 P_i，它们相应的中误差为 m_i，而相应的真误差为 Δ_i。现将权为 P_i 的观测值 l_i 乘以 $\sqrt{P_i}$，得出一组虚拟的观测值 $l'_i=\sqrt{P_i}\cdot l_i$，对此式两边取方差

$$m_{l_i}^2=P_im_i^2$$

将式(5)代入上式，得

$$m_{l_i}^2=\frac{\mu^2}{m_i^2}\cdot m_i^2=\mu^2$$

那么，虚拟观测值 l'_i 的权

$$P_{l_i}=\frac{\mu_2}{m_{l_i}^2}=1$$

上式说明任何一个观测值 l_i 只要乘上它的权 P_i 的平方根，所得的虚拟观测值 l'_i 的权都为 1，即 l'_i 的权都是单位权，它们的中误差就是单位权中误差，因此它们都是等精度的观测值，其真误差可按 $l'_i=\sqrt{P_i}\cdot l_i$ 求得，即

$$\Delta'_i=\sqrt{P_i}\cdot\Delta_i\tag{11}$$

将式(11)代入式 $m=\pm\sqrt{\frac{[\Delta\Delta]}{n}}$（即式(6-8)）中，计算得到的中误差 m 就是单位权中误差 μ，即

$$\mu=\pm\sqrt{\frac{(\sqrt{P_1}\Delta_1)^2+(\sqrt{P_2}\Delta_2)^2+\cdots+(\sqrt{P_n}\Delta_n)^2}{n}}=\pm\sqrt{\frac{[P\Delta\Delta]}{n}}\tag{12}$$

在许多测量计算中，真误差 Δ 是未知的，同理仿照第6.4节中推导白塞尔公式(6-36)的方法可以推导出用改正数 v_i 计算单位权中误差的公式（这里不作推导），即

$$\mu=\pm\sqrt{\frac{[Pvv]}{n-1}}\tag{13}$$

例1　对一水平角在相同的观测条件下分别进行三组观测：第一组观测两个测回，第二组观测四个测回，第三组观测六个测回，各组观测值的平均值列于表1中，试求：

1. 水平角观测值的最可靠值 L；

2. 单位权中误差 μ;

3. 水平角观测值最可靠值的中误差 m_L。

表 1

组号	测回数	水平角观测值 l	权 P	v	Pv	Pvv
1	2	40°20′13″	1	+2.7	+2.7	7.29
2	4	40°20′15″	2	+0.7	+1.4	0.98
3	6	40°20′17″	3	-1.3	-3.9	5.07
Σ			6		+0.2	13.34

解:根据表 1 通过计算得:

①水平角观测值的最可靠值

$$L=\frac{[Pl]}{[P]}=40^\circ20'10.0''+\frac{3''\times1+5''\times2+7''\times3}{1+2+3}=40^\circ20'15.7''$$

②单位权中误差

$$\mu=\pm\sqrt{\frac{[Pvv]}{n-1}}=\pm\sqrt{\frac{13.34}{3-1}}=\pm2.6''$$

③水平角观测值最可靠值的中误差

$$m_L=\pm\frac{\mu}{\sqrt{[P]}}=\pm\frac{2.6}{\sqrt{6}}=\pm1.1''$$